KB134437

화성 탐사

한림SA **19**

SCIENTIFIC AMERICAN™

붉은 행성의 비밀을 찾아서

화성 탐사

사이언티픽 아메리칸 편집부 엮음
이동훈 옮김

Secrets of the Red Planet
Exploring Mars

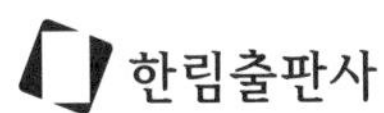

들어가며

어떤 상상보다도 더욱 기묘한 곳

1870년대 후반, 조반니 스키아파렐리는 당시로서는 역사상 가장 뛰어난 망원경으로 화성을 관측하다가 표면에서 짙은 색 줄무늬를 발견했다. 그는 그것을 이탈리아어로 '통로'를 의미하는 단어인 카날리(canali)라고 불렀다. 그러나 영어 사용자들은 이 단어를 '운하(canals)'로 해석했다. 그것은 화성에 지적 생명체가 존재할지도 모른다는 의미를 함축한 해석이었다. 화성에 생명체가 있다는 주장을 열렬히 신봉했던 사람 중에는 퍼시벌 로웰이 있었다. 그는 이 줄무늬들을 용수로(用水路)로 보고, 이를 연구하기 위해 애리조나에 천문대를 세웠다. 그로부터 20년 후 허버트 조지 웰스는 소설《우주 전쟁(War of the Worlds)》을 발표했다. 화성에는 지구를 침공할 능력을 지닌 생명체가 없음이 분명히 밝혀진 이후에도 한동안 '화성인'은 '외계인'과 동의어였다.

이 책은 1907년 발표된 로웰 교수의 이론에서부터 2012년 큐리오시티 로버 착륙에 이르기까지, 본지의 화성 관측 및 탐사 기사들을 묶은 연대기다. 지구의 천문학자들이 화성 관측에 처음 사용할 수 있던 정보 수집 도구는 망원경과 분광계뿐이었다. 그러다가 매리너 4호 같은 우주탐사선이 나왔다. 우주탐사선 덕택에 인간들은 화성을 가까이서 볼 수 있었다. 오늘날의 화성 탐사선은 화성 궤도를 돌기도 하고 화성 표면을 주행하기도 한다. 화성은 인류가 가장 철저히 탐사한 지구 외 천체 중 하나다.

제1장에서는 20세기 화성 관련 이론의 변천사를 살펴볼 것이다. 그 과정에서 화성 생명체 관련 이론들이 나름대로 타당했다는 사실을 알 수 있을 것이

다. 공상과학 소설 작가들은 화성의 문명이 붕괴 중이라고 생각했을지도 모른다. 그러나 제1차 세계대전에 즈음하여 대부분 사람들은 화성에 문명이 없다는 사실을 받아들인다. 물론 퍼시벌 로웰 같이 끝까지 화성에는 문명이 있다고 주장한 소수의 사람들도 있기는 있었다. 일부 사람들은 화성에는 식물이 있다는 의견을 고수하기도 했다. 그리고 이런저런 증거를 보건대, 그 의견은 터무니없지는 않았다. 실제로 《랜드 맥낼리 월드 아틀라스(Rand McNally World Atlas)》에는 "화성의 남반구와 북반구에는 식물의 존재 징후가 있는 듯하므로 철저히 연구해야 한다"라는 말이 1968년도까지도 실려 있었다. 1968년이라면 화성에 식물이 있을 법하다는 주장이 한물간 지 그리 오래되지 않은 시기였다.

1965년 매리너 4호는 최초의 화성 근접 비행에 성공했다. 이로써 화성에 생명체가 있다는 주장은 생명력을 잃고 말았다. 화성에는 흙먼지, 크레이터(crater), 얼음 말고는 아무것도 없어 보였다. 화성에 대한 공상과학 소설의 내용도 《바숨(Barsoom)》(에드거 라이스 버로스 지음) 같은 낭만적인 분위기에서, 적대적인 환경에서 살아남기 위해 싸우는 인간 군상 묘사로 바뀌었다.

화성의 환경은 분명 적대적이었다. 매리너와 그 이후의 탐사선들이 밝혀낸 화성의 실상은 어지간한 공상과학 작가들의 상상력을 훨씬 능가하는 것이었다. 남반구와 북반구를 막론하고 먼지 폭풍이 휩쓸고 지나다니고, 화산 분출물이 우주와의 경계까지 뿜어져 오른다. 게다가 미국 본토만 한 계곡도 있다.

이 책의 제2장을 장식하는 현재의 탐사 임무들은, 화성에도 과거에 바다와 두꺼운 대기층이 있었음을 밝혀냈다. 화성의 남반구는 크레이터와 험준한 지형으로 뒤덮여 있다. 뭔가에 충돌했던 것일까? 과학을 통해 화성을 가까이서 보지 못했다면 이런 의문을 제기할 수조차 없었을 것이다. 하지만 찾아낸 답들도 더 많은 의문을 낳을 뿐이다. 아직 사람들은 화성에 생명체가 있다는 희망을 버리지 않았지만, 무인 탐사선들은 그 증거를 아직 찾아내지 못했다. 화성에 생명이 있(었)을 가능성은 포기하기에는 너무 아깝다. 혹시 화성에도 생명이 있었다면, 과연 어떤 모습이었을까? 인간과 유사한 모습이었을까? 아니면 훨씬 다른 모습이었을까?

이 책의 제3장은 가능한 미래를 다룬다. 더 많은 무인 궤도선과 착륙선은 물론, 유인 화성 탐사 임무라는 야심 찬 계획도 있다. 그리고 기술이 조금만 더 발전된다면 화성을 식물들로 가득 차게 할 수 있을지도 모른다.

로웰은 1916년에, 버로스는 1950년에, 웰스는 1946년에 타계했다. 모두 매리너 임무 이전이다. 화성의 실제 환경은《바숨》에 묘사된 것과는 비슷하지도 않았다. 그러나 매리너 탐사선이 촬영한 화성의 모습은 또 다른 상상력을 자극했다. J.B.S. 홀데인의 말마따나, 우주는 정말로 그 어떤 상상보다도 기묘한 곳이다.

– 제시 엠스팩(Jesse Emspak), 편집자

CONTENTS

1

생각하던 것과 발견한 것

1-1 가장 가까운 이웃?

공저

천문학자들은 로웰 교수의 화성인 이론에 동의할 수도, 동의하지 않을 수도 있다. 그러나 그가 역사상 가장 정력적인 화성 관측자인 것만큼은 부인하기 어렵다. 그는 많은 공을 들여 매우 정밀하게 연구하였다. 연구에 엄청난 시간을 투자했을 뿐 아니라, 자신의 연구에 적합한 대기 조건을 갖춘 곳에 개인 천문대를 세우기까지 했다. 이러한 사실을 감안한다면, 그가 쓴 화성 관련 서적에는 '지나가는 평' 수준을 넘어, 더욱 전문적인 해석을 보태는 편이 합당하다. 그처럼 중요한 과학 연구에 대중적 설명만을 하는 것은 온당치 않다.

우선 로웰 교수는 화성에 생명이 거주 가능하다고 굳게 믿고 있다. 이는 화성 표면의 난해한 문양을 철저히 연구한 후, 낭만적 감성이 아닌 뛰어나고 풍부한 이성에 입각해 내린 결론이다. 이어지는 글들에서는 로웰 교수의 이론과, 그 이론을 지지하는 타당한 주장들을 간단하게 살펴볼 것이다.

망원경으로 본 화성은 흰 점들이 보이고, 청록색과 적갈색의 대지들도 보인다. 로웰 교수는 이러한 풍경의 변화를 통해 화성에 거주가 가능할지에 대해 결론을 내렸다. 그 가운데에는 화성의 양극에 위치한 흰 점들이 가장 눈에 띄는데, 이는 화성의 여건이 지속적으로 변하고 있다는 가장 중요한 증거다. 마치 지구의 남극과 북극에서도 계절에 따라 눈이 쌓였다 줄어들다 하듯이, 이 흰 점들도 커졌다 작아졌다를 반복하고 있기 때문이다. 한겨울에는 이 흰 점이 위치한 영역이 매우 커진다. 남위 및 북위 60도 선은 물론, 때에 따라서는 50도 선까지도 넘본다. 그러나 이후 점점 작아져 한여름에는 남위 및 북위 84~85도 선까지 후퇴한다. 이러한 변화를 보려면 구경 76밀리미터 망원경으로도 충분하다. 화성 관측 초기에는 이것을 보고 화성의 양 극관이 얼음과 눈으로 구성되어 있다고 추측했다. 로웰 교수의 관측에 따르면 화성의 극관이 줄어들 때 그 주변에는 넓은 면적의 청색 지대가 생겼다. 극관이 줄어드는 양상에 발맞추어 청색 지대가 생기므로 이는 극관이 사라지면서 생기는 부산물과 연관이 있음 직하다. 이 청색 지대는 극관을 이루고 있는 물질이 기체가 아닌 물임을 입증하는 것이다.

극관이 녹아 증발하면 기체가 될 것이다. 이는 화성에 대기가 있다는 증거다. 화성 대기는 수증기가 주성분이라고 결론을 내려도 될 것이다. 화성에 대기가 있다는 또 다른 증거는 화성에 의외로 적기는 하지만 구름이 있다는 점이다. 주연 광선 역시 또 다른 증거다. 주연 광선은 화성을 관측할 때 화성을 둘러싼 테두리 부분에 나타나는 밝은 광선으로, 지구와 화성 사이에 뭔가 장막이 있으며, 그 장막은 공기 또는 안개라는 증거다. 여명 역시 공기가 존재한다는 증거다. 지구에서 가장 높은 산보다 희박하기는 하지만 아무튼 공기가 있다. 화성의 공기 밀도가 낮다는 사실은 화성의 어느 지역이나 뚜렷하게 볼 수 있다는 점으로 입증된다.

청록색 및 적갈색 지역 중에서는 적갈색 지역이 더 면적이 넓다. 망원경으로 보이는 화성 면적의 8분의 5 정도다. 화성 관측 초기에 청록색 지역은 바다로 간주되었고, '고요의 바다' '안개의 바다' 등의 이름을 붙였다. 하지만 스키아파렐리가 이 바다의 크기가 변한다는 것을 처음으로 알아내자, 사람들은 과연 이 바다가 물로 이루어졌는지 의심하기 시작했다. 피커링과 더글러스가 이 바다를 가로지른 선들을 발견하고, 이 선들이 항시 보인다는 사실이 드러나자, 화성의 바다가 물이라는 믿음은 치명타를 입었다. 화성의 청록색 지대가 바다가 아니라면 대체 뭐란 말인가? 로웰 교수에 따르면, 이 청록색 지대를 식물로 봐야 이 모든 사실을 설명할 수 있다고 한다. 그는 이 지대의 색이 지구의 숲을 멀리서 보았을 때의 색과 비슷하다는 것을 알았다. 이 지대가 식물로 이루어져 있다면, 식물이 자라기에 적합한 계절에 맞춰 그 면적은 늘어날 것이다. 특정 지역은 화성의 봄철에 맞춰 불과 수 주 만에 색상이 적갈색에서 청록색으로 바뀐다는 것이 통설이다. 그리고 이들 지역은 화성의 가을이 되면 다시 적갈색으로 바뀐다. 청록색 지역에 비해 면적이 넓은 적갈색 지역은 화성의 주색을 이룬다. 이 지역은 과거에도 육지로 간주되었으며, 지금 봐도 의심의 여지없는 육지다. 이곳에는 사막 이외에는 아무것도 없는 듯하다. 연어 살을 닮은 이곳의 색상은 지구의 사하라 사막이나 북부 애리조나 사막의 색상과 거의 같다.

화성 표면에서 현재까지 가장 눈길을 잡아끄는 것은 신비의 줄무늬다. 이 줄무늬를 처음 발견한 스키아파렐리는 이를 카날리(canali)라고 불렀다. 이 줄무늬는 마치 거미줄마냥 화성 전역을 가로지르고 있다. 너무 기하학적이어서 스키아파렐리는 이를 자와 컴퍼스를 사용해 그린 것 같다고 말할 정도였다.

더구나 이 줄무늬들은 대부분 구간에서는 직선이며, 직선이 아닌 곳에서는 균형잡힌 곡선이다. 또한 놀랍게도 이 선들은 시작되는 곳에서부터 끝나는 곳까지 굵기가 같다. 마치 한 점과 다른 지점을 연결하는 전신선 같기도 하다. 하지만 이 줄무늬의 정확한 굵기는 아직 단정할 수 없다. 로웰 교수는 비교를 통해 이 줄무늬의 굵기가 가느다란 곳은 3~5킬로미터, 굵은 곳은 24~32킬로미터에 달할 것이라고 보고 있지만 말이다. 줄무늬의 길이 역시 장대하다. 길이가 3,200킬로미터에 달하는 것도 드물지 않다. 이 줄무늬는 다른 곳에서 온 줄무늬와 종점에서 만난다. 한 점에서 두 줄뿐이 아니라 석 줄, 넉 줄, 다섯 줄, 여섯 줄까지도 만난다. 그 결과 이 행성의 표면은 줄무늬들로 인해 삼각형 모양으로 나뉘게 되었다. 로웰 교수는 이 줄무늬들이 우연히 생긴 것이 아니라고 생각한다. 한 점에서 여러 줄무늬가 정확히 만나는 점, 그리고 각 점에서 만나는 줄무늬의 개수를 감안한다면, 이런 현상이 결코 우연히 만들어질 수는 없다는 것이다. 화성 표면 위에 매우 가느다란 줄무늬를 무계획적으로 그을 경우, 두 개 이상의 줄무늬가 교차할 가능성은 0에 수렴한다. 로웰 교수는 화성 표면 줄무늬의 위치도 누군가의 의도적인 노동의 산물이라고 말한다. 줄무늬의 시작 지점은 결코 무계획적으로 배치된 것이 아니라, 그 특징들과 관계를 맺고 있다. 이러한 줄무늬의 출발지는 색이 어두운 지역의 우묵한 곳이다. 출발지로서 적합한 자연적 조건을 갖추고 있다. 또한 화성 표면의 일반 지형학적 주요 특징에 의존하고 있다. 여러 근거로 볼 때 이 줄무늬들은 각 지점을 연결해 각 지점 간의 상호 교류를 돕고 있는 것으로 보인다.

1-1

이 줄무늬가 직선인 이유도 알아내기 어려운데, 더 알아내기 어려운 점은 이 줄무늬가 평행한 두 갈래로 나뉜 경우가 많다는 것이다. 이 역시 스키아파렐리가 발견한 현상이다. 지난 1905년 플래그스태프에서는 입수할 수 있는 가장 좋은 거미줄로 정밀 계측해, 두 갈래로 나뉜 줄무늬 사이의 간격을 추산해보았다. '파이슨(Phison)'이라는 이름의 가장 전형적인 두 줄 줄무늬의 길이는 약 3,621킬로미터, 두 줄무늬 사이의 간격은 각 줄무늬의 중심을 기준으로 약 209킬로미터, 각 줄무늬의 폭은 32킬로미터로 추산되었다. 그러나 모든 화성의 줄무늬가 이렇게 쌍으로 나타나는 것은 아니다. 플래그스태프에서 관측한 400개의 줄무늬 중 쌍을 이루는 것은 51개에 불과하다. 전체 관찰된 개수의 8분의 1 정도다. 심지어는 같은 줄무늬도 어떤 때는 쌍으로 보이다가 어떤 때는 그렇게 안 보이는 경우도 있다. 적절한 시기에 봐야 한다. 물론 특정 줄무늬는 언제나 쌍으로 보이는 것 같다. 그러나 그것들만 언제나 그런 이른바 '중복' 현상을 일으키고, 나머지가 그렇지 않은 이유는 아직까지 알려지지 않았다. 줄무늬가 두 줄로 나타날 때, 언제나 다른 하나보다 더 큰 것이 훨씬 두드러져 보인다. 따라서 이 큰 것을 원 줄무늬로, 다른 하나를 복제 줄무늬로 부를 수 있을 것이다. 로웰 교수는 이런 이중 줄무늬가 보였다 안 보였다 하는 원인으로 화성의 계절적 상태 및 줄무늬의 위치를 지적했다.

화성의 밝은 지역에서 줄무늬가 발견된 이후 17년이 지나 어두운 지역에서도 줄무늬가 발견되었다. 어두운 지역의 줄무늬는 밝은 지역의 줄무늬가 어두운 지역으로 들어가는 바로 그 지점에서 시작된다. 따라서 어두운 지역의 줄무늬와 밝은 지역의 줄무늬가 하나로 이어져 행성 표면 전체를 가로지르고 있음이 분명하다. 최북단의 줄무늬들은 극관 가장자리의 어두운 색 부분으로 들어가고 있다. 이곳이 화성 표면 줄무늬의 '출발점'이다. 즉 더 정확하게 말하자면 화성 표면 줄무늬의 출발점은 극관의 눈이다.

이것은 3개, 4개, 5개 또는 그보다 많은 줄무늬가 모이는 둥근 지점인 이른바 '오아시스 다크(oases-dark)'라는 화성 표면의 점무늬를 논할 때 주목해야 할 사실이다. '오아시스 다크'는 대형, 중형, 소형으로 나뉜다. 현재까지 발견된 '오아시스 다크' 중엔 대형이 가장 많다. 로웰의 최근 계산에 따르면, 대형 오아시스 다크의 직경은 120~160킬로미터에 달하는 것 같다. 대형 오아시스 다크는 황토색 지역에서는 마치 압정 대가리처럼 크고 선명하게 두드러져 보이며, 어두운 색의 지역에서도 매우 잘 보인다. 모두 원형인 듯하다. 대형 오아시스 다크가 압정 대가리만 하다면 중형 오아시스 다크는 압정 자국만 하다. 중형의 직경은 24~40킬로미터에 달한다. 대형 오아시스 다크는 굵기가 가장 굵고 수가 많은 줄무늬의 교차점에 있다. 반면 중형 오아시스 다크는 굵기가 비교적 가느다란 줄무늬의 종점에 있다. 오아시스 다크와 줄무늬는 서로의 크기에 맞게 연결되며, 서로 위치가 비슷하다고 해서 연결되는 것이 아니다. 쌍 줄무늬의 경우 오아시스 다크는 쌍 줄무늬 사이에 딱 맞게 들어간다. 여러 오아시스 다크는 서로 가까이 위치해 있으며, 두 개가 서로 맞닿아 있는 쌍둥이 오아시스 다크도 많다. 오아시스 다크와, 그에 연결된 줄무늬 간의 관계는 매우 복잡하다. 쌍둥이 오아시스 다크에는 7개 이상의 쌍 줄무늬가 연결되어 있다. 줄무늬는 오아시스 다크가 있는 곳에만 모이며, 결코 아무렇게나 그어지지 않는다.

1894년 로웰 교수가 발견한 여러 문양들은 그 이후로도 여러 번 다시 관측되었다. 문제의 문양들 중에는 과거 '바다'로 여기던 곳의 '해안선'에 위치한 삼각형 자국도 있다. 이 삼각형 자국은 꼭 목록에 있는 품목들을 점검할 때 쓰이는 탈자기호(^)처럼 생겼다. 이 탈자기호의 꼭짓점은 줄무늬들이 나타나는 곳 또는 줄무늬의 종착점을 가리키고 있다. 하나 이상의 줄무늬들은 어떤 경우든 긴 여행의 흔적으로 화성 표면에 탈자기호를 남긴다. 로웰 교수에 따르면 이 구조에 영향을 미치는 것은 고도차라고 한다. 줄무늬는 낮은 곳으로 움직이므로 우리가 보듯이 동그란 자국보다는 삼각형 탈자기호 쪽을 향한다는 것이다.

로웰 교수는 1903년 램플랜드가 발견한 줄무늬들을 상당한 시간을 들여 촬영했다. 이러한 로웰 교수의 업적은 칭송 받아 마땅하다. 이로써 "화성의 줄무늬는 눈의 긴장 등의 원인으로 생긴 광학적 허상"이라는 추정에 근거한 이론들이 영구히 무력화되었기 때문이다.

이 줄무늬들은 주기적으로 변화하는 특성이 있다. 일시적으로 줄무늬들이 사라질 때도 있다. 줄무늬와 전 지역이 보이지 않을 때가 있다. 줄무늬들이 드러났다 사라졌다 하는 시기는 각 줄무늬마다 정해져 있다. 이러한 현상을 설명해줄 수 있는 것은 계절적 변화 말고는 없다. 극관이 가장 많이 녹은 이후 줄무늬는 커지기 시작한다. 이러한 변화는 화성의 적도까지 이어지며, 적도를 넘어 다른 반구까지 거침없이 나아간다. 화성의 북극이 추워지면 이곳을 시작점으로 하는 줄무늬의 성장에도 제동이 걸린다. 가장 먼저 영향을 받는 것은 최북단에 있는 줄무늬들이다. 남극에서도 이러한 변화가 더 일찍 시작되어 더 일찍 끝이 난다. 로웰 교수는 이렇게 줄무늬가 사라지는 이유가 가을철에 식물들이 말라 죽기 때문이라고 보고 있다. 마찬가지로 줄무늬가 다시 생기는 것은 봄에 새 식물들이 자라나기 때문일 터다.

오아시스 다크 역시 줄무늬와 똑같은 방식으로 변한다. 오아시스 다크도 화성년의 좋은 계절에는 커지지만 줄무늬보다는 덜하다. 줄어들 때도 그 속도가 완만하다. 줄무늬와 마찬가지로 오아시스 다크 역시 위도와 계절의 영향이 성장에 결정적이다. 두 극관은 화성년의 진행에 따라 변화한다. 줄무늬 역시 화성년의 진행에 따라 커지고 줄어든다. 극관의 변화와 줄무늬의 변화 사이에 유일한 차이점은 다음과 같다. 극관은 1화성년 기간 동안 최대 크기와 최소 크기를 1번씩 겪지만, 대부분의 줄무늬는 2번씩 겪는다는 것이다. 다만 그 시기는 줄무늬마다 다르다. 두 변화의 주기는 동일하며, 한 변화를 다른 변화가 따르는 식이다. 줄무늬는 극관이 잘 녹은 후에야 커지기 시작한다. 극관이 줄어들면 줄무늬가 커지면서, 우리가 보듯이 어두운 청록색 지역까지 뻗어나간다. 줄무늬는 청록색 지역의 변두리를 통과해 더욱더 깊이 들어가면서 가늘어진다. 이 청록색 지역이 만들어진 다음에는 그 지역 근처 줄무늬들의 색이 짙어지면서 앞선 줄무늬들처럼 청록색 지역 속으로 더 깊이 들어간다. 그럼으로써 화성 표면 전체에 걸쳐 줄무늬들이 잘 보이는 시기가 다시 주기적으로 돌아오는 것이다. 그러므로 극관의 감소와 줄무늬의 증대 사이에는 시기적인 연관성이 있음을 처음부터 알 수 있었다.

극관은 분명 물로 이루어져 있다. 따라서 줄무늬의 성장은 극관의 눈이 녹은 때문으로 해석할 수도 있다. 극관의 감소와 줄무늬의 등장 사이에는 상당한 시간적 간격이 있다. 식물의 성장과 번성이 우리가 보는 현상과 분명 관련 있어 보인다. 극관에 축적되었던 물이 적도로 밀려들어 그 과정에서 식물들을 성장시킨다고 가정한다면, 시간의 흐름에 따라 줄무늬가 더 잘 보이는 현상도 설명할 수 있으며, 화성의 식물이 성장하는 데 따르는 시간의 지연도 설명할 수 있다. 이러한 설명은 분명 가장 만족스럽다. 식물의 소생이 화성 표면을 휩쓸고 지나가면서 화성의 계절적 변화를 일으키는 것이다.

화성 표면에는 식물이 자라는 계절이 1화성년에 적어도 2번 있는 것으로 보인다. 첫 번째 계절은 북극 극관에 의해, 두 번째 계절은 남극 극관에 의한 것이다. 끝까지 남는 줄무늬는 남위 35도까지만 보이므로 극관의 감소가 어디까지 영향을 미치는지 현재로서는 말할 수 없다.

로웰 교수의 주장대로 화성에 식물이 존재한다면, 동물 또한 존재할 수도 있다. 식물군의 존재는 동물군의 존재를 추측케 할 근거가 된다.

하지만 다른 행성에 동물이 존재한다는 징후는 탐지하기가 어렵다. 동물 자체의 힘만으로는 곤란하다. 상당한 진화를 이루어 문명을 만들어낸 동물만이 자신의 존재를 외계에 알릴 수 있다. 자연을 정복할 능력을 갖춘 동물은 더 이상 단순한 동물이라고 보기 어렵다. 올해(1907년) 7월 현재 지구와 화성 간의 거리는 5632만 킬로미터에 달한다. 만약 화성에서 지구를 본다면, 지구인의 존재를 알려주는 근거는 지구의 지리적 특성뿐일 것이다. 계절에 따라 변화무쌍하게 색깔을 바꾸는 캔자스 주와 다코타 주의 거대한 밀밭은 보는 이를 감동시킬 것이다. 화성에 생명이 살고 있다면, 화성에는 우리가 관측한 그대로의 줄무늬와 오아시스가 있을 것이다. 화성인들은 줄무늬를 교통선으로, 오아시스를 활동 거점으로 삼을 것이다. 그 가설 외에, 다른 어떤 가설로도 화성의 이 기묘한 지리적 특성을 설명할 수 없음이 증명되었다. 물의 부족은 줄무늬의 특징을 이해하는 열쇠다. 화성에서 사용 가능한 유일한 물은 반년마다 녹는 극관의 눈이다. 이 눈이 녹아 물이 되어 흘러야 화성에서는 식물이 자랄 수 있다. 해가 비추어도 물이 있어야 식물들은 극지방에서 시작해서 적도를 향해 자라기 시작한다. 행성이 늙어가면서 바다를 잃으면, 물의 총 공급량은 점점 줄어든다. 이 행성의 생명체는 존재에 꼭 필요한 물의 부족에 직면하게 된다. 화성의 상황 역시 그러하다. 화성에 지능을 갖춘 생명체가 있다면, 부족한 물을 인구 밀집 지역으로 끌어오는 방법을 반드시 알 것이다. 로웰 교수는 화성 표면의 줄무늬에서 지능을 가진 생명체가 분명한 목적을 가지고 활동한 징후를 발견했다. 그는 이렇게 수학적으로 정밀하게 그어진 줄무늬는 분명 용수 공급 목적으로 설계된 것이라고 생각한다.

그는 이 이론을 뒷받침하기 위해, 줄무늬의 위치와 화성의 중요 지형을 눈여겨보아야 한다고 주장한다. 줄무늬는 화성 표면에 중요한 측지학적 선을 그었을 뿐 아니라, 그만큼 중요한 지점들을 연결하고 있다. 오아시스는 줄무늬들이 모이는 곳에서만 볼 수 있다. 로웰 박사의 의견에 따르면 오아시스는 줄무늬의 종점이다.

더 주목할 점은 이 줄무늬들이 형성하는 체계다. 서로 놀라우리만치 잘 연결되어 있다. 이 체계는 어두운 지역과 밝은 지역을 막론하고 화성 표면 전체를 덮고 있다. 그 모습을 보고도 이런 줄무늬가 자연적으로 생성되었다고 보기는 어렵다. 화성 표면을 뒤덮고 있는 줄무늬의 망은 극관으로 연결된다. 로웰 교수는 이를 극관의 눈이 녹아 생긴 물을 화성 전역에 공급하기 위한 용수 공급 체계로 보았다.

1-2 생명의 증거

E. C. 슬라이퍼

화성만큼 전 세계인의 흥미를 자극하는 천체는 없다. 스키아파렐리는 화성 표면에서 유명한 줄무늬를 발견했다. 그 이후 스키아파렐리의 발견을 확증하고 뒷받침해준 로웰 교수의 관측 역시 스키아파렐리의 관측만큼이나 중요하다. 그러자 이 줄무늬의 해석을 놓고 논쟁이 벌어졌다. 로웰 교수는 화성에 생명체가 존재하며, 이 줄무늬는 지능을 가진 생명체가 멸망을 피하기 위해 만든, 지구인의 것보다 훨씬 정교한 용수 공급 체계라고 주장했다.

로웰 천문대의 직원인 E. C. 슬라이퍼가 작성한 또 하나의 논문은 화성에 생명이 있다는 증거를 제시한다. 슬라이퍼는 수년 간 화성을 연구해왔다. 그는 육안과 사진을 이용해 화성을 철저히 연구했다. 1907년에는 로웰 원정대의 일원으로 칠레 안데스 사막에 가서 화성의 중요한 사진과 그림을 작성하기도 했다.

- 편집부

화성에는 과연 생명이 살 수 있는가? 아마 근년에 이보다 대중의 관심이 크게 쏠리고 과학적 논의가 활발히 이루어진 천문학의 주제는 없을 것이다. 다른 행성에도 (지적) 생명체가 존재할 수 있다는 생각은 과학자와 일반인의 큰 관심을 모았다. 아마 거기에는 인적 요소도 원인으로 작용했을 것이다.

1-2

화성은 지구와 가까운 천체로, 그 태양 공전 궤도는 지구의 바로 바깥에 위치한다. 화성 관측 초기에 관측자들은 눈처럼 하얀 두 극지방 사이의 지역이 밝은 색 구역과 어두운 색 구역으로 불규칙하게 나뉘어 있음을 보았다. 그중 어두운 색 구역은 마치 지구의 바다처럼 푸른색이었다. 때문에 대략 1890년까지만 해도 천문학자들은 화성 표면 상당 부분이 물로 덮여 있을 것이라고 짐작하고, 이 푸른 부분을 '바다'라고 불렀다. 이 푸른 지역보다 더 면적이 넓은, 나머지 적황색 부분은 마찬가지로 '대륙'이라고 불렀다. 그리고 이 '대륙'에 둘러싸인 푸른 부분을 '호수' 또는 '내해'로 불렀다. 그리고 푸른 부분에 일부 둘러싸인 적황색 부분은 '반도', 완전히 둘러싸인 곳은 '섬'이라고 불렀다.

줄무늬를 발견한 스키아파렐리

1877년은 화성 연구의 새 시대를 연 해였다. 이탈리아의 대 천문학자인 스키아파렐리는 화성이 지구로 접근해 관측하기 쉽던 이 시기에, 화성 표면의 항공 지도를 준비하다가 화성 표면에 나 있는 중요한 문양들, 즉 줄무늬를 발견하고 그것들의 경도와 위도를 측정하기에 이르렀다. 이 줄무늬의 색은 화성의 '호수' 및 '바다'의 색과 일치했으므로, 그는 자연스레 이 줄무늬들이 바다와 육지를 잇는 수로일 거라고 생각했다. 그래서 이것들을 '카날리(Canali)'라고 불렀다. 이는 강 또는 운하를 가리키는 이탈리아어다.

그는 이후에 쓴 기록에서 이 줄무늬들에 대해 이렇게 말했다. "프록터(Proctor)의* 큰 대륙 4개는

* 화성에 있는 지름 168.2킬로미터의 커다란 크레이터 이름. 영국 천문학자 리처드 프록터의 이름을 따랐다.

현재 여러 섬으로 쪼개져 있다. 그리고 이러한 분할 과정은 앞으로 더욱 심화될 것으로 보인다. 현재 화성 표면에 큰 대륙은 없고, 화성의 육지는 매우 많은 섬으로 나뉘어 있다. 이렇듯 화성의 육지와 바다의 분포는 지구와는 매우 다른, 기묘하며 예기치 못했던 형태다. 이러한 특징은 지도를 대충 봐도 확연하다. 우리가 지닌 화성의 줄무늬 망 지도가 완벽하다고 보기는 아직 어렵다. 멀리서도 잘 보이는 가장 굵은 줄무늬만 있기 때문이다." 그는 1877년 10월, 화성의 매우 안정적인 대기 상태를 2~3회 관측하고 나서 이렇게 말했다. "자세한 세부 사항을 알 수 없고, 이러한 상태가 오래 유지되지 않는 탓에 관측 내용을 확실히 설명할 수는 없다. 뇌리에 남은 것은 정밀한 줄무늬와 작은 점들로 이루어진 훌륭한 망에 대한 혼란스런 느낌뿐이다." 그는 1858년 6월 29일 세키가 실시한 유사한 관측 결과도 인용했다.

화성의 어두운 부분이 물이라는 주장에 대한 반론도 있었다. 그러나 화성의 특징에 대한 기존의 가설은 상당한 기간 동안 정설로 통했다. 당시로서는 가장 타당했기 때문이다. 당대의 가장 믿을 만한 연구자들은 이 행성에 밀도 짙은 대기가 있을 거라는 결론을 내렸다. 화성의 짙은 청색 부분이 물로 이루어진 바다가 아님을 확증한 관측 결과는 1892년에야 나왔다. 그해 W. H. 피커링은 페루의 아레키파에서 화성을 관측하다가, 화성의 '바다'에 위치가 변하지 않는 문양이 있음을 알아내고, 이를 호수와 강으로 불렀다. 같은 해 더글러스도 로웰 천문대에서 화성을 관측하고 어두운 부분에서 줄무늬 같은 문양을 발견했다, 이 문양은 밝은 부분의 줄무늬 및 오아시스와 기하학적 특징이 같다. 이러한 관측은 인식의 전환을 불러왔다. 이후 로웰은 줄무늬가 계절에 따라 가늘어지고 굵어진다는 사실을 발견했다. 일종의 활동기와 휴지기가 있다는 의미다. 1894년 로웰은 "화성의 줄무늬와 호수는 물이 아니라 식물로 이루어진 지대다. 극관의 눈이 녹아서 생긴 물을 공급해주는 인공 운하 체계가 이 지대들을 지탱해주고 있다"는 이론을 발표했다. 이 이론은 화성 표면의 기묘한 무늬가 계절에 따라 눈에 띄게 변하는 점을 설명해주었다. 화성의 변화를 설명하기에 최적의 가설이었던 이 이론에 맞설 다른 이론은 없었다. 이 이론은 관측으로 인해 알려진 사실들을 모두 설명해주었기 때문이다. 관측을 통해 극관이 녹고 줄무늬가 강해지는 현상 사이에 밀접한 연관이 있다는 사실이 밝혀졌다. 그리고 지구와도 마찬가지로, 식물들로 이루어진 문양들의 변화는 태양의 움직임을 따라 한 반구에서 다른 반구로 옮겨가는 것으로 보인다. 다만 그 속도는 지구의 절반밖에 안 된다.

천천히 말라가는 화성

화성은 지구보다 훨씬 오래된 행성이다. 그것도 우주적인 관점에서 말이다. 때문에 지구에 비해 진화와 발달 과정을 더 먼저 거쳤다. 현재 화성은 공기와 물이 그리 많이 남지 않은 상태다. 그러므로 로웰에 따르면, 화성 표면의 줄무늬와 오아시스는 지능을 지닌 생명체가 극관의 눈이 녹은 물을 화성의 사막에 투입하기 위해 인공적으로 만든 용수로 체계의 일부라는 것이다. 물론 관측되는 문양은 그 자체가 수로는 아니다. 그러나 이 용수로에서 식물로 이루어진 청록색 띠가 나오고 있다. 관측을 통해 발견한 두 가지 사실은 그 어떤 추측보다도 로웰의 이론을 확실하게 입증해준다. 첫 번째는 줄무늬가 오아시스 및 고립된 지점들을 기하학적으로 명쾌하게 연결하고 있다는 점이다. 그 모습은 마치 멀리서 본 철도망과도 같다. 두 번째 사실은 이 줄무늬들이 극관의 녹은 눈을 실어 나르면서 함께 성장하는 듯한 특징을 보인다는 점이다.

여러 천문학자들은 줄무늬와 오아시스가 여러 주기로 눈에 띄게 변한다는 사실을 관측을 통해 입증했다. 화성 표면 문양들의 사진 역시 그 점을 입증한다. 스키아파렐리는 무려 1877년에 특정 줄무늬가 사라진다는 것을 알아냈다. 그러나 당시 그는 그것이 화성의 구름 때문이라고 생각했다. 그는 이 현상에 대해 이렇게 말했다. "이러한 변화는 오피르(Ophir)와 타르시스(Tharsis) 지역 상공을 지나가는 옅은 구름이 줄무늬를 가리기 때문으로 보입니다."

오늘날 화성 대기는 적은 양의 수증기를 포함한다는 사실이 밝혀졌다. 이는 1908년 로웰 천문대에서 촬영한 화성 스펙트럼 사진, 그리고 올해(1914년) 촬영된 더 많은 추가 사진을 통해 입증되었다. 다만 화성의 구름은 매우 드물게 관측된다. 그리고 명암 경계선을 따라 먼지구름이 관측될 때 나타난다. 때문에 화성 줄무늬의 변화는 스키아파렐리가 생각했듯이 구름이 줄무늬를 덮어서가 아니라, 화성의 계절 변화에 의해 발생한 실질적인 것이다.

스키아파렐리는 화성의 표면 문양이 인공적으로 만들어졌다고 주장한 적이 없다. 그러나 그는 말년에 천재적 식견과 열린 시각을 담아 로웰에게 이런 편지를 써 보냈다. "당신의 이론은 갈수록 그 현실성이 높아지고 있습니다."

1-2

잘 알려지지 않은 사실이 있다. 스키아파렐리가 처음 화성의 줄무늬를 관측했을 때, 당시 학계에는 화성 줄무늬의 실재를 의심하는 여론이 우세했다는 점이다. 이 사실을 놓쳐서는 안 된다고 생각한다. 줄무늬를 직접 관측한 사람조차 상당한 회의론과, 그 관측 결과가 허상일 뿐이라는 반론에 직면하였다. 그러한 회의론과 반론을 반증하기 위해서는 관측 결과의 세부적인 부분까지 설명해야 했다. 반면 회의론을 내놓는 사람들은 이런 류의 천문학적 연구에 대한 경험적 지식이 매우 빈약했다. 연구 경험이 부족한 사람일수록 관측 세부 결과가 허상일지도 모른다고 생각하는 경향이 있다. 이해는 된다. 하지만 관측 경험이 충분하다면 걱정은 하지 않아도 좋다. 문외한들 생각과는 달리 허상이 보일 확률은 그리 높지 않다. 특히나 잘 훈련된 관측자가 그럴 가능성은 더더욱 낮다. 물론 가능성이 전혀 없지는 않겠지만 말이다. 경험이 충분히 쌓인 관측자는 허상과 실상을 단번에 구분할 수 있다. 충분한 기술을 갖춘 관측자라면 직관적으로 바로 구분할 수도 있다. 망원경을 사용한 관측은 그 어떤 이론이나 추리보다도 훨씬 뛰어나다. 화성의 세부에 대한 관측 내용이 허상일 뿐이라는 이론을 만들고 지지했던 사람들은, 그 이론을 현실에 적용했을 때 설명할 수 있는 것이 거의 없었다. 화성 관측 내용이 허상이라는 이론은 여러 해에 걸친 검증을 받았다. 그러나 실험과 관측에 의해 그 결함과 적용 불가능성이 입증되었다. 따라서 그 이론에 대해서는 이 정도 설명했으면 충분할 듯하다.

사실 아무리 희미하게 보이는 줄무늬라도, 그 세부를 면밀히 따져보면 허상설을 부정할 수밖에 없다. 그 확실한 이유는 두 가지다. 첫 번째로, 이 줄무늬들의 세부 모습은 매우 확실하므로, 실존한다고 볼 수 있다. 두 번째로 한때 희미하던 줄무늬도 화성의 다른 부분이 잘 보이게 되면서 함께 뚜렷해진다.

훌륭한 관측이 필요한 이유

다른 행성의 표면을 잘 관찰하려면 우선 무엇보다도 대기 상태가 좋아야 한다. 그다음으로 중요한 것은 관측자의 시력이다. 좋은 대기 상태란 대기가 깨끗할 뿐 아니라 고요하기까지 하다는 의미다. 고요한 대기 상태는 망원경 영상의 선명도와 안정도에 큰 영향을 미친다. 또한 망원경 대물렌즈가 클수록 대기의 교란 효과가 커지고, 천체의 또렷한 상을 얻기 힘들어지는 것도 사실이다. 따라서 망원경의 크기보다도 대기의 상태가 천체 표면의 관측 영상을 더 크게 좌우한다. 따라서 여러 후보 장소의 대기 상태를 조사한 후, 그중 고도 2,210미터의 플래그스태프에 로웰 천문대를 세운 것이다. 필자가 아는 천문대 중 이만큼 대기 상태가 좋은 곳은 프랑스 마스그로와 알제리 세티프에 있는 자리데로지(Jarry-Desloges)의 천문대뿐이다. 그는 화성의 특징을 관측하는 데 성공했으며, 그 세부 모습을 매우 정확하게 그림으로 묘사했다. 이는 주목할 만한 확실한 증거다.

훌륭한 관측 능력과 시력, 적절한 광학 장비만 있다면 어렵지 않게 화성 표면의 세부 모습을 관측할 수 있다. 충분한 시간을 들여 화성을 관측한 관측자들의 결과는 서로 상당 부분 일치한다. 이는 그들이 본 것이 허상일 리가 없다는 뜻이다. 최적의 대기 상태를 추구하는 사람들은 줄무늬를 가장 잘 관측했고, 또한 가장 많은 수의 줄무늬를 발견했다. 이는 중요한 사실이다. 무엇보다도 화성 표면 줄무늬의 존재를 부정하는 사람들은 이 줄무늬가 보이는 상태를 접한 적이 없는 듯하다.

망원경 대물렌즈에 조리개를 달고, 접안부에 어두운 색 유리를 대면 해상도를 크게 높일 수 있음이 증명되었다. 조리개와 어두운 색 유리는 천문 관측의 정밀도를 높여주는 중요한 보조 장비임이 이론과 현실 모두에서 입증되었다. 약 400배율로 화성을 관측할 때 대물렌즈 구경은 30~45센티미터가 가장 적합하다. 이 배율은 화성이 지구에 근접할 때의 관측에 가장 많이 사용된다. 이때 이러한 장비로 본 화성은 육안으로 본 달보다 25배는 더 커 보인다.

좋은 대기 상태에서 시력이 우수한 관측자가 대구경 망원경으로도 화성의 줄무늬와 오아시스를 관측할 수 없다면, 그 원인은 무성의하게 관측했거나 앞서 말한 원칙을 무시했기 때문이라고 볼 수밖에 없다. 화성의 표면은 60센티미터나 100센티미터 굴절망원경과 구경 15~100센티미터 제원의 망원경으로 지구에서 충분히 보인다. 필자 역시 칠레의 타라파카 사막에서 애머스트 대학의 45센티미터 굴절망원경과 구경 8.89센티미터 망원경으로 화성을 보았다. 이로써 반사망원경이나 굴절망원경의 성능 그리고 구경은 그렇게까지 중요하지는 않음을 확실히 알 수 있다.

더구나 화성 사진이야말로 그곳에 줄무늬와 오아시스가 있다는 가장 확실한 증거다. 지구에 근접한 화성을 찍은 사진을 보면 육안으로 본 달 크기의

4~6배에 달한다. 사진 건판의 감광액은 상이 맺히는 데 인간의 눈보다 더 많은 시간이 걸린다. 때문에 사진 속 화성의 표면 문양은 육안으로 관측한 것만큼 선명하지는 못하다. 또한 그만큼 대기의 방해를 많이 받으므로, 육안 관측에 비하면 이래저래 흐릿할 수밖에 없다. 그러나 이러한 큰 난관에도 불구하고 대부분의 줄무늬와 오아시스가 사진 속에 나타나 있다. 이중 줄무늬 역시 사진에 찍혀 있다. 화성의 한 면을 사진 찍었을 때 이중 줄무늬는 평균 12~15개가 나타난다. 1905년 램플랜드가 처음으로 화성의 줄무늬와 오아시스 촬영에 성공한 이래, 수천 장의 화성 사진 가운데 수백 장에서 다수의 줄무늬와 오아시스가 나타났다. 사진에는 이러한 확실한 증거 외에도, 화성 표면 문양의 굵기가 시간에 따라 변하는 모습도 나타난다.

화성 표면의 문양과 비슷한 것은 다른 어느 행성에도 없다. 현재까지 관측된 700개의 줄무늬와 오아시스는 복잡한 망을 이루어 화성 표면을 덮고 있다.

이제는 새로운 문양의 발견을 더는 신경 쓰지 않는다. 대신 이들 문양의 형태와 변화를 더욱 자세히 연구해야 할 것이다. 그것이야말로 화성이라는 태양계에서 제일 흥미로운 수수께끼를 푸는 열쇠가 될 것이다.

1-3 커지는 의문 : 과연 화성에는 생명이 살 수 있는가?

헨리 노리스 러셀

천체 관측이 힘들다는 건 모두가 다 안다. 밤새도록 망원경으로 하늘을 관측하는 얼굴 창백한 천문학자의 모습은 이 업계에서 흔하게 볼 수 있다. 그러나 극히 일부의 고립된 연구 영역을 제외하면, 관측 내용을 공식 기록하는 일은 천문학자 역할의 시작일 뿐이다. 천문학자는 자신이 관측한 내용을 해석해야 한다. 그리고 관측 내용에 대한 토론은 관측 자체보다도 더 많은 시간과 노력이 드는 경우가 많다.

이런 점을 이해하지 못하면, 천문학자가 연구 결과를 내는 데 참을 수 없을 만큼 너무 많은 시간이 걸린다고 생각할 수도 있다. 이미 수개월 전에 벌어진 식(蝕),* 행성의 가까운 접근 등의 중요한 현상에서 발견한 내용을 왜 빨리 알려주지 않는지 이해할 수 없을 것이다. 그러나 천문학자들은 관측 내용이 의미하는 바를 알아내느라 정신이 없다. 관측 내용을 가지고 모든 측면에서 생각해보며, 모든 시험을 다 거쳐본다. 계산 내용을 담은 용지가 산더미를 이룰 때까지 말이다.

* 한 천체가 다른 천체에 의하여 완전히 또는 부분적으로 가려지는 현상. 지구가 달과 태양 사이에 위치하는 월식, 달이 태양을 가리는 일식 등이 있다.

그 가장 좋은 사례가 작년(1926년)의 화성 연구다. 연구자들이 망원경을 붙잡고 분주했던 순간으로부터 무려 6개월이 지나서야, 결론을 담은 최초 상세 보고서가 발표되었다. 이 보고서는 미국 국립표준국의 코블렌츠 박사가 로웰 천문대의 램플랜드 박사와 협력하여 요약 작성하였다.

여기서 논의된 문제는 화성 표면 온도에 대한 흥미로운 점이다. 이에 대해서는 1924년의 관측에서 처음으로 신뢰할 만한 정보가 나왔다.

이러한 관측은 열전기쌍의* 도움을 받아 이루어졌다는 점을 염두에 둘 필요가 있다. 열전기쌍은 지극히 섬세한 기기다. 서로 다른 금속으로 이루어진 두 전선이 만나는 곳에 검게 변색된 작은 금속 점이 있는데, 관측한 행성의 빛이 이 점을 가열한다. 그러면 미량의 전류가 발생하는데, 민감한 검류계가 이 전류를 측정 및 기록한다. 진공 속에 설치하면 기기의 크기를 엄청나게 줄이면서도 꽤나 높은 정밀성을 얻을 수 있다. 코블렌츠 박사의 열전기쌍 지름은 200분의 1인치(1인치=2.54센티미터)에 불과하다. 이러한 기기는 적절히 주의하면 행성 표면, 아니 더 정확히 말하면 수신기에 영상을 보내는 행성 일부의 표면 온도를 측정할 수 있다. 가장 작은 열전기쌍은 화성 영상 직경의 13분의 1에 해당하는 표면의 온도를 측정할 수 있다.

*두 가지 금속을 고리 모양으로 접합하여 접점 사이의 온도 차이로 열기전력을 일으키게 하는 장치. 두 가지 금속으로는 백금과 백금 로듐, 구리와 콘스탄탄 따위가 쓰인다.

이 지극히 섬세하고 효율적인 기기는 매우 긴 연구 끝에 만들어져 사용 중이지만, 지면 관계상 자세한 이야기는 할 수 없다. 이 기기는 매우 섬세하게 취급해야 한다. 코블렌츠 박사의 발언에 따르면, 머리카락 굵기의 가느다랗고 섬세한 필라멘트를 탑재한 이 기기는 제대로 섬세하게 취급할 경우 캘리포니아에 1번, 애리조나에 4번 파견되며 4만 2,000킬로미터 이상을 움직였는데도 좋은 상태를 유지한다고 한다.

이제는 신뢰할 만한 측정이 어렵지 않다. 그러나 이 측정 결과를 어떻게 해석할 것인가? 행성에서 나온 열 중 일부는 단파를 타고 에테르를 건너 지구에 도달하는데, 이는 그저 반사된 태양빛이다. 장파를 타고 오는 나머지가 행성의 따스한 표면에서 나오는 것이다. 적절한 필터(물이 들어간 셀, 유리, 석영, 형석)를 사용해 이 열들의 파장을 측정하고, 각 파장들의 상대적 열 전달력을 비교한다.

이 작업이 끝나면 일은 매우 쉬워질 것이다. 단 지구에도 화성에도 대기가 없다는 전제 하에서만 그렇다. 표준체에서 나오는 다양한 파장의 복사 상대량은 쉽게 계산할 수 있다. 그러면 이를 관측된 데이터와 맞춰 보기만 하면 된다. 그러나 현재 지구에는 대기가 있고, 대기가 지구와 화성 사이에 끼어든다. 때문에 투명성이 떨어진다. 또한 투명성이 떨어지는 정도도 기상 상황의 변화에 따라 대기가 움직이면서 시간 단위로 달라진다. 게다가 공기 밀도의 변화에 따라 복사선의 전파력도 달라진다.

천문대의 고도가 높아 공기가 건조할수록 이러한 문제점은 줄어든다. 플래그스태프처럼 말이다. 이런 측면에서 볼 때 플래그스태프는 매우 좋은 천문대다.

이러한 지구 대기의 효과를 감안해 충분한 허용 오차를 두더라도, 화성 대기의 효과는 여전히 어려운 문제다. 화성에는 반드시 대기가 있을 것이다. 다만 지구보다는 엷을 것이다. 그리고 극관이 눈으로 이루어져 있으며, 화성 대기에 수증기가 있다는 것도 더 이상 의심의 여지가 없다. 화성 극관을 이루는 눈이 대부분 사라진 후, 화성 대기를 분광기로* 직접 시험해 보니 이러한 결과가 나왔다. 물론 지구보다는 적지만, 화성에도 구름이 관측된다.

*빛 따위 전자파나 입자선을 파장에 따라 스펙트럼 분석하여 그 세기와 파장을 검사하는 장치. 프리즘 분광기, 격자 분광기, 간섭 분광기 따위가 있다.

관측된 복사선과 추론된 온도에 이 모든 것들이 어떤 영향을 미칠 것인가? 구름, 심지어는 옅은 안개도 태양 광선을 우주로 상당히 많이 반사한다. 이 때문에 행성 표면에 들어오려던 열 일부가 없어진다. 그러면 행성 표면의 온도는 그만큼 낮아진다. 한편 안개를 뚫고 행성 표면에 도달한 열도 다시 빠져나가야 한다. 구름이 관측되지 않는다고 해도 대기 자체가 습할 수 있는데, 이는 대부분의 장파가 행성 밖으로 나가는 것을 막는다. 이 두 번째 효과는 열 차폐를** 일으켜 행성의 표면 온도를 높인다. 특정 조건 하에서는 이 두 번째 효과가 첫 번째 효과를 상당히 초과할 수 있다. 대기 중에 습기가 있어 옅은 안개가 있을 경우, 그런 안개가 없을 때에 비하면 표면 온도를 크게 높일 수 있다. 지구의 온대가 따스해 생명이 살고 있는 것도 이런 효과 때문이 거의 확실하다. 이 효과가 없다면 뉴욕은 그린란드만큼이나 추울 것이다.

**일정한 공간이 외부의 전기, 자기 따위의 영향을 받지 않도록 함.

짙은 구름은 낮에는 더욱 균형 잡힌 효과를 일으킨다. 그리고 밤에는 행성 표면에서 열이 달아나지 못하게 하는 매우 효과적인 담요가 된다. 그래서 24시간을 기준으로 볼 경우 행성의 평균 온도를 높이는 데 큰 역할을 한다.

하지만 구름 및 수증기 안개가 관측된 행성의 열 복사에* 미치는 영향을 감안하면 얘기는 달라진다. 구름과 수증기 안개가 많으면 태양빛 중 단파는 더 많이 반사되고, 지표에서 나오는 장파의 일부는 빠져나오지 못한다. 이 두 효과는 똑같은 작용을 한다. 즉 관측되는 단파에 대한 장파의 비율을 낮춘다. 대기가 없는 행성 표면의 경우, 이러한 관측 내용은 낮은 온도를 의미한다. 때문에 흔히 쓰이는 (비교적) 간단한 공식을 통해 계산된 화성 표면의 구름 또는 안개가 낀 부분의 온도는 실제 온도에 비해 낮다. 그것도 상당히 많이 낮다.

*물체에서 열에너지가 전자파로서 방출되는 현상. 온도가 높을수록 파장이 짧은 전자파가 많이 함유되어 있다.

코블렌츠 박사는 이 원리를 이용해 1924년 관측에서 나타난 가장 어려운 문제를 설명했다. 눈이 빠르게 녹을 때의 극관을 복사선 측정해보면 그 온도가 섭씨 영하 60도인 것으로 나타난다. 눈은 기온이 섭씨 0도 바로 아래일 때는 건조한 공기 속으로 증발한다. 그러나 영하 수십 도의 추위에서는 좀처럼 증발하지 않는다. 극관 언저리의 표면 온도는 가장 낮더라도 영하 18도 정도일 것이고, 실제로는 그보다는 상당히 높을 가능성이 크다.

화성의 동쪽과 서쪽(해가 뜨고 지는 곳) 온도를 측정한 결과 섭씨 영하 6도 이하로 매우 낮게 나타났다. 이 측정값에 이 원리를 대입해 보자. 그러면 가시선이 화성 대기를 비스듬히 통과하면서, 안개의 효과가 커지는 것을 알 수 있다.

이 모든 것을 다 염두에 둔 코블렌츠 박사는 화성 여러 지역의 실제 평균 온도가 다음과 같다고 추측했다. 우선 늦여름의 남극은 섭씨 영하 9도~영상 10도, 여름의 남부 온대는 섭씨 영상 18~23도, 정오의 열대는 섭씨 영상

18~29도, 겨울의 저위도 북부 온대는 섭씨 영하 1도~영상 15도, 북극에 가까워 겨울에 낮이 짧은 지역은 섭씨 영하 40도~영하 23도라는 것이다. 이 모든 측정값은 정오를 기준으로 하였다. 일출시 온도는 영하 17도를 못 넘을 것이고, 일몰시 온도는 영하 9도~영하 6도 정도일 것으로 추측된다. 야간에는 적도도 매우 추울 것이다. 해가 들지 않는 극지방은 더더욱 추울 것이다.

이 모든 결과는 기존 주장과는 매우 다르다. 5년 전 최고 권위자들이 제시했던 주장과도 매우 다르다. 그러나 매우 확실한 측정에 기반을 두었기에, 전문가들 사이 정설까지도 바꿀 수 있었다. 이를 확인한 사람은 한두 명이 아니다. 윌슨산 천문대의 페팃과 니컬슨 역시 동일한 관측 결과를 얻어냈다. 이들의 1926년 관측 결과는 아직 발표되지 않았다. 그러나 이들의 1924년 관측 결과에 따르면 화성 열대의 정오 온도가 섭씨 약 26도라고 한다. 코블렌츠는 (무비판적인 독자들이 잘못 추정한 바대로) 두 천문대 간의 관측 결과가 일치하는 점을 강조한다. 발표 내용에 나타난 수치상의 차이는 일부 사례에는 적용되고 일부 사례에는 적용되지 않은 구름과 안개의 효과를 보정하다 보니 생긴 것이다.

앞으로 연구를 통해 이러한 보정이 얼마나 큰 실질적 효과를 거두었는지 알아내야 할 것이다. 코블렌츠 박사는 자신의 측정값이 향후 변경되어야 한다고 공개적으로 말한다. 그러나 의문의 여지가 거의 없는 사실이 두 가지 있다. 우선 화성 표면에는 대기가 있으므로 그 실제 온도는 과거의 예측에 비하면 훨씬 따뜻하리라는 점이다. 두 번째는 화성에 생명의 거주가 가능하리라 보는 데는 앞으로 큰 무리가 없어 보인다는 점이다.

1-4 다른 행성에도 생명이 살 수 있다는 믿음이 약해지고 있다

헨리 노리스 러셀

"지구 대기는 천문학자들에게 검은색 괴수와도 같다." 이 말의 원문은 프랑스어다. 필자의 은사인 C. A. 영 교수가 즐겨 인용하던 구절이다. 이는 너무나도 명백한 사실이다. 다른 곳은 몰라도 미국 일부 지역의 대기는 1년 가운데 절반에 달하는 기간 동안 구름이 낀다. 그리고 나머지 날의 절반 이상은 밀도가 고르지 않은 공기가 흘러, 가장 좋은 망원경으로도 천체의 세부 모습을 뚜렷이 볼 수 없다. 그리고 지구 대기권 상층부에 있는 오존은 태양과 여러 항성들의 스펙트럼 중 가장 흥미로운 부분을 희미하게 보이도록 만든다. 대기권은 지구에서 제일 활발한 부분이다. 이곳은 천문학자들을 짜증나게도 하지만, 그보다 훨씬 중요한 의미 또한 지닌다.

지구의 총 질량 중에서 대기권이 차지하는 비율은 100만 분의 1 미만이다. 바닷물 전체 질량의 280분의 1밖에 되지 않는다. 그러나 이 대기권을 통해서 100년 동안 지표에 떨어지는 빗물의 질량은 대기권 자체 질량의 7배에 달한다. 이 빗물 중 4분의 3이 바다로 돌아간다. 물론 이렇게 해도 바다의 모든 물을 빗물로 지상에 퍼붓는 데에는 1만 2,000년이 걸린다. 그리고 지상에 내린 빗물 중 4분의 3가량이 다시 증발한다. 나머지는 강으로 흘러 들어간다. 이제까지 알려진 지질학적 역사 기간 중, 전체 바닷물은 이런 방식으로 최소 3만 번을 순환해 오늘날의 대양 분지 중 4분의 1을 채울 만큼의 침전물을 실어 날랐다.

이렇게 자주 반복된 순환 과정을 통해 물은 암석 속 나트륨의 상당 부분을 빼앗아 바다로 가지고 갔다. 바닷물이 짜고 쓴 이유는 이 때문이다. 대기권은 이 엄청난 순환의 매개체 역할을 하는 셈이다. 이 순환 과정에서 또 어떤 일이 생길까?

암석의 풍화가 순수한 기계적 작용이라면, 공기는 깎여나간 바위를 물 속으로 보내는 것 말고는 다른 역할이 없다. 그러나 암석의 풍화 대부분은 화학적 작용이다. 이 과정에서 약한 광물질은 분해되지만, 석영처럼 내구성이 뛰어난 것들은 깨져서 모래가 된다. 칼슘, 마그네슘, 염기성 금속들의 가용성 탄산염화 또는 탄산수소염화가 그 주된 반응이다. 이 나트륨들이 강을 타고 바다로 가서 모이므로 바닷물에 소금이 담겨 짠 것이다. 그리고 바닷물 속의 칼슘과 마그네슘은 유기 작용에 의해 침전되어 석회암과 백운석으로 변한다. 그리고 신기하게도 칼륨은 점토에 흡수되어 바닷물 속에는 거의 남지 않는다.

화성암 중 중량으로 따지면 8퍼센트 정도가 이런 식으로 용해된다. 참고로 이 비율은 골트슈미트가 내놓은 매우 흥미로운 논문에서 인용했다. 이 과정에는 이산화탄소가 매우 많이 소모된다. 이산화탄소는 암석 속에는 극소량만 존재하며, 대부분은 대기 중에 있다. 용해된 물질이 바다에 나가 석회암과 백운석으로 변할 때, 그 이산화탄소 중 약 절반이 다시 방출되고 나머지는 침전암과 함께 묻힌다.

골트슈미트의 계산에 따르면, 바닷속으로 묻히는 이산화탄소의 총량은 대기에 존재하는 이산화탄소 양(지구상에 존재하는 이산화탄소 중 2,500분의 1)의 1만 5,000배나 된다. 바닷물에 녹아 있는 이산화탄소의 양만도 공기 속 이산화탄소의 50배나 된다. 공기 속 이산화탄소가 모두 눈의 형태(드라이아이스)로 침전된다면 전 세계에 걸쳐 6밀리미터가 좀 안 되는 두께의 층을 이룰 수 있다. 공기 중의 이산화탄소가 없이는 지구에 생명도 없다. 자연계에서 가장 경이로운 생물인 녹색식물은 공기 중의 이산화탄소 그리고 태양빛 속의 에너지를 가지고 복잡한 혼합물을 만들어 스스로 소비할 뿐 아니라 지구상의 모든 생물에게 나눠주기 때문이다. 동물이 호흡하는 데 필요한 산소는 식물의 광합성 작용으로 나오는 여러 부산물 중 하나에 불과하다. 지구상에 생물들은 많은데, 대기 중의 이산화탄소는 너무 적다. 때문에 대기 중의 모든 이산화탄소는 몇 년마다 한 번씩 생물들 몸속을 통과해야 한다. 물론 그 이산화탄소 중 대부분은 동물의 호흡 또는 식물의 연소나 부패 등을 통해 대기 속으로 신속히 돌아간다. 그중 적은 일부만이 수백 년 동안 목재와 토탄 등의 형태로 갇혀 있다. 또 다른 적은 일부는 유기체 속에 갇힌 채 땅 속에 묻혀 석탄이나 석유로 변화되었다. 그리고 아주 오랜 세월 동안 대기 속으로 돌아갈 기회를 잃고 말았다.

맨 마지막 사례를 제외하면, 광합성을 통해 대기 중으로 방출된 산소는 다양한 역공정에 다시 쓰인다. 그러나 화석 유기물질은 이 순환 과정에서 빠지게 되었다. 이로 인해 생긴 공백을 채울 것은 점점 늘어난 대기 중 산소뿐이다. 오늘날 대기 중의 산소 전부가 이러한 방식으로 생겼다는 학설이 생긴 지는 100여 년밖에 되지 않았다. 이러한 학설을 확증한 것은 최근의 연구다. 이 연구를 통해 침전암 무게의 2,000분의 1에 불과한 화석 유기물질만 있으면 순환 과정에서 빠진 이산화탄소의 양을 설명할 수 있다는 것이 입증되었다. 이는 꽤 개연성 있는 양이다.

하지만 암석의 풍화는 대기 속의 이산화탄소뿐 아니라 산소도 유인한다. 갓 생성된 화성암은 보통 짙은 회색 또는 검은색이다. 화성암 속에 담긴 철을 포함한 광물이 덜 산화되었기 때문이다. 산화되어 산소 함량이 50퍼센트 더 많아지면 화성암 속의 철 혼합물은 특유의 황색 또는 적색으로 변한다. 사하라 사막의 노란 모래, 오색 사막의 붉은 암석, 심해 해저의 붉은 점토 등은 이러한 산화 작용의 결과물이다. 이렇게 산화 작용을 통해 대기 중에서 산소가 사라져가는 작용은 느리지만 꾸준히 일어난다. 그리고 산화를 통해 대기 중에서 없어진 산소는 다시 대기 중에 돌아가기가 어렵다. 이제까지 알려진 바에 따르면, 자연 속에서 환원 작용은 거의 일어나지 않기 때문이다. 골트슈미트의 계산에 따르면 현재까지 대기 중에서 사라진 '화석' 산소의 양은 지금 대기 중에 남아 있는 산소의 양과 거의 같을 수도 있고, 혹은 두 배 정도 더 많을 수도 있다고 한다. 이렇게 사라진 산소의 공백은 암석 속 유기물질에 의해 채워져야 한다. 그리고 현재까지 나온 증거에 의하면 그렇게 된 것 같다.

암석의 풍화는 현재도 진행되고 있다. 현재 속도로 암석의 풍화가 진행된다면, 앞으로 10억 년 후에는 대기 중의 산소가 바닥이 날지도 모른다. 그렇게 되면 지구상의 생명은 끝이 나는 것일까? 그런 두려움은 아득한 먼 미래의 일이다. 게다가 근거 없는 것일지도 모른다. 현재 석회암 속에 저장된 방대한 양의 이산화탄소가 반드시 대기 중으로 나올 것이기 때문이다. 그러나 처음부터 그것들이 다 나올 수는 없다. 석회암 속에 있는 이산화탄소의 질량은 현재 대기 속 이산화탄소의 7배에 달한다. 이것들이 모두 방출될 경우 현재 기준 1기압은 8.1기압까지 오를 것이다. 그중 일부는 바닷속으로 들어갈 것이다. 그러나 상황을 안정화하고, 우리가 아는 생명체들이 바다 또는 육지에서 계속 살아갈 수 있도록 하기에는 부족하다.

지질학적 시간 동안 이산화탄소가 대기 중에 조금씩 쌓이도록 하는 것이 대안이라 할 수 있다. 화산은 엄청난 양의 이산화탄소를 방출한다. 그 대부분은 분명 땅속 깊은 곳에서 녹은 마그마로부터 나온 것이다. 화산이 폭발하지 않았다면 세상의 빛을 볼 수 없던 것들이다. 석회석 속으로 들어가야 할 이 '신선한' 이산화탄소들이 매년 지상으로 나오는 평균량은, 공기 중에 존재하는 이산화탄소 1500만 톤 가운데 10만 분의 1에 해당한다. 한편 인간의 산업 활동으로 매년 방출하는 이산화탄소는 이것의 200배나 된다!

장기적 관점으로 볼 때, 이산화탄소 중 90퍼센트는 석회암 속으로 들어갔다. 10퍼센트 정도는 식물에 의해 분해되어 산소가 되었다. 0.3퍼센트만이 자유롭게 세상을 떠돌고 있으며 그나마도 대부분은 바닷속에 있다. 현재까지는 붉은 암석이 빨아들이는 산소보다 식물들이 내놓는 산소가 더 많다. 태양이 빛나고 지구의 화산이 폭발하는 한, 동물들이 산소가 모자라 질식할지 모른다는 걱정은 접어두어도 좋다. 오늘날의 인간보다 더 높은 지능을 가지지 못한

종이, 개체수가 줄어들어 널찍한 유리 상자 안에 들어가, 인공으로 만든 산소를 호흡하며 밖에서는 전혀 기를 수 없는 식량을 인공으로 길러 먹는 상황은 그야말로 최악 가운데 최악의 상황이다. 이러한 상황에 놓인 종은 매우 점진적으로나마 변화된 환경에 적응하기를 간절히 원할 것이다.

하지만 이 모든 것이 현실이건 환상이건, 천문학과 무슨 상관이란 말인가? 가장 가까이 있는 행성들에 분광계를* 들이대보면 그 답을 알 수 있다. 애덤스와 던햄은 금성에는 산소나 수증기의 징후가 없음을 알아냈다. 심지어는 지구와 금성 간의 거리가 급격히 가까워지며, 금성 대기권의 선이 도플러 효과에** 의해 변화하고 지구 대기권에서 만들어진 선 쪽으로 이동할 때조차 그랬다. 그러나 짙은 붉은색과 적외선으로 이루어진 금성 표면의 아름다운 선 3개는 분명히 이산화탄소의 징후를 나타냈다. 실험실에서 이 선들은 매우 약하게 흡수되었다. 이러한 측정 결과는 지구 대기의 150배에 달하는 기온과 기압을 지닌 금성 대기 내에 두께 최소 1.2킬로미터의 이산화탄소 층이 있음을 의미한다. 이는 금성의 가시 경계선을 이루는 구름 또는 안개 위에 있을 수도 있고, 혹은 그 밑에 있을 수도 있다.

*분광기의 하나. 파장 눈금 또는 각도 눈금이 있는 분광기로 망원경과 시준기(視準器)로 구성되어 있다.

**상대 속도를 가진 관측자에게 파동의 진동수와 파원(波源)에서 나온 수치가 다르게 관측되는 현상. 파동을 일으키는 물체와 관측자가 가까워질수록 커지고, 멀어질수록 작아진다.

이러한 대기는 매우 강력한 온실효과를 낼 수 있다. 태양광 가운데 단파는 받아들이고, 더워진 표면에서 장파가 빠져나가는 일은 최대한 막는 것이다.

1-4

이 문제에 대한 최고의 연구자 중 하나인 윌트는 금성의 표면 온도가 물이 끓는점 수준일 수도 있다고 결론지었다. 이런 조건에서는 생물이 살기 매우 힘들다. 그리고 생물이 없기 때문에 금성의 대기에는 많은 이산화탄소가 있는 셈이다. 그렇다면 금성의 대기에는 왜 수증기가 없을까. 이는 매우 큰 의문이다. 수증기가 없다면 금성의 표면은 지극히 건조할 것이다. 윌트는 물이 일종의 화합 작용, 즉 수화를* 통해 사라졌을 거라고 추측한다. 그러나 설령 금성에 바다와 같은 많은 물이 있었다 하더라도 그런 작용이 어떻게 일어났을지 알기는 어렵다.

*물의 작용으로 암석과 광물이 변하는 일.

화성 역시 산소, 물, 이산화탄소의 징후가 보이지 않는다. 이산화탄소 검사는 그리 정밀성이 높지 않으며, 이산화탄소가 검출되지 않았다는 사실이 그리 많은 것을 의미하지 않는다. 수증기 검사 역시 정밀성이 낮다. 때문에 열 증거, 즉 극관이 눈으로 이루어져서 저기압과 빙점 이상의 온도에서는 녹아 증발한다는 점에 기반을 둔 믿음을 반박하기가 어렵다. 그러나 산소는 지구의 1,000분의 1 정도라도 있을 것이다. 설령 지금은 산소가 없더라도, 화성의 붉은 표면은 과거에 산소가 있었다는 매우 강력한 증거다. 지구의 달과 같이 대기가 없는 천체는 어디를 봐도 붉은색이 없다. 화성의 붉은색은 표면이 산화했음을 뜻하며, 그 원인이 제2철이라는 데는 의심의 여지가 거의 없다. 화성의 표면을 이렇게 만들고 공기를 열화(劣化)한** 주범이 암석 풍화가 아닌 다른 것일 수도 있을까? 화성의 산소가 식물에서

**내외부적인 영향에 따라 화학적 및 물리적 성질이 나빠지는 현상.

생산된 것이라면, 과거의 한때라도 화성에 식물이 있었다는 얘기가 된다. 그리고 지금 화성에 식물이 없다고 단언할 수도 없다. 화성 환경의 열화는 천천히 진행되었을 터이니, 화성 식물들이 그에 맞춰 진화했을 수도 있기 때문이다. 마치 지구 사막의 식물들이 물을 저장하듯이, 화성의 식물들은 산소가 적은 곳에서도 살 수 있게 진화했을지도 모른다.

그렇다면 화성은 지구보다 훨씬 노쇠한 행성일 수 있다. 반면 금성은 생명이 출현하기 이전의 지구와 닮은 곳이고 말이다. 우리가 사는 지구는 두 행성 사이에 끼여 있는 셈이다. 이미 죽은 행성 그리고 아직은 힘이 없어서 생명을 만들어내지 못하는 행성 사이에 말이다.

1-5 1950년대 : 사진 속 식물들

제라르 드 보쿨뢰르

근 한 세기 동안 화성은 천문학자들의 열정과 관심 그리고 대중의 순진한 상상력을 자극해왔다. 얼마 전 어느 라디오 프로그램이 화성에 대한 엄청난 공포심을 불러일으킨 것이 그 좋은 사례다. 현대 천문학 연구 덕분에 이제는 화성의 물리적 및 기후적 특성 그리고 생명체 존재 가능성에 대해 상당히 많이 안다. 화성에 대한 사실은 예전 추측들만큼 사람들을 흥분시키지 못할지도 모른다. 그러나 여전히 매우 흥미롭다.

화성은 달을 제외하면 지구와 가장 가까운 태양계 천체다. 직경(6,759킬로미터)이 지구의 반만 하고, 질량은 지구의 10분의 1에 불과한 작은 천체다. 1화성일은 1지구일과 길이가 거의 같다. 24.5시간을 좀 넘는다. 그리고 1화성년, 즉 태양 주변을 1바퀴 공전하는 데 걸리는 시간은 687지구일이다. 지구와는 달리 화성 사계의 길이는 각 계절별로 다르다.

화성의 궤도는 분명 편심궤도다.* 그리고 15년을 주기로 지구와 가장 가까워진다. 다음번에 지구와 가장 가까워지는 해는 1956년이다. 지구와 가장 가까울 때의 거리는 5632만 킬로미터로, 지구와 달 사이 거리의 150배에 달한다. 현재 지구에서 가장 큰 망원경으로 본 화성의 영상 품질은, 쌍안경으로 본 달의 영상 품질을 넘지 못한다. 그러나 화성에 대해 특별한 관심을

*중심이 한쪽으로 치우친, 예를 들면 길쭉한 타원형 궤도.

지닌 극소수의 천문학자들은 오랜 세월 동안 끈기 있게 화성을 관측해왔다. 이탈리아의 조반니 스키아파렐리, 미국의 퍼시벌 로웰, 프랑스의 외젠 앙토니아디 등이 그 대표적인 인물이다. 이들의 관측과 최근의 물리학적 연구 끝에 우리는 화성의 표면과 대기의 주요 특징에 대해 상당히 자세히 알 수 있게 되었다. 현재 화성 연구는 천문학의 어엿한 영역이다.

극관

화성에서 가장 수수께끼에 싸인 곳은 화성의 극지를 감싸고 있는 흰색 극관이다. 이 극관은 흥미롭게도 규칙적으로 커졌다 작아졌다 한다. 남반구 및 북반구의 겨울이 끝나갈 때쯤이면, 극관의 면적은 약 1036만 제곱킬로미터에 달한다. 그러다가 봄이 다가오면 극관의 면적은 작아지기 시작한다. 처음에는 비교적 느린 속도로 줄어들다가 갈수록 그 속도가 빨라진다. 봄 중순쯤 되면 어두운 색 균열이 보인다. 이 균열은 갈수록 커져 극관을 여러 토막으로 나눈다. 이러한 극관의 균열은 신속하게 진행된다. 그러나 극관은 결코 완전히 사라지지 않는다. 여름 중순이 되어도 극관에는 작은 흰색 부분들이 남아 있다.

여름이 끝날 즈음이면 극지방에 하얀 구름들이 여기저기 나타난다. 이 구름은 신속하게 퍼지기 시작한다. 가을이 되면 극지 전체뿐 아니라 온대의 일부에까지 퍼진다. 이 밝고 불안정한 장막들은 가을과 겨울 내내 제 위치를 지킨다. 그리고 그 아래에서는 우리 눈에 보이지 않게 극관이 새로 생성되고 있다. 겨울이 끝날 즈음이면 이 구름들은 걷히고 극관이 다시 보인다. 처음에는 다소 어둑해 보이지만 갈수록 밝게 보인다.

매년 이러한 주기는 일정하게 반복된다. 그러나 매우 정확하지는 않다. 극관의 크기는 매년 조금씩 달라진다. 일부 천문학자들은 극관 크기의 변화는 11년을 주기로 하는 태양 흑점의 변화와 연관이 있다고 주장한다. 그러나 그것을 확증할 증거는 없다.

봄철에 쪼개지는 극관의 여러 조각은 언제나 화성 표면의 같은 위치에 있는 것으로 보인다. 그렇다면 그곳들은 산이나 고원일 수 있다. 또 주의해 볼 사항은 극관이 줄어들 때 줄어드는 극관을 따라 주변에 어두운 색 술 모양이 나타난다는 것이다. 이 현상은 설명하기가 어렵다. 그래서 처음에는 허상으로 간주되었다. 흰색 극관과 주변 어두운 색 부위 간의 대비 효과로 일어난 눈의 착각으로 여겨졌던 것이다. 그러나 여러 증거를 통해 이 술 모양이 실존함을 알게 되었다. 북아프리카 세티프에 있는 자리데로지 천문대의 직원인 조르주 푸르니에는 지난 1926년 이 술 모양의 농도가 위치에 따라 다르다는 것을 알고, 흰색 극관과 어두운 색 술 모양 사이의 대비를 크게 낮추는 적색 필터를 사용해 관측해보았다. 또한 이 술 모양은 극관이 최대로 자라난 늦겨울 및 극관이 최소로 줄어든 여름에는 보이지 않는다. 필자는 지난 1943년, 술 모양이 가장 잘 보일 때는 극관의 '눈'이 가장 빠르게 '녹을' 때임을 알아냈다.

극관에 얼음 결정이 있음을 확증한 사람은 시카고 대학의 천문학자 제라드 P. 카위퍼였다. 그는 텍사스의 맥도널드 천문대에 있는 208센티미터 반사망원경에 분광계를 장착, 극관이 얼음으로 이루어져 있음을 입증하는 적외선 스펙트럼 결과를 얻었다. 이 결과에 따르면 화성의 극관은 두터운 눈과 얼음이 아니라, 매우 차가운 대지 위를 얇게 덮은 성에라고 한다. 겨울철 안개가 자욱할 때 대지에 수분이 응결되어 얼었다가, 봄이 되어 다시 따뜻해지면 증발되는 것이다. 실제로 화성의 눈은 녹는 것이 아니라 증발 내지는 승화되어야 한다. 화성의 기압은 매우 낮으며 대기는 극도로 건조하기 때문이다. 프랑스의 천문학자 A. 돌푸스는 얇고 하얀 성에를 낮은 기압과 온도 하에서 강렬한 아크방전* 등으로 증발시켜서, 화성의 극관에서 나오는 것과 같은 편광을 재현했다.

*기체 방전의 하나. 양과 음의 단자(端子)에 고압 전위차를 가할 경우 발생하는 밝은 전기 불꽃이다. 전류 밀도가 크고 방전에 지속성이 있다.

사막

화성 표면은 4분의 3가량이 밝은 적색 또는 황색이다. 오래전부터 이 지역은 모래사막으로 간주되었다. 붉은색 규소산화물 먼지로 덮인 넓은 사막으로 여긴 것이다. 이 먼지가 붉은 이유는 산화철 또는 기타 금속성 불순물 때문으로 보았다. 관측한 화성의 대지가 지구에 존재하는 붉은 모래 및 사암과 비슷하여 이런 가설이 생겼다. 이 가설을 처음 제창한 사람은 지난 19세기 말 영국의 대 천문학자 존 허셜 경이었다. 브라질 황제 휘하의 천문학자인 프랑스인 에마뉘엘 리에 또한 허셜과는 상관없이 같은 주장을 했다. 시간이 갈수록 넓게 뻗어가는 화성 대지의 노란색 베일이 우리 지구 사막의 노란 모래와 모래폭풍과도 유사하다는 것이 이 가설을 뒷받침했다. 이 현상을 1880년에 처음으로 눈치 챈 사람은 아일랜드 천문학자 C. E. 버턴이었으며, 확증한 것은 1899년 로웰 천문대의 A. E. 더글러스였다.

최근 몇 년 사이 돌푸스는 프랑스 픽 뒤 미디 천문대와 뫼동 천문대에서 강도 높은 실험을 실시했다. 그 결과 그는 거의 순수한 산화 제1철인 지구 광물 갈철석에서 반사되는 편광이 화성 모래에서 반사되는 편광과 거의 같다는 사실을 알았다. 한편 카위퍼는 적외선 분광 연구를 통해 화성의 흙이 또 다른 광물인 규장석과 유사하다는 사실을 알았다. 규장석은 화성암으로 석영이 들어간 알루미늄 및 칼륨 규산염 및 기타 개재물을 포함하고 있다. 미 표준국의 물리학자인 W. W. 코블렌츠 역시 화성 광물에 석영이 들어 있음을 알아냈다. 광물적 특성이야 어찌 되었건, 화성의 넓은 황색 지역이 사막이라는 데는 별 의심의 여지가 없어 보인다.

대기

화성 대기에 대해서는 더 확실한 지식이 많다. 우선 화성 대기에는 수소나 헬륨이 있을 수 없다. 화성은 이런 가벼운 기체를 잡아둘 만큼 크기가 크지 않기 때문이다. 이들 기체는 무작위 열운동을 하면서 오래전에 화성을 탈출했을 것이 분명하다. 두 번째로, 화학적으로 따져볼 때 오존을 포함한 다른 많은 기체도 이미 오래전에 화성 대기권에서 사라졌을 가능성이 크다. 세 번째로 윌슨산 천문대에서는 오랫동안 화성 대기 속의 산소를 찾으려 했으나 실패했다. 화성 대기에는 지구의 100분의 1, 아니 1,000분의 1만큼도 산소가 없다. 프린스턴 대학의 천체물리학자인 헨리 노리스 러셀은 화성 대기 속 산소는 흙 속으로 고정되어 사라졌을 것이라고 주장했다.

화성 대기 속에 존재한다고 확인된 유일한 기체는 이산화탄소다. 이는 지난 1947년 카위퍼가 분광분석을* 통해 알아냈다. 그는 화성 대기에는 지구 대기의 2배에 달하는 이산화탄소가 있을 거라고 추측했다.

*분광기를 이용하여 물질의 성분과 그 분량을 알아내는 일. 각 원소마다 고유한 원자 스펙트럼을 이용하여 여러 물질 속 원소의 정성(定性)·정량(定量)을 분석한다.

수증기의 존재를 알려주는 확증은 비교적 미약하다. 1937년부터 화성 대기 속의 수증기를 찾아온 윌슨산 천문대 대원들은 화성 대기 속에는 지구의 1퍼센트 미만 수준으로 수증기가 있다고 믿고 있다. 여러 천문학자들은 이러한 주장이 타당하다고 생각한다. 그 증거로는 1908년 로웰 천문대의 V. M. 슬라이퍼가 분광계를 사용해 얻은 관측 결과를 든다. 하지만 화성 대부분 지역이 극도로 건조하며, 화성은 탈수가 심각하게 진행된 상태라는 데는 대부분 연구자들이 동의하고 있다.

그렇다면 화성 대기의 주류를 이루는 기체는 무엇일까? 분광계에 검출되지 않으면서 질량이 무겁고, 화학적 활성도가 지나치게 높지 않으며 우주에서 흔하게 볼 수 있는 기체일 것이다. 그렇다면 가장 확률이 높은 것은 질소다. 질소는 지구 대기의 5분의 4를 차지한다. 화성 대기 역시 대부분 질소로 이루어졌을지 모른다. 그 외에 소량의 희소 기체 아르곤이 있을지도 모른다. 아르곤은 칼륨의 방사능 동위원소가 붕괴하면서 만들어진다.

1-5

오랫동안 여러 가지 색 필터를 사용해 촬영한 사진들로 화성 대기의 물리적 구조를 알아내려 시도했다. 보통 화성 대기는 청색, 보라색, 자외선 등의 단파 광선은 통과시키지 않는다. 그러나 가끔씩 화성 표면이 밝은 청색으로 보일 때가 있다. 지난 1937년 로웰 천문대의 천문학자인 E. C. 슬라이퍼는, 화성 대기 속을 떠다니는 흡수 및 분산 층이 있어서 이것이 대부분 시간 동안에는 청색광을 막지만, 가끔 걷히면 청색광이 통과된다고 주장했다. 이러한 '보라색 층'을 이루는 입자의 정체는 아직 밝혀지지 않았다. 플로리다 대학의 기상학자인 시모어 L. 헤스는, 로웰 천문대에서 미 공군 행성 대기 프로젝트에 종사하던 1948년, 이 층이 고공에서 응결된 드라이아이스(이산화탄소)의 미세 결정으로 이루어졌을지도 모른다고 주장했다. 보다 최근에는 카위퍼가 이들 결정은 지구의 구름처럼 물로만 되어 있으며, 헤스의 생각보다 훨씬 저고도에서 응결되었을 수 있다는 가설을 주장하기도 했다. 카위퍼의 이론은 헤스의 이론보다 더욱 타당해 보이며, 돌푸스의 편광 실험 결과와도 일치하는 것으로 보인다. 보라색 층의 분광 투과율 곡선에 기초한 계산에 따르면, 이 결정의 평균 크기는 반 미크론(micron) 정도라고 한다.

구름

화성에는 세 가지 구름이 있다. 첫 번째 구름은 청색 구름이다. 청색 또는 보라색광으로만 관측되며, 보라색 층에서의 응결 현상으로 인해 만들어진 것으로 보인다. 두 번째 구름은 황색 구름이다. 황색 및 적색광으로만 관측된다.

아마도 사막의 모래 폭풍인 것으로 추정된다. 세 번째 구름은 백색 구름이다. 이 구름은 지구의 새털구름처럼 얼음 결정으로 만들어졌을 수 있다. 편광 측정 결과 및 1886년 스키아파렐리의 관측 결과도 이러한 추측을 뒷받침한다. 스키아파렐리는 화성이 태양에서 멀어질수록 백색 구름이 늘어난다는 점을 발견했다. 즉 기온이 낮을수록 응결이 잘 된다는 것이다. 지난 1941년 프랑스의 지구물리학자 P. 베르나르는 백색 구름의 발생에 태양 현상이 어느 정도 개입한다는 흥미로운 가설을 내놓기도 했다.

화성 구름의 움직임을 보면 화성에 시속 최대 100킬로미터의 바람이 불고 있음을 알 수 있다. 기초적 화성 기후 지도가 만들어졌는데, 이 지도는 지구의 기후 지도와도 일견 비슷해 보인다.

화성 대기의 밀도는 어느 정도일까? 이미 1907년부터 로웰은 화성의 기압이 60수은주밀리미터라고 생각했다. 그리고 그의 추측은 놀랄 만큼 정확히 들어맞았다. 프랑스와 소련의 천문학자들은 지난 10년간 화성의 기압을 매우 정밀하게 측정했다. 이는 화성 반사광의 광도와 편광 특성을 분석한 값에 기초한 것이다. 광도와 편광 특성의 일부는 대기 중 분자 산란 때문에 생긴다. 측정 결과 화성의 지표 기압은 65수은주밀리미터임이 밝혀졌다. 이는 지구 해면 기압의 10분의 1도 안 된다. 화성 지표 기압은 지구 대기권 17.6킬로미터 고도의 기압과 같다. 그러나 화성의 중력은 지구보다 낮으므로, 화성 대기권 27.2킬로미터 고도의 기압은 지구 대기권 같은 고도의 기압보다 분명 클 것이다. 이는 화성 대기권 32킬로미터 이상의 고고도까지 구름이 있는 이유를 설명해줄 수 있을 것이다.

기후

지금(1953년)으로부터 사반세기 전, 로웰 천문대의 W. W. 코블렌츠, C. O. 램플랜드, 도널드 H. 멘젤, 그리고 윌슨산 천문대의 에디슨 페팃과 세스 B. 니컬슨은 열전기쌍으로 화성의 온도를 측정하는 데 성공, 천문학 역사의 새 장을 열었다. 이들의 측정은 대단히 정확해 화성의 기후 조건을 바로 알게 해주었다.

화성의 평균 기온은 섭씨 영하 34~영하 40도인 것으로 보인다. 지구의 평균 기온이 섭씨 영상 16도인 것에 비하면 상당히 춥다. 그러나 화성이 근일점에* 있을 때 열대 지대의 여름철 정오 기온은 분명 빙점 이상이다. 기록에 따르면 이때 밝은 색 부분의 기온은 21도 이상, 어두운 색 부분의 기온은 26도 이상이다. 어두운 색 부분은 태양 복사를 더 효과적으로 흡수한다. 이것이 화성의 최고 기온이다. 원일점에서는** 낮 기온이 영상으로 올라가기 어렵다. 화성의 어두운 색 부분의 기온을 직접 측정할 수는 없다. 그러나 이곳의 밤 기온이 매우 낮다는 데는 의심의 여지가 없다. 섭씨 영하 56도 정도로 판단된다. 화성 대기가 열을 잘 보존하지 못하는 데는 공기가 매우 희박하고 건조한 것도 한몫한다. 매우 긴 극지방의 밤 기온은 섭씨 영하 100도까

* 태양의 둘레를 도는 행성이나 혜성의 궤도 위에서 태양에 가장 가까운 점.
** 태양의 둘레를 도는 행성이나 혜성이 태양에서 가장 멀리 떨어지는 점. 이 점 부근에서 행성이나 혜성의 공간 속도는 최소가 된다.

지도 떨어진다.

즉 화성의 기후는 지구의 극지방과 성층권, 사막을 하나로 합쳐놓은 것과도 비슷하다. 장차 화성 유인 탐사에 별로 유리한 조건은 아니다.

어두운 색 지역

화성 표면의 5분의 4는 극관과 사막이다. 나머지 5분의 1은 다양한 형태의 어두운 색 지역으로, 라틴어 이름이 붙어 있다. 가장 수수께끼에 싸인 곳은 시르티스 마요르(Syrtis Major)다. 이 어두운 색 삼각 지대는 네덜란드 천문학자인 크리스티안 하위헌스가 조잡한 망원경을 사용해 1659년에 발견했다. 어두운 색 지역들은 기본적으로는 항시 존재하지만, 그 세부 형태는 자주 바뀐다. 예를 들어 밝은 색 지역들, 특히 어두운 색 지역과 마주한 곳들도 어두운 색으로 바뀌어 수개월부터 수년에 걸쳐 그 색상을 유지하는 것이다. 이런 현상이 생기는 원인은 수수께끼다. 밝은 부분이 일시적으로 비옥해져, 어두운 색 부분에 사는 식물군이 이주해 오기 때문으로 해석하는 이론도 있다.

화성에 식물이 살고 있다는 주장은 지난 1896년 로웰과 더글러스가 어두운 색 부분의 색상이 계절에 따라 바뀐다는 사실을 알아내면서 처음 제기되었다. 앙토니아디는 1924년 이러한 색상 변화를 매우 심도 있게 연구했다. 연구 결과에 따르면, 이 부분의 색상 변화는 극관의 계절적 변화와 놀라우리만치 밀접하게 연관이 있다. 겨울에는 어두운 색 부분이 회색, 청색, 녹색조로 변한다. 봄에는 극관 언저리에서 갈색 띠가 나타나 적도를 향해 뻗어 나간다.

여름에는 지극히 일부를 제외하면 어두운 색 부분 전부는 갈색, 초콜릿 색, 심지어는 보라색이나 선홍색으로도 변한다.

이 부분의 어두움은 계절에 따라 다르다. 이 부분의 변화를 30년 이상 끈기 있게 관찰한 푸르니에에 따르면, 겨울에는 어두운 색의 색조가 옅어져 찾아보기 힘들다고 한다. 봄이 깊어지고 극관이 줄어들면서 어두운 색은 매우 짙어지고, 그 면적은 온대와 적도를 향해 커진다. 심지어 적도를 넘어 다른 반구까지 닿기도 한다. 여름이 되면 극지방의 색은 어두운 물이 빠진 듯 다시 옅어진다.

이러한 어두운 색의 파도는 극관의 균열에서 뻗어 나간 굵은 수로를 타고 나오는 것처럼 보인다. 그래서 한때는 이것을 화성 극관이 녹아 생긴 물이 자연적 혹은 인공적 수로를 타고 흘러 식물의 생장을 촉진하는 증거라고 여기기도 했다. 하지만 그러한 추측은 타당성이 낮다. 화성은 온도와 기압, 습도가 극도로 낮아 액체 상태의 물이 곧바로 얼거나 건조해버릴 수 있음이 현재 밝혀졌기 때문이다.

지난 1939년 필자는 남프랑스의 페리디에 천문대에서 여러 건을 관측했다. 그리하여 대기를 통한 수증기의 확산이 관측 결과를 설명하기에 더욱 적합할 수도 있다는 결론에 도달했다. 수로를 타고 가는 어두운 색은 일간 17.6킬로미터의 속도로 움직인다. 반면 어두운 지역의 확장은 일간 45킬로미터의 속도로 진행된다. 게다가 현지의 지리적 영향도 받지 않는 것으로 보인다. 이론적으로 계산해보면 화성 대기를 통해 수증기가 이 속도로 순환할 경우 한 극관에서 다른 극관으로 물을 옮기는 데 6화성월이면 충분하다.

식물의 생존이 가능한가?

화성의 어두운 색 부분이 계절에 따라 변하는 원인이 이러한 수증기의 이동인지 알려면, 어두운 색 부분의 속성부터 알아야 한다. 이 부분은 대양도 바다도 아니다. 만약 그렇다면 태양의 상을 반사했을 것이고, 이런 반사가 지구에서 관측되지 않을 리가 없기 때문이다. 그리고 이곳에 엽록소를 함유한 녹색식물이 가득할 가능성도 없어 보인다. 녹색식물이 많은 지구의 육지는 적외선 반사력이 매우 높다. 그러나 화성의 어두운 색 지대는 정확히 정반대다. 이곳은 적외선 사진에서 검은색에 가깝게 나온다. 엽록소 특유의 반사 스펙트럼이 없다는 좋은 증거다.

그렇다고 해서 지의류나 조류 등 하등식물이 있을 가능성을 완전히 배제할 수는 없다. 지난 1948년 카위퍼는 지구상의 하등식물도 화성의 어두운 부분과 비슷한 반사 스펙트럼이 있음을 발견했다. 그리고 코블렌츠 역시, 지금까지 알려진 모든 식물 가운데 화성의 가혹한 기후에 가장 잘 적응해 생존할 수 있는 것은 지의류와 조류임을 오래전에 지적한 바 있다.

그럼에도 불구하고, 화성의 기후는 조류조차 생존이 가능할지 의심스러울 만큼 가혹하다. 계절에 따른 색 변화를 설명하려는 다른 이론도 있다. 스웨덴의 대 물리화학자 스반테 아레니우스, 그리고 그 이후 나타난 프랑스의 지구물리학자인 A. 도빌리에는 화성의 어두운 색 부분을 덮고 있는 것이 금속염을 포함한 수분 흡수 물질이며, 이 물질은 수분을 흡수하면 색이 변하는 것일 수 있다고 주장했다. 꽤 작위적이고 설득력이 약한 주장이기는 하다. 또한 북아일랜드 아마 천문대의 에스토니아인 천문학자인 E. 오피크는 지난 수백만 년 동안 화성에 불어 닥친 모래바람이 어두운 색 부분을 덮어, 무생명의 광물질 표면을 만든 게 아닐까 하고 지적하기도 했다. 그중 화성의 어두운 색 부분에 대한 가장 타당한 설명은 현재까지는 식물에 관련된 가설이다.

줄무늬

화성의 줄무늬에 대한 논쟁은 반세기가 넘도록 치열하게 계속되었다. 지난 1877년 스키아파렐리가 화성의 밝은 색 부분을 가로지르는 섬세한 직선 줄무늬를 발견하고, 이를 이탈리아어로 카날리(canali)라고 불렀다. 로웰은 동료들과 함께 이 가느다란 줄무늬를 매우 많이 발견했고, 이 줄무늬가 어두운 색 부분에까지 이어진다는 것을 알았다. 여러 줄무늬의 교차점에는 작고 둥근 원이 있었다. 로웰은 이를 '호수' '오아시스' 등으로 불렀다.

줄무늬 망의 모양은 기하학적 규칙을 잘 따르고 있다. 게다가 계절에 따라 변하고, 줄무늬와 오아시스가 꽤 잘 짝을 이룬다. 로웰과 기타 여러 천문학자들은 이 줄무늬가 지능을 가진 생명체의 작품이라고 철석같이 믿었다. 가뭄에 시달리는 화성에 물을 공급하기 위한 용수로라는 것이다. 그러나 연구자들은 로웰과 동료들이 그린 줄무늬 그림이 너무 좁고 또렷한 점을 이상하게 여겼다. 당시 사용된 망원경의 해상도로는 그렇게 정밀한 그림을 그리기 힘들었다. 그래서 많은 사람이 그 줄무늬를 가시 경계의 흐릿한 문양을 본 눈의 착각으로 여겼다. 흐릿한 그림자의 들쭉날쭉한 가장자리라든가, 줄지어 위치한 점들, 또는 그 외에 뭔가 완전히 무작위적인 것을 보고 착각했다고 말이다.

앙토니아디는 뫼동 천문대의 81센티미터 굴절망원경으로 화성을 20년 동안 관측한 후, 화성에는 줄무늬가 없다는 결론을 내렸다. 그는 지난 1929년에 이렇게 말했다. "화성의 세부 모습은 지극히 불규칙적이며 자연스러워 보이는 구조를 하고 있습니다." 많은 사람이 이러한 결론을 동의하고 받아들였다. 그러나 반대 측 의견 지지자들도 남아 있었다. 그중 가장 유명한 사람은 현 로웰 천문대 대장인 E. C. 슬라이퍼다. 그는 다음과 같이 여러 차례 주장해왔다. "로웰 천문대에서 실시한 광학 관측은 사진과 세세한 부분까지 완벽히 일치합니다."

실제로 푸르니에가 1939년에 지적한 바와 같이, 스키아파렐리가 75년여 전에 발견한 줄무늬(서로 연결되었는지는 차지하더라도)는 아직도 그때 그 자리에 보인다. 그리고 더욱 잘 보이는 어두운 색 부분의 계절적 변화에 따라 변하는 것으로 보인다. 무엇보다도 중요한 사실은 어두운 색이 이 줄무늬를 정확히 따라 나아가며, 수년 동안 머물러 있기도 하다는 점이다. 이 확실한 사실과 다른 여러 관찰 내용은, 화성에 줄무늬 현상이 있음을 입증한다.

줄무늬의 정확한 구조는 아직 알 수 없다. 지구 대기의 간섭 때문에 최근까지도 화성의 사진은 너무 작고 흐릿하게 나왔기 때문이다. 그러나 1941년 고베르나르 리오와 그의 동료들은 관측 여건이 좋던 픽 뒤 미디 천문대의 60센티미터 굴절망원경으로 꽤 품질 높은 관측과 사진 촬영을 해냈다. 관측자들은 단선 혹은 복선으로 이루어진 여러 줄무늬를 관측해 촬영했다. 그러나 망원경 구경이 크고 관측 여건이 완벽했음에도 일부 줄무늬는 가장자리가 들쭉날쭉했고 불규칙한 모습이었다.

화성이 지구에 다시 근접하는 1956년이 되면 더욱 확실한 결과가 나올 것이다. 이 해에 윌슨산 천문대의 구경 254센티미터 반사망원경이 화성을 관측하면서, 가장 좋은 조건 아래 화성 줄무늬의 사진 촬영을 시도할 것이다.

1-6 1960년대 : 정체를 드러낸 화성

로버트 레이턴

망원경의 도움을 받아 작성된 최초의 화성 그림에는 뚜렷한 정원 한가운데에 둥근 검은색 점이 있다. 이 스케치는 1636년, 이탈리아 천문학자 프란시스쿠스 폰타나가 작성하였다. 그로부터 30년 후, 장 도미니크 카시니가 화성의 극관을 관측하고, 화성 표면 곳곳에 밝은 색과 어두운 색으로 이루어진 다양한 모양의 얼룩이 있는 스케치를 그렸다. 그는 화성 표면 얼룩무늬의 위치 변화를 관찰하고 나서, 화성의 자전 주기가 24시간 40분이라고 결론지었다. 실제 자전 주기와 불과 3분 차이였다. 카시니의 스케치에는 극관 외에도 두 개 이상의 매우 밝은 색 모양이 그려져 있다. 그중 한 곳은 오늘날 닉스 올림피카(Nix Olympica), 다른 한 곳은 엘리시움(Elysium) 사막으로 불린다.

폰타나와 카시니가 화성을 처음 관측한 지도 300년이 넘게 지났다. 그 오랜 세월 동안 닉스 올림피카, 엘리시움 사막, 그 외 화성의 여러 지형은 수없이 여러 사람의 주관에 따라 그려지고 고쳐지기를 반복했다. 그러다가 작년(1969년) 7월 28일에서 8월 5일 사이, 이들 지형은 사상 최초로 객관적인 기계 눈, 즉 매리너(Mariner) 6호와 매리너 7호의 텔레비전 카메라에 촬영되었다. 이 두 우주선은 화성으로부터 최소 3,500킬로미터에서 최대 171만 6,000킬로미터에 이르는 거리를 날며 202장의 완전 사진을 촬영해 지구로 전송했다. 두 탐사선은 또 완벽한 사진에 비해 화소수가 7분의 1밖에 안 되는 불완전 사진도 1,177장 촬영했다. 이들 사진은 화성으로부터 약 160만 킬로미터 거리 내외에서 촬영되었다. 이들 불완전 사진은 그리 보기 좋지는 않지만 데이터는 충분히 담고 있다.

두 매리너 탐사선이 촬영한 202장의 완전 사진은 지난 1965년 7월 매리너 4호가 보내온 22장의 사진과 동일한 양의 데이터로 이루어져 있다. 매리너 4호는 사상 최초로 지구 외 다른 행성의 사진을 촬영한 우주선이다. 매리너 4호는 애초 화성 전체를 촬영하도록 계획되지 않았다. 때문에 매리너 4호가 근접 촬영한 사진은 큰 이목을 모으긴 했으나, 이미 지구에서도 보이던 화성 지형의 특성에 대해 새롭게 밝혀낸 것은 적었다. 그 사진에 담긴 것은 달 표면처럼 크레이터가 잔뜩 있는 화성 표면뿐이었다. 화성이 지구와 유사한 환경이라고 생각하던 19세기 및 20세기 초의 화성학자들이 이 사진을 보았다면, 큰 충격을 받았을 것이다.

매리너 6호와 7호가 촬영한 사진들에 담긴 새롭고 놀라운 사실은, 화성이 그저 '덩치 커다란 달'이 아니라 태양계의 다른 어느 곳에서도 보지 못했던 독특함을 지녔다는 점이다. 매리너 4호가 촬영했던 크레이터가 많은 지형도 있었지만, 헬라스(Hellas) 사막 등 크레이터가 사실상 없는 넓은 지역도 찍혀 있었다. 이곳에도 크레이터는 분명 있었을 텐데, 무엇 때문에 지워졌을까? 또한 지질학자들이 이름 붙이기 곤란한 또 하나의 지형도 볼 수 있었다. 그 지형에 있던 크레이터들은 대부분 지워져 있었으나, 어떤 이유 때문인지 무질서한 능선이 마구 뻗어 나와 있었다. 이러한 지형은 달에는 없다. 지구에는 비슷한 것이 있지만 이만큼 큰 규모는 아니다.

매리너 6호와 7호는 화성 대기의 적외선 및 자외선 스펙트럼 영역을 연구하기 위해 분광계를 탑재하고 있었다. 또한 화성의 지표 기온을 측정하기 위해 적외선 복사계도 탑재하고 있었다. 탐사선에서 보내오는 무선 신호의 미묘한 주파수 변화를 통해 화성 대기에 관한 새로운 정보를 획득할 수 있었다. 이들 무선 신호는 지구에 도착하는 데 수 분이 걸린다. 매리너 탐사선의 실험 중에는 데이터를 정밀 추적하여 태양계의 크기 및 화성, 지구, 그 외 이웃 행성들의 궤도를 측정하는 것도 있다. 이 기사에서 필자는 화성의 텔레비전 사진 및 그 해석에 대해서만 논하고자 한다. 이 일을 도와준 동료들 이름은 다음과 같다. 캘리포니아 공과대학(칼테크)의 노먼 H. 호로비츠, 브루스 C. 머리, 로버트 P. 샤프. 제트 추진 연구소의 앨런 C. 헤리먼, 앤드류 T. 영. 뉴멕시코 주립대학의 브래드퍼드 A. 스미스. 랜드 연구소의 머튼 E. 데이비스, 워싱턴 대학의 콘웨이 B. 레오비다.

매리너 4호가 화성 근접 비행에 성공한 후 5개월이 지난 1965년 12월, 미국 항공우주국을 위해 칼테크에서 운영 중이던 제트 추진 연구소에는 매리너 6호와 7호의 설계 및 탐사 임무 감독 승인이 내려졌다. 매리너 4호는 2단 아틀라스-아제나 발사체를 사용해 발사되었다. 이 발사체는 총중량 260킬로그램의 매리너 4호를 화성 근처까지 날려 보낼 수 있었다. 매리너 4호에는 약 15킬로그램짜리 텔레비전 카메라 1대, 그 외에 25킬로그램 중량의 과학 장비가 실려 있었다.

1-6

매리너 6호와 7호는 더욱 강력한 아틀라스-센토 발사체로 발사될 것이었다. 발사체의 2단에 해당하는 센토 로켓의 연료는 액체수소였다. 매리너 6호와 7호의 총중량은 380킬로그램. 과학 장비의 중량도 115킬로그램으로 4호에 비해 3배 가까이 늘었다. 때문에 텔레비전 카메라 2대를 탑재하였다. 1대는 광각, 1대는 근접 촬영용이었다.

매리너 4호에 탑재된 카메라의 초점 길이는 305밀리미터로, 비디콘 텔레비전의 영상관에 가로세로 5.5밀리미터 크기의 사진을 만든다. 그러면 비디콘은 이 사진을 200화소를 지닌 주사선* 200개로 이루어진 이미지로 변환한다. 그리하여 이미지의 화소수는 4만 개가 된다. 각 화소는 64단계의 명암도로 부호화된다. 이 과정에서 화소당 6비트의 정보가 필요하다. 64는 2의 6승이기 때문이다. 따라서 사진 1장당 정보량은 4만 화소 곱하기 6비트이므로 24만 비트가 된다. 매리너 4호가 화성에 가장 근접(9,850킬로미터)했을 때 탑재된 카메라는 가로세로 300킬로미터를 한 사진에 담았고, 직경이 5킬로미터 이상 되는 크레이터들을 보여주었다.

*영상을 송수신하기 위하여 영상의 명암과 흑백을 전기적 강약으로 바꾸어놓은 많은 선.

매리너 6호와 7호의 광각카메라(이하 카메라 A) 초점 길이는 52밀리미터이며, 협각인 망원카메라(이하 카메라 B) 초점 길이는 508밀리미터다. 화성과 3,500킬로미터 거리까지 근접하면 카메라 B는 72×84킬로미터의 면적을 촬영할 수 있으며 직경 300미터 이상의 크레이터를 촬영할 수 있다. 카메라 A는 카메라 B에 비해 가로세로가 10배 이상, 즉 100배의 면적을 촬영할 수 있다.

두 카메라가 비디콘에 보내는 사진의 크기는 9.6×12.3밀리미터다. 이것을 선당 935화소를 갖춘 주사선 704개로 이루어진 텔레비전 이미지로 변환한다. 그리하여 이미지의 총 화소수는 65만 8,240개가 된다. 참고로 1970년 현재 상업용 텔레비전 방송은 선당 약 400화소를 지닌 주사선 525개를 쓴다. 각 화소는 256단계의 명암도로 부호화되며, 이 작업에는 8비트가 필요하다(256단계=2의 8승). 따라서 매리너 6호와 7호가 촬영한 사진 한 장은 약 500만 비트로 부호화되는 것이다. 참고로 매리너 4호의 사진은 24만 비트고, 상업용 텔레비전 화면을 디지털로 변환하려면 장당 약 100만 비트가 필요하다.

지구의 텔레비전 생방송과는 달리, 탐사선이 촬영한 사진은 여러 문제로 지구에 실시간 전달되지는 못한다. 그 문제들을 간단하게나마 설명하겠다. 일단 사진을 자기 테이프에 기록해야 한다. 매리너 4호 자기 테이프의 기록 용량은 500만 비트로, 22장을 기록할 수 있다. 이 데이터가 지구에 전송되는 속도는 초당 8과 3분의 1비트라는 느린 속도다. 따라서 사진 1장이 완전히 전송되려면 8시간이 넘게 걸린다. 매리너 6호와 7호가 채택한 시스템은 테이프 레코더 2대를 사용한다. 하나는 디지털 방식으로 1300만 비트 유효 저장이 가능하고, 또 하나는 아날로그 방식으로 1억 2000만 비트 유효 저장이 가능하다. 두 테이프의 길이는 110미터로 같다. 트랙 개수도 4개로 같고, 감기는 속도도 초당 30센티미터로 같다.

유효 비트 용량에 차이가 생기는 이유는 이렇다. 디지털 테이프는 1비트의 정보(0 또는 1)를 가용한 자력점에* 저장하는 데 사용된다. 이 자력점은 자화되었을 수도 있고, 안 되었을 수도 있으며, 둘 중 어느 것도 아닌 애매한 상태일 가능성은 0에 수렴한다. 아날로그 레코딩에서 하나의 자력점이 자화되는 정도는 다양하다. 그 정도는 빛의 강도에 비례한다. 이 아날로그 값은 나중에 디지털화할 수도 있다. 그러나 그 결과는 처음부터 디지털 방식으로 레코딩한 정보에 비해 신뢰성이 낮다.

*자석이나 전류끼리, 또는 자석과 전류가 서로 끌어당기거나 밀어냄으로써 서로에게 힘을 미치는 지점.

매리너 6호와 7호는 비디콘 카메라의 아날로그 신호를 두 가지 방식으로 처리한다. 한 표본은 8비트 부호로 번역된다. 가장 어두운 것은 00000000, 가장 밝은 것은 11111111이다. 가장 앞의 두 숫자는 여러 주사선을 거치며 평균화되어, 엔지니어링 데이터 원격 측정 스트림의 일부로서 지구로 실시간 직접 전송된다. 매 7회째 화소의 남은 6비트는 디지털 테이프 레코더로 기록되어 나중에 지구로 재생된다. 이 방식으로 7분의 1만 완성된 사진 1,777장을 만들었다.

동시에 비디콘 아날로그 신호의 또 다른 표본은 아날로그 테이프 레코더로 전달된다. 그러나 우선 두 가지 방식의 변형을 거친다. 우선 소규모 지형이 더 잘 보이도록 아날로그 신호를 자동 제어하여, 아날로그 신호의 평균값을 거의 일정하게 해준다. 이 기술을 자동 이득 제어라고 한다. 또한 신호는 세제곱 법칙 응답과 함께 회로에 입력된다. 이 응답은 국소적 대비를 3배로 늘려준다. 이러한 절차를 통해 더욱 자연스러운 아날로그 신호를 얻을 수 있다. 아날로그 레코딩은 이후 6비트 디지털 신호로 변환되어 지구로 전송된다.

여러 주사선을 거쳐 평균화된 다음 지구로 먼저 전송된 디지털 사진 신호의 첫 2비트는 컴퓨터 연산을 통해 회수된 후 아날로그 사진 데이터와 합병된다. 부호화 범위가 완전 8비트(256단계)인 사진을 만들어내기 위해서다. 화소들 간의 밝기 단계는 0단계에서 255단계까지 이른다. 연속된 화소들 간의 밝기 단계가 완전히 무작위적이라면, 이러한 계획은 소용이 없을 수도 있다. 그러나 매리너 4호의 탐사 결과, 화성의 표면은 밝기의 변화가 무작위적이지 않고 대비 차이가 완만하다는 것이 밝혀졌다.

데이터 전송 속도야말로 매리너 4호 그리고 매리너 6호와 7호 간의 가장 큰 차이점 중 하나다. 매리너 6호와 7호의 데이터 전송 속도는 매리너 4호의 2,000배에 달한다. 매리너 4호의 전송 속도는 초당 8.33비트에 불과한데, 매리너 6호와 7호는 초당 1만 6,200비트나 된다. 이렇게 발전한 원인은 여러 가지다. 우선 1969년의 화성은 1965년의 화성에 비해 지구에 훨씬 가깝다. 1965년에는 거리가 2억 1000만 킬로미터인 데 비해 1969년에는 1억 킬로미터에 불과하다. 게다가 매리너 6호와 7호에 탑재된 무선 송신기의 정격 전력은 20와트로, 매리너 4호의 두 배다. 매리너 4호에 비해 송신용 빔의 폭도 좁다. 캘리포니아 주 골드스톤의 추적 센터에 최근 완공된 수신 안테나의 직경은 64미터로, 1965년에 사용되었던 직경 24미터 안테나에 비해 신호 수신 면적이 약 7배나 더 크다. 마지막으로, 그동안 전자 회로의 세부에 여러 발전이 있었고, 새로운 오류 검사 코딩 체계(블록 부호화)도 도입되었다. 이 모든 것 덕분에 초당 1만 6,200비트의 전송 속도가 가능해졌다.

하지만 이만한 전송 속도로도 매리너 6호와 7호의 사진 비트 생성 속도를 따라잡지 못할지 모른다. 무려 초당 10만 비트 이상이기 때문이다. 이 사진 데이터는 지구로 전송되기 전에 테이프에 기록되어야 한다. 또한 거대한 골드스톤 안테나가 매리너 탐사선을 향할 수 있는 시간은 하루에 6시간 정도고, 이 시간 동안만 1만 6,200비트 속도를 사용할 수 있다는 점도 주의해야 한다. 그 외의 시간에는 세계 다른 곳에 있는 수신소를 사용해야 하는데, 이때의 원격 측정 속도는 훨씬 느린 초당 270비트에 불과하다.

매리너 6호와 7호는 기계설계적 관점에서 볼 때 금성과 화성에 성공리에 날아간 기존 매리너 탐사선들의 자매선이다.

새로운 중앙 컴퓨터 및 시퀀서(central computer and sequencer, 이하 CC&S) 야말로 가장 중요한 개선일 것이다. CC&S란 임무 중 특정 상황을 마주치면 프로그램에 따라 기억 장치를 읽어 들이는 전자 기기 체계다. CC&S는 발사 전 '표준형' 임무와 '절약형' 백업 임무 두 가지 모드로 프로그래밍된다. '표준형' 임무는 지구에서의 명령에 의해서만 실행되며, 최대한 많은 사진을 촬영하여 그 데이터를 고속으로 전송한다. '절약형' 임무는 자체 발동이 가능하며, 촬영되는 사진은 화성 전체 사진 8장, 전송 속도는 초당 270비트에 불과하다. 임무 통제사들이 선택한 새로운 후속 조치를 실행할 수 있도록 비행 중 재프로그래밍이 가능하다는 점이야말로 신형 CC&S의 중요한 기능이다. 예를 들면 매리너 6호에서 받은 데이터를 기반으로 매리너 7호의 프로그램을 변경하는 것도 가능하다.

두 우주선은 서로 다른 비행경로를 사용한다. 매리너 6호의 경우 실험자들과 임무 기획자들은 도착 일자를 7월 31일로 정했다. 그리고 화성의 적도와 남위 20도 사이 지대에 근접 촬영을 할 수 있도록 조준점을 정했다. 모든 광각 사진들 사이에는 클로즈업 협각 사진이 끼여 있다. 이러한 일련의 사진은 이웃한 사진과 겹치는 부분이 있도록 촬영되며, 화성의 거의 절반을 촬영할 수 있다. 그 과정에서 카메라 플랫폼은 메리디아니 시누스(Meridiani Sinus)라는 눈에 띄게 어두운 색 지역을 촬영하도록 북쪽을 향하게 될 것이다. 적도의 주요 촬영 범위에는 그동안 많이 연구된 어두운 색 지역과 밝은 색 지역이 포함된다. 화성 지도 제작자들에게 그동안 오아시스로 알려진 곳, 즉 유벤테 폰스(Juventae Fons)와 옥시아 팔루스(Oxia Palus)라는 이름의 지역 그리고 변화가 심한 밝은 지역인 데우칼리오니스 레지오(Deucalionis Regio)가 그곳이다.

그로부터 5일 후 매리너 7호가 화성에 접근한다. 이번에는 좀 더 남쪽으로 치우친 경로를 사용한다. 적도 바로 이북에서부터 남동쪽으로 진행하면서 서로 겹치는 사진들을 연속 촬영하기 위해서다. 이러한 순서 중간에, 남극 극관 언저리와 남극의 사진을 획득하기 위한 작업이 끼어든다. 그중에는 극관이 줄어들기 시작하자마자 어두워지기 시작하는 지역인 헬레스폰투스(Hellespontus), 그리고 헬라스(Hellas) 사막 촬영도 포함된다. 남극 지역의 광각 사진은 3군데에서만 촬영하는 것이 원래 계획이었다. 매리너 6호를 사용해 이 지역의 특이한 기상 특징을 원거리에서 관측 및 촬영한 후에는 임무 통제사들에게 CC&S를 다시 프로그래밍하여 남극 극관의 5군데를 광각으로 촬영해 달라고 요청할 것이다.

근거리에서 사진을 촬영할 때는 광각카메라와 협각카메라가 교대로 작동한다. 노출 간격은 42초다. 광각카메라에는 적색, 녹색, 청색 필터가 달려 있다. 이 필터들은 렌즈 셔터 뒤에 4개의 구멍이 달린 회전식 기구에 장착되어 있다. 사진은 녹색, 적색, 녹색, 청색 필터 순서대로 찍힌다. 협각카메라는 황색 필터 하나만 달려 있다. 이 필터는 화성 대기 내에 있을지도 모르는 푸른 안개를 없애기 위한 목적이다.

매리너 6호는 작년(1969년) 2월 24일 무사히 발사되었으며, 그 31일 후 매리너 7호도 발사되었다. 매리너 7호는 매리너 6호보다 불과 5일 늦게 화성에 도착했는데, 비행 거리가 6호에 비해 20퍼센트가량 짧기 때문이었다. 매리너 6호의 비행 거리는 3억 9000만 킬로미터, 7호의 비행 거리는 3억 1600만 킬로미터였다.

매리너 6호가 화성에 가장 가까이 다가가기 50시간 전, 탑재된 CC&S는 카메라를 화성으로 겨누고 밝기 센서를 작동했다. 이 센서는 협각카메라를 화성을 향해 고정시킨다. 그러고 나서 2시간 후, 이 카메라는 화성의 사진을 촬영해 아날로그 테이프에 기록하기 시작한다. 촬영 시간은 총 20시간이고, 장 사이에 37분의 간격을 두고 총 33장의 사진을 찍는다. 이 시간 동안 화성은 6분의 5바퀴를 자전하고, 화성과 탐사선 간의 거리는 124만 1,000킬로미터에서 72만 5,000킬로미터로 줄어든다. 이 테이프가 재생되어 골드스톤으로 전송되고 나면 테이프의 내용은 소거되고, 화성으로부터 56만 1,000킬로미터~17만

5,000킬로미터 거리에서 17장의 원거리 사진이 촬영되어 이 테이프에 기록된다. 이번에 기록된 내용 역시 지구로 전송된 후 소거된다. 이 두 번째 기록 중에서 가장 볼 만한 것은, 최소 25킬로미터의 해상도를 지닌* 화성의 전체 사진이라 할 수 있다. 이 사진은 지구에 있는 어떤 망원경으로 찍은 사진보다도 최소 6배는 더 정밀하다.

*사진의 화소 하나가 화성 표면에서 가로세로 25킬로미터의 점에 해당한다는 의미.

이렇게 촬영된 50장의 사진을 통해, 화성의 참모습은 그동안 화성을 시각으로 관측한 사람들이 손으로 그려왔던 그림보다는, 지구에서 촬영한 사진 쪽에 더 가깝다는 사실이 밝혀졌다. 관측자들이 그려왔던 지도는 거의 예외 없이 밝은 색 지역과 어두운 색 지역 간의 경계가 뚜렷했고, 일부 유명한 그림에는 복잡한 '줄무늬' 망이 그려져 있었다. 특히 줄무늬들은 가까이 붙은 평행한 복선으로 그려진 경우가 많았다. 인간의 눈과 뇌는 매우 가까이 붙은 사물들을 연속적인 문양으로 받아들이는 경향이 있는데, 이러한 그림들은 그러한 경향에 큰 영향을 받았음이 분명하다.

두 탐사선의 평온하던 항해는 매리너 6호가 화성 근접 비행을 시작하기 몇 시간 전에 갑자기 방해를 받았다. 모든 사람의 주의가 매리너 6호에 쏠려 있던 그 중요한 시기에, 매리너 7호와의 통신이 총 7시간이나 단속적으로 두절된 것이다. 당시에는 매리너 7호가 작은 유성체와 충돌한 때문이라고 생각했다. 통신이 완전 복구되자, 탐사선의 속도가 눈에 띄게 느려져 항로를 약간 이탈했다는 것이 추적 데이터를 통해 밝혀졌다. 설상가상으로, 통신 두절의 원인은 카메라 플랫폼이 몇 도 돌아가서 발생한 과도한 전기 신호로 밝혀졌다. 카메라 플랫폼이 돌아간 각도를 정확히 알아내는 것 외에는, 카메라 플랫폼이 현재 겨누고 있는 각도를 알 방법이 없었다.

광각 텔레비전 카메라를 켜서 화성을 찾아내고, 그것으로 카메라 플랫폼의 현재 각도를 알아내는 식으로 그 문제는 해결되었다. 임무는 재개되었고, 이 의외의 사고는 오히려 탐사선의 임무 수행 능력에 대한 자신감을 더욱 높여주었다. 매리너 7호는 화성과의 거리를 171만 6,000킬로미터에서 12만 7,000킬로미터로 좁혀가면서, 한 번에 20시간씩 총 3회에 걸쳐 총 93매의 원거리 사진을 찍었다. 남측 극관을 더 많이 촬영하기 위해 CC&S를 다시 프로그래밍할 때는 탐사선의 바뀐 궤도를 계산에 넣어야 했다. 앞서의 '해프닝'으로 인해 화성과의 최근 접점은 원 계획보다 130킬로미터 남동쪽으로 움직였다. 그 해프닝의 원인은 유성체와의 충돌이 아니라, 배터리의 폭발로 추정되었다. 배터리가 폭발하면서 우주선의 궤도를 바꿀 만큼 많은 가스가 뿜어져 나왔던 것이다.

매리너 7호가 촬영한 원거리 사진 덕택에, 여러 대규모 지형 해석에 자신감이 더해졌다. 예를 들어, 지구에서 촬영한 화성 사진 속 어두운 지역(바다)에서는 반점 무늬가 보이는데, 매리너 7호가 촬영한 사진 덕택에 이 반점 무늬가 다수의 크레이터(직경이 최대 수백 킬로미터인)와 연관 있다는 것이 밝혀졌다. 바다의 경계선은 일부는 흐릿하고 일부는 선명하다. 주위의 밝은 색 지역으로 어두운 색 지역이 여기저기에서 손가락처럼 들쭉날쭉 돌출되어 있다. 이러한 모습은 화성을 소재로 한 여러 그림, 그리고 지구에서 촬영한 화성 사진에서도 볼 수 있던 것이다.

우리는 줄무늬에 해당하는 것을 부지런히 찾아보았다. 지구에서 찍은 화성 사진에서도 일부 찾아볼 수 있던, 대비가 보통은 낮고, 여기저기 널리 퍼진 어두운 색의 줄 모양 지형 말이다. 지도에 나와 있는 아가토데몬(Agathodaemon), 체르베루스(Cerberus) 등이 그 예다. 둘 다 화성의 원거리 사진에서도 쉽게 찾아볼 수 있다. 다른 줄무늬들은 크기와 대비가 다양한 어두운 지역에서 뻗어 나와 있다. 여러 줄무늬들은 무작위로 흩어진 어두운 색의 작은 부위들이 우연히도 줄지어 늘어선 모습이었던 것 같다. 두 세트의 근접 촬영 사진들에 생생히 나타난 지형 중 가장 놀라운 부분은 아마도 닉스 올림피카로 알려진 밝은 지역이었을 것이다. 닉스 올림피카는 직경이 거의 500킬로미터에 달하는 크레이터로 밝혀졌다. 달에 있는 어떤 크레이터보다도 더 크다.

매리너 4호가 촬영한 사진을 보면 카메라 내부 또는 화성 대기 속의 이물질이 사진의 선명도를 떨어뜨렸을지도 모른다는 생각이 든다. 어찌됐건 간에 매리너 6호와 7호가 촬영한 사진에는 그런 현상이 보이지 않는다. 이들 새로운 사진 중 일부를 보면 엷은 대기 산란층이 보인다. 이 산란층은 화성과 우주의 경계 근처에 층을 이룬 띠 모양을 하고 있다. 산란 효과의 강도는 위치와 시각에 따라 다른 듯하다. 주 산란층의 두께는 10킬로미터, 그 고도는 지표에서 15~25킬로미터인 것 같다.

1-6

지구에서 찍은 화성 사진에는 흥미로운 특징이 있다. 청색 필터를 사용해 촬영하면 대부분 사진에서 밝은 색과 어두운 색 지역의 대비가 크게 줄어든다. 그러나 극히 일부 사진은 대비가 크다. 이러한 현상을 블루 클리어링이라고 한다. 청색 산란층을 그 원인으로 여기는 가설도 있다. 이번 매리너 탐사선이 청색 필터로 찍은 사진은, 적색이나 녹색 필터로 찍은 사진과는 달리 청색 안개로 인해 흐려지는 부분이 전혀 없다. 화성 표면은 어떤 색으로도 잘 보인다. 그럼에도 불구하고 같은 시기 지구에서 촬영한 화성 사진은 기존과 비슷한 정도로 푸르고 흐릿하다. 따라서 매리너 6호와 7호가 화성 근접 비행을 한 시기에는 매우 드문 블루 클리어링 현상이 없었음을 알 수 있다. 지구에서 청색 필터로 화성을 촬영했을 때 보이는 이 보기 드문 효과의 원인은 아직 설명되지 않았다.

두 매리너 탐사선이 5일의 간격을 두고 촬영한 사진들, 특히 화성 전체 모습이 나온 사진들을 주의 깊게 비교해 보면, 대기 활동의 증거가 분명히 보이는 것 같다. 매리너 6호의 사진에서 밝게 나온 북극의 특정 지역들은 매리너 7호의 사진에서는 밝기가 많이 가라앉았다. 이는 모두 같은 지역이므로, 사진 속 밝기 변화는 지면에서 성에의 양 변화, 또는 이 지형에 항상 머무는 구름의 변화 때문으로 해석 가능하다. 좀 더 북쪽으로 가면, 화성의 정오 직전부터 밝아지기 시작해 몇 시간 후 최대 밝기에 도달하는 지역을 볼 수 있다. 타르시스, 칸도르(Candor), 트락투스 알부스(Tractus Albus), 닉스 올림피카 인근 지역이 특히 그렇다.

작년(1969년) 매리너 임무의 주요 목표는 지구에서 보이는 화성 주요 지형들을 근접 촬영하는 일이었다. 매리너 4호는 화성 총면적의 1퍼센트 정도인 좁은 면적을 보여주었다. 매리너 4호가 보여준 화성 표면은 크레이터 범벅이었다. 매리너 6호와 7호가 보내 온 58장의 근접 사진은 화성 총면적의 10퍼센트 이상에 해당하며, 매리너 4호가 보내 온 사진과는 좀 다르다. 크레이터가 찍힌 지형 이외에도 크레이터가 전혀 없는 광대한 지형, 그 밖의 지형을 볼 수 있었다. 특히 그 밖의 지형은 대단히 혼란스럽다고 표현하는 것이 정확하겠다.

화성의 크레이터는 크게 두 유형으로 나눌 수 있다. 첫 번째 유형은 크기가 크고 밑바닥이 평평하며 침식된 것이고, 두 번째 유형은 크기가 크고 밑바닥이 오목하며 침식작용의 흔적이 적은 것이다. 두 번째 유형은 충격으로 발생한 것으로, 달에서 많이 볼 수 있는 유형이다. 그러나 화성의 크레이터 플라토(Plato)처럼 생성된 지 오래되고, 용암이 고여 그 상태로 굳은 큰 크레이터를 달에서는 아직 발견하지 못했다. 또한 달에서는 충격에 의해 생성된 대형 크레이터 주변에 여러 작은 2차 크레이터가 무리를 이룬 경우가 있는데, 이와 같은 사례를 화성에서는 아직 발견하지 못했다. 일부 화성 크레이터 주변에는 분출물이 보이기도 하지만, 달 크레이터에 비하면 그 양이 적다. 사라진 지형은 분명 풍화작용이나 담요 효과에* 의해 가장 쉽게 가려지는 것들이다. 이는 화성의 크레이터가 달의 크레이터에 비해 보통 얕고, 크기도 작다는

*천체 대기 중의 원자와 분자에 의한 흡수선이 복사에너지가 밖으로 전달되는 것을 방해하여 내부 온도를 높이는 효과.

관찰 결과와 맥락이 일치한다. 화성의 희박한 대기는 이러한 결과를 만들어내는 데 분명히 일조했다.

극소수의 사진에서는 낮고 고르지 못한 산마루가 보인다. 달의 바다에 있는 것과 비슷하다. 또한 희미하고 얕은 선 모양 지형도 보인다. 이것이 무엇인지 확실히 말할 수는 없으나, 달에 있는 바닥이 평평한 지구(地溝)형 실개천(형태는 곧은 것도 있고 구불구불한 것도 있다)과 비슷하게 생겼다. 또한 최신 매리너 탐사선 사진에는 매리너 4호가 촬영했던, 크레이터를 가로지르는 금 같은 곧은 선이 놀랍게도 하나도 보이지 않는 듯하다. 매리너 4호에 비해 10배나 넓은 면적을 촬영하면서, 이런 선이 또 나올 걸로 기대했다. 결국 화성에서는 지구와 같은 구조 지형의 징후를 아직 보지 못했다. 구조 지형은 압력에 의해 만들어지거나 변형된 산, 호상열도* 등을 말한다.

*바다 가운데 활등처럼 굽은 모양으로 널려 있는 섬의 집합체.

초기 화성학자들은 헬라스 지역을 사막이라고 불렀는데, 이는 어떤 의미에서 볼 때 타당했다. 폭이 1,600킬로미터나 되는 이 둥근 지역은 매리너 탐사선의 해상도 한계(300미터)보다 큰 크레이터 및 기타 지형이 하나도 없는 것으로 보인다. 달에는 이만한 면적과 평탄함을 지닌 곳이 없다. 지구의 대평원이나 대사막 정도는 되어야 이 헬라스 사막과 비교가 가능할 것이다.

매리너 7호가 촬영한 광각 프레임 사진 25, 27, 29, 31번, 그리고 이 광각 프레임들 사이에 들어 있는 짝수 번호의 협각 프레임 사진들은 '헬레스폰투스'라는 어두운 지역에서 시작되어 '헬라스'를 가로질러 찍고 있다. '헬레스폰투스'에는 크레이터가 아주 많다. 그리고 산마루로 이루어진 경계 지대가 있는데 그 폭은 130~350킬로미터에 달하며, 이 경계 지대 역시 크레이터가 아주 많고, 헬라스로 향한 완만한 내리막 경사를 이루고 있는 듯하다. 이 경계 지대로부터 200킬로미터만 벗어나면 크레이터를 찾아보기 어렵다.

물론 과거에는 이곳에도 전체에 크레이터가 있었고, 이들이 일종의 풍화작용이나 담요 효과로 인해 사라졌다고 가정해야 할 것이다. 풍화작용과 담요 효과는 현재도 진행 중일 수 있고, 얼마 전까지 계속되었다가 현재는 멈추었을 수도 있다. 하지만 정확하게 어떤 작용이 일어난 걸까? 그 효과는 분명 화성 현지 지형지물의 속성 또는 현지의 응집력 양상 반응과 연관이 있을 것이다. 매우 국지적인 바람이 발생해 헬라스 상공만을 먼지로 뒤덮고, 다른 곳의 크레이터는 비교적 멀쩡한 상태로 남아 있는 상황은 상상하기 어렵다. 그리고 매리너 탐사선이 촬영한 사진들에도 그 비슷한 상황은 나와 있지 않았다.

이러한 상황의 필요조건을 충족하는 가설이 하나 있기는 하다. 흔히 분홍색 팝콘 가설이라고 불리는 매우 미덥지 않은 가설이지만 말이다. 아마 거대한 소행성 충돌로 헬라스가 생겨나고, 이 충돌로 발생한 열이 암석을 녹이고 휘발성 물질들을 기체 형태로 방출, 팝콘 크기만 한 가벼운 경석 또는 재를 대량으로 만들어냈다는 것이다. 이것들은 화성의 바람에 실려 날아갈 만큼 가볍지만 다른 지역으로 옮겨갈 만큼 가볍지는 않다. 이러한 가설에서는 입자의 색을 분홍색으로 보고 있다. 그 이유는 헬라스 사막의 색이 진한 분홍색이기 때문이다.

아까 혼란스럽다고 표현했던 그 밖의 세 번째 지형은 매리너 6호가 촬영한 연속된 사진들 중 중간쯤에 모습을 보인다. 지질학자들이 이 지형을 혼란스럽다고 하는 이유는, 이곳의 표면이 짧은 산마루와 계곡들로 어지럽게 얽혀 있기 때문이다. 협각 사진을 통해 추론해보면 이러한 지형의 넓이는 족히 100만 제곱킬로미터는 될 수도 있다. 즉 이 지형의 거의 절반이 화성 적도 및 그 이남을 따라 찍은 연속 광각 사진 속에 포함되어 있다는 것이다. 이 지역은 짧은 산마루들이 얽혀 있을 뿐 아니라, 크레이터가 사실상 없다시피 한 곳이기도 하다.

화성의 혼란스러운 지형은 크레이터 분출물로 인해 생긴 달의 유사 지형과는 그 바탕과 양상이 다르다. 화성의 혼란스러운 지형을 보면 지하의 물질이 빠져나가 주저앉은 느낌을 준다. 그 물질은 두터운 영구동토층일지도 모른다. 또 다른 가능성은 마그마가 빠져나가는 등 지표 바로 아래에서 화산 활동과 관련된 어떤 움직임이 있었다는 것이다. 그러나 화성의 표면에는 아직 눈에 띄는 화산 구조가 없으므로, 이 가능성은 배제될 여지가 크다.

화성 극관의 성분에 대해서는 논쟁이 있어왔다. 눈 또는 물 얼음으로 이루어져 있다는 주장 또는 얼어붙은 이산화탄소, 즉 드라이아이스로 이루어져 있다는 주장이 대립해왔다. 남극 극관의 사진으로도 이 논쟁은 종식되지 않을 듯하다. 사진 현상 작업에 참가한 사람이라면, 이 사진들을 근거로 타당한 추론을 진행할 경우, 드라이아이스 가설 쪽이 더욱 힘을 얻는다고 생각할 것이다.

화성을 관측해보면 극관이 밝다. 그 이유는 극관에 흰 분말이 얇게 입혀져 있기 때문이다. 한편 극관을 담은 협각 사진에 보이는 부조 같은 지형(이 지형은 극관 외의 다른 곳을 찍은 협각 사진에는 보이지 않는다)은 극관의 눈(눈의 성분이 무엇이건 간에)이 몇 미터 두께로 쌓여 있음을 암시하고 있다. 동시에 극관 언저리의 구조를 보면 태양열로 인한 증발이 현지의 바람보다 더 큰 영향을 미친다는 사실을 알 수 있다.

낮의 온도가 증발 속도를 결정하는 주요인이라고 가정했을 때, 고체 이산화탄소의 낮 동안의 순 손실량은 1제곱센티미터당 1그램 정도임을 추산 가능하다. 이는 같은 조건에서 물 얼음의 순 손실량의 10분의 1이다. 특정 위도의 극관이 모두 증발하려면 여러 날이 필요하므로, 이 속도를 봄철과 여름철의 일수(최소 100일)에 곱하면 극관의 최소 총 두께를 알 수 있다. 그러면 고체 이산화탄소는 1제곱센티미터당 수십 그램이 남는 데 비해 물 얼음은 몇 그램밖에 남지 않는다.

그렇다면 이런 질문을 할 수 있다. 화성 대기는 대부분이 이산화탄소이며 극소량의 수분도 있는데, 이러한 화성 대기가 이 두 성분 중 하나를 여름과 겨울 사이에 한 극에서 다른 극으로 옮기는가 하는 질문이다. 증발 속도 계산을 통해 화성의 수분이 극소량 있다는 답이 나왔다 할지라도, 화성 대기가 이 수분을 한 자리에 붙들어두는 데는 매우 많은 힘이 필요한 반면, 극과 극 사이를 이동시키는 데는 비교적 적은 힘이 필요하다. 한편 이산화탄소의 경우

1-6

극과 극 사이를 꼭 이동시킬 필요는 없다. 이미 화성 대기에는 이산화탄소가 풍부하므로 화성 대기는 이산화탄소를 거의 옮기지 않는다. 따라서 화성의 눈은 전부는 아니라도, 대부분이 고체 이산화탄소로 이루어져 있다는 결론이 나온다.

극관 사진에는 한 가지 수수께끼가 숨어 있다. 그곳의 크레이터들 중에는 가운데 부분 바닥은 어두운 색이고 테두리는 밝은 색인 것들이 많다는 점이다. 지구에서는 고도가 높은 곳에 쌓인 눈일수록 더 오래 남으므로, 그렇게만 생각한다면 일견 당연한 일이다. 그러나 화성에서는 기압이 상대적으로 높은 저지대에 강수가 발생해야 한다. 그러므로 저지대에서 고지대로 눈을 옮기는 기전(대기의 변화)을 찾아야 한다. 고체 이산화탄소를 옮길 수 있는 기전으로 우선 생각해볼 수 있는 것은 바람이지만, 그보다는 이산화탄소가 크레이터의 바닥에서 증발한 다음, 더 고도가 높고 기온이 낮은 곳에서 응결되었을 가능성이 더 크다. 또 하나의 가능성으로는, 어두운 색으로 보이는 크레이터의 바닥이 얼어붙어 표면이 매끄러워진 고체 이산화탄소 덩어리일 수 있다. 갓 얼어붙은 지구의 호수처럼, 이렇게 얼어붙은 이산화탄소는 멀리서 보면 검게 보인다.

당연한 얘기지만, 매리너 6호와 7호의 사진에는 화성의 생명체가 존재한다는 직접적인 증거가 나와 있지 않다. 화성에 생명체가 있다면, 육안으로도 보이지 않는 단세포 생물일 가능성이 가장 높다. 물론 혹자는 이렇게 물을 것이다. "화성에 생명체가 과연 존재 가능합니까?" 매리너 탐사선의 사진을 근거로 볼 때, 화성에는 물이 매우 희소하다. 이는 우리가 아는 형태의 생명체가 존재할 가능성을 크게 제약하는 요소다. 크레이터가 많고 지구와 같은 구조 지형이 없는 현상은 화성에 꽤 오랫동안 지구와 같은 대양이 없었다는 증거다. 어쩌면 화성에는 처음부터 그런 바다가 없었을 수도 있다. 그리고 바다의 크기와 존속 기간이 어느 정도 되어야 생명을 만들어낼 수 있는지를 확실히 말할 수 있는 사람은 아직 없다. 화성이 생명 기원에 대한 기존 개념의 시험장이라면, 기존 개념을 섣불리 적용해 화성에 생명이 없다고 서둘러 결론지어서는 안 될 것이다.

매리너 탐사선의 사진에서 나올 것으로 예측되는 가장 중요한 결과들에 대해서는 아직 말하지 않았다. 화성 사진 속 밝기와 지형적 특성 간의 기하학적 관계를 정량 측정한 결과가 바로 그것이다. 이러한 데이터를 제공해줄 사진 재구성 절차는 아직도 진행 중이다. 그리고 이 절차가 성공적으로 끝나려면 많은 시간과 세심한 보살핌이 필요하다. 그 최종 결과는 화성의 크기와 모양을 더욱 정확히 알려줄 것이다. 수정된 도근점* 망이 나온 화성 전체 지도, 화성 자전축의 더욱 정확한 방향, 경사면과 편차 차이의 정량 측정, 화성 표면 물질의 더욱 정확한 색과 반사율, 화성 대기의 산란효과와 흡수효과에 대한 더욱 정확한 지식 등을 얻게 될 것이다. 매리너 6호와 7호의 사진들은 가깝고도 먼 이웃 행성인 화성의 과거와 현재를 알게 해주는 획기적인 사건으로 역사에 남을 것이다.

*지형을 측정하기 위한 기준점이 부족할 때 보조로 설치하는 기준점.

1-7 매리너 9호에서 본 화성

브루스 C. 머리

지금으로부터 1년여 전인 1971년 11월, 진짜 로봇 우주선인 매리너 9호는 제동용 로켓을 점화해 화성 궤도에 들어갔다. 이로써 매리너 9호는 지구 이외의 행성 주위를 도는 첫 인공위성이 되었다. 궤도 운동을 하는 매리너 9호의 화성 고도는 1,650~1만 7,100킬로미터에 달한다. 여기서 매리너 9호는 1년 가까이 지구로 사진과 과학 정보를 보내왔다. 탑재된 기기의 전원이 꺼질 때까지 매리너 9호가 보내온 정보의 양은, 그 이전 화성 탐사선들이 보내온 정보를 모두 합친 것의 100배가 넘었다. 오랫동안 천문학자들과 소설가들은 화성이야말로 지구와 가장 유사한 행성이라고 생각해왔고, 그런 생각은 대중의 인식에 큰 영향을 미쳤다. 그러나 매리너 9호의 활동으로 인해 그런 시각은 크게 바뀌었다. 그 결과 화성의 지질에 대해 타당한 추측도 가능해졌다. 마치 1960년대 초반 달에 대해 그랬듯이 말이다.

지난 1965년 매리너 4호가 촬영한 화성의 첫 근접 사진이 떠오른다. 그 사진 속 화성의 표면에는 달의 황량한 풍경을 연상케 하는 커다란 크레이터들이 가득했다. 그로부터 4년 후 매리너 6호와 7호가 보내 온 사진을 통해, 화성에는 크레이터가 없는 곳도 있으며, 지구나 달에서 볼 수 없는 기묘한 지형도 넓게 펼쳐져 있다는 사실이 드러났다. 또한 지구에 사는 천문학자들이 헬라스 사막이라고 불러왔던 넓은 분지는, 해상도 높은 매리너 탐사선 카메라로 살펴본 결과 아무 특색이 없는 곳임이 밝혀졌다. 먼저 갔던 매리너 탐사선 3척이 찍어온 사진에는 화산 활동의 증거가 없었다. 그래서 화성에는 지각 운동이 일어나지 않는다는 시각이 대두되었다.

하지만 매리너 9호가 촬영한 사진을 보면 이러한 시각을 크게 바꿀 수밖에 없다. 수 주 동안 화성을 뒤덮었던 먼지구름이 가라앉으면서 새로운 증거가 나왔다. 그 증거란, 지구의 어떤 화산보다도 큰 4개의 화산이었다. 매리너 9호의 사진 속에는 거대한 협곡, 지류 우곡, 만곡 수로 등이 보였다. 첫눈에 봐도 흐르는 물에 의해 생겼을 법한 모양이었다. 그러나 화성의 다른 곳에는 물에 의한 침식작용의 흔적은 보이지 않았다. 이것이야말로 성공리에 끝난 매리너 9호 임무가 남긴 큰 수수께끼일 것이다.

이전의 매리너 탐사선들과 마찬가지로 캘리포니아 공과대학의 제트 추진 연구소에서 설계하고 건조한 매리너 9호는 여러 계측 장비와 전자 장비들이 꽉꽉 들어차 있다. 167일에 걸쳐 4억 6200만 킬로미터를 싣고 온 역추진 로켓 연료 408킬로그램을 다 사용하고 난 매리너 9호는 612킬로그램의 무게로 화성 궤도에 돌입했다. 이 탐사선에 실린 카메라와 계측 장비들은 여러 정부 연구소와 대학의 연구자들이 설계한 것이다. 필자가 속한 텔레비전 팀(인원 30여 명)의 팀장은 미국 지질조사국의 해럴드 마수르스키다. 자외선 분광계, 적외선 복사계, 적외선 간섭분광계를 설계하고 해당 장비가 획득한 데이터를 분석하는 팀들은 텔레비전 팀에 비해 인원이 적다. 그 밖의 그룹들은 궤도 데이터(화성의 중력 이상 정보를 알 수 있다) 및 탐사선 무선 신호 100여 건의 은폐에서 나온 데이터(화성의 대기와 표면에 대한 새로운 지식을 알 수 있다)를 분석하고 있다.

예전의 화성

과거 사람들은 화성이 지구와 비슷할 거라고 생각했다. 그런 생각에는 나름대로 확고한 이유가 있었다. 화성의 자전 주기는 24.5시간이며 자전축은 지구의 자전축과 거의 비슷한 정도로 궤도면에 대하여 기울어 있다. 이 때문에 지구와 마찬가지로 계절에 따라 남반구와 북반구가 받는 태양 복사에너지의 차이가 생긴다. 화성에는 흰색의 극관도 있는데, 처음에는 이 극관이 물로 이루어졌으며 그 물이 매 화성년(687지구일)마다 한 극관에서 다른 극관으로 이동한다고 생각했다. 화성에는 계절에 따라 변하는 어두운 색과 밝은 색 무늬도 있다.

초기의 천문학자들은 어두운 무늬를 식물로 여겼다. 이후 더욱 주의 깊은 연구자들의 연구 결과에 따르면 화성이 과거 지구와 유사한 환경, 즉 바다가 있었고 대기 중에 수증기가 풍부해 강수 현상과 지표 풍화 현상을 일으키는 곳이었을지 모른다는 주장도 개연성이 있다. 화성은 질량이 작고(지구의 10분의 1) 중력이 약해 이렇게 수분이 많았던 대기도 결국은 사라져버리고, 오늘날 모습이 되었을지도 모른다. 한때 화성이 지구와 비슷했다는 이러한 시각은, 우주 시대 초기 화성에 대해 생물학적 탐사를 하자는 제안에 큰 영향을 미쳤다. 과거에 화성에서도 지구와 마찬가지로 원시 해양에 선구 물질이 고도로 농축되어 생명이 탄생했다고 볼 수 있을 법하다. 과거 화성에 생명체가 (미생물이라도) 존재했다면, 변화한 환경에 적응해 지금까지 살아남았을지도 모른다. 그렇다면 지구에서 보낸 로봇 탐사선이 이들을 발견해 분석할 수도 있을 것이다.

매리너 4호의 관측 결과는 이러한 기대를 무너뜨렸다. 화성은 달처럼 황량했을 뿐 아니라, 자기장이 없었다. 자기장이 있어야 태양에서 오는 대전입자를* 막아줄 수 있다. 더구나 화성의 기압은 지구 기압의 1퍼센트 이하임이 드러났다. 이는 기존의 예측보다도 10분의 1 이하 수준이었다. 화성의 중력은 지구 표면의 3분의 1을 좀 넘는 정도이므로, 화성의 대기압은 지구 표면의 10분의 1 정도는 될 줄 알았던 것이다.

* 전기를 띠고 있는 입자.

매리너 6호와 7호가 수행한 관측은 기존 탐사선의 연장선에 서 있다. 이들은 극관이 물이 아닌 얼어붙은 이산화탄소, 즉 드라이아이스로 이루어졌음을 확인했다. 이들이 찍은 사진에는 매우 혼란스러운 지형이 나와 있다. 이것으로 화성의 표면 일부가 붕괴된 적이 있으며, 화성 내부에서는 상당한 수준의 움직임이 있음을 알 수 있다. 일부 연구자의 추측에 따르면 화성은 현재 가열 중이라고 한다. 이러한 추측은 내부 열 모델을 통해서만 제시될 수 있다. 그러나 화성은 지구보다는 달에 더 가깝다는 것이 매리너 탐사선을 통해 실험한 연구자들의 중론이다. 그리고 망원경으로 보인 화성 표면의 밝은 색 무늬와 어두운 색 무늬는 대기와 먼지 간의 상호작용이 있음을 뒷받침하고 있다. 현지의 지형학적 요소들이 상호작용을 일으키고 있다는 징후들은 매리너 탐사선이 촬영해 보낸 두 번째 사진들에 나타나고 있다. 그러나 이러한 사항 전반에 대한 설명은 아직 나오지 않고 있다. 심지어 일부 연구자는 화성 표면의 무늬가 지표의 습기가 일으킨 빛의 반사라는 믿음을 고수하고 있다.

1971년도의 화성 탐사 임무에는 원래 2척의 화성 탐사선(매리너 8호와 9호)을 발사해, 이들을 화성 궤도에 올려놓을 생각이었다. 이 두 탐사선의 임무는 화성 표면 대부분의(전체를 찍을 수 없다면) 사진을 고해상도로 찍어, 화성의 내부와 외부에서 벌어지는 일들을 밝히고, 이로써 화성 표면과 대기에서 일어나는 과도적인 현상을 연구하고 장기간(9~12개월) 화성을 관찰하여 화성 표면 무늬의 계절적 변화를 관측해 그 원인을 밝히는 것이었다. 그러나 매리너 8호가 발사 중 소실되자, 2척의 탐사선이 상호 보완적으로 진행할 예정이었던 임무는 통합하여 1척이 단독으로 진행할 수밖에 없었다.

1971년 11월 13일, 매리너 9호가 화성에 도달했을 때 100여 년 만의 최악의 먼지 폭풍이 화성에 일어나 화성 표면은 거의 보이지 않았다. 수십만 킬로미터 떨어진 곳에서 처음으로 본 화성은 희미하게 보이는 남극 극관 말고는 아무것도 안 보였다. 그러나 화성 대기에 대해 알고 싶어 하던 연구자들은 이 먼지 폭풍을 보고 기뻐했다. 이 먼지 폭풍 덕에 화성의 희박한 대기를 통해 입자가 이동하는 방식을 알았기 때문이다. 그러나 화성의 표면 지형을 알고 싶어 하던 연구자들은 실망할 수밖에 없었다. 일례로 화성과의 거리를 점차로 줄여가면서 여러 장의 사진을 찍고 천연색으로 인쇄하려는 계획도 있었다. 처음에는 지구의 망원경을 통해 보는 정도의 크기였던 사진 속 화성은 점점 커져서 결국 화성 궤도에서 보는 정도의 크기가 될 것이었다. 매리너 7호는 적색, 녹색, 청색 필터를 따로 사용해 사진을 촬영하여 천연색 사진을 얻음으로써 이 계획을 일부나마 실현해냈다.

거대 화산

먼지 폭풍으로 인해 화성 표면에 대한 체계적인 지도 제작은 3개월이나 지연되었다. 그러나 폭풍이 부는 동안에도, 초기 궤도 비행 중 촬영된 사진에는 적도 지역에 4개의 어두운 색 점이 반복적으로 보였다. 이 점들은 분명 먼지 폭풍보다도 고도가 높고, 영구히 존재하는 지형을 나타내는 것이었다. 이 점들이 어두운 색으로 보이는 이유는 그 반사율이 밝은 먼지투성이 대기보다 떨어지기 때문으로 판단되었다.

이 4개의 점 중 하나는 '닉스 올림피카(올림퍼스의 눈)'의 위치와 일치한다. 이런 이름이 붙은 것은 지구에서 볼 때 밝게 보이고, 빛이 변하는 곳이기 때문이다. 이 어두운 색 점을 매리너 9호의 고해상도 협각카메라로 촬영하니 놀라운 사진이 나왔다. 화산성 칼데라를 이루는 전형적인 융합 크레이터가 나왔던 것이다. 이러한 칼데라는 지구(특히 하와이 제도)에서도 어렵잖게 볼 수 있다. 그러나 화성 칼데라는 하와이에서 제일 큰 칼데라보다도 직경이 30배나 크다. 먼지가 가라앉자 닉스 올림피카는 총 직경이 500킬로미터가 넘는 거대한 화산임이 드러났다. 지구에 있는 어떤 화산보다도 훨씬 크다. 이 칼데라는 화성 대기의 최상위에 있다. 나중에 자외선 분광계 및 다른 기술을 사용해 만든 대기압 지도에 따르면 닉스 올림피카의 높이는 최소 15킬로미터~최대 30킬로미터에 달한다고 한다. 참고로 하와이 제도에서 가장 큰 마우나로아 화산도 그 높이를 태평양 해저부터 재어도 10킬로미터가 채 안 된다. 고해상도 사진을 통해 나머지 3개의 점 역시 화산임이 드러났다. 닉스 올림피카보다 크기는 작은 이 화산들은 하나로 연결되어 기다란 화산 능선을 이루고 있다. 전통에 따라 이곳은 타르시스 능선으로 불리고 있다.

매리너 9호가 촬영한 사진에 알아볼 수 있는 지형들이 처음으로 나오자 한 가지 흥미로운 의문이 생겼다. 화성의 한쪽 반구는 지난 3척의 매리너 탐사선이 관측했을 때는 내부 활동의 징후를 거의 보이지 않았는데, 그 반대편 반구는 첫 관찰에서 거대한 화산이 4개나 나왔다. 이를 어떻게 설명할 수 있을까? 화성이 이제야 내부가 끓기 시작해 표면 화성 활동이 일어나고 있다는 설명이 그나마 타당해 보였다. 아마도 이러한 작용은 닉스 올림피카 화산과 타르시스 능선 지역에서는 활발하지만 화성 전체로까지는 아직 퍼져가지 않았는지도 모른다. 어쩌면 지금 화성에서 보이는 현상은 초기 지구가 겪었던 단계인지도 모른다. 그 흔적은 이후 발생한 화성 및 침전 과정에 의해 완전히 지워졌지만 말이다.

행성 내부가 데워지는 속도를 좌우하는 요인은 여러 가지다. 그중 주된 것은 초기에 부가된 질량과 총질량 속에 담긴 방사능 물질의 양이다. 이는 내부 압력과 단열 정도를 결정한다. 지극히 일반적 관점에서 볼 때, 화성의 구성이 지구와 동일하다 치면 화성의 질량은 지구의 10분의 1에 불과하므로 그 가열은 지구에 비해 훨씬 늦게 일어날 것이다. 닉스 올림피카의 엄청난 크기를 보면 땅속 깊은 곳에서 대류 운동이 벌어지는 것으로 보인다. 수억 년에 걸친 대류 운동은 지구의 대륙을 움직이는 판구조 현상의 원인으로 여겨진다.

화산 지대의 바로 동쪽에는 매우 균열이 심한 지대가 있고, 거기를 넘으면 또 매우 특이한 지형이 나온다. 바로 적도를 따라 동서로 뻗은 일련의 거대한 협곡이다. 이들 협곡의 폭은 80~120킬로미터며 깊이는 5~6.5킬로미터에 달한다. 이 역시 지구의 어떤 협곡보다도 크다. 또한 최근의 내부 운동에 의한 결과라고 가정할 수밖에는 없다. 아마 동서에 걸친 거대한 단층 작용이 화성의 지층을 드러내고, 드러난 지층이 풍화작용을 시작해 이렇게 된 것으로 추정된다.

지하 영구동토층과 연관이 있다고 보는 사람들도 있다. 서쪽에서 눈에 띄게 벌어지고 있는 화산 활동으로 인해 화성 표면으로 용암이 올라오고, 동시에 초생수의* 수면도 지표면 가까이로 올라오면서 지하 영구동토층이 만들어졌다는 것이다. 화성은 지표부터 지하 얕은 곳까지 모두 영하의 온도다. 영구동토층이 대기에 노출되면서 그 속의 수분이 승화하고, 이로 인해 결속이 느슨하고 무른 물질이 만들어진다. 이 물질은 충분한 이동성을 지녀서 대량으로 운반되면 침식작용의 매개체가 될 수 있다. 그렇다면 이 물질이 어디로 갔는지도 알아봐야 한다. 우선 화성의 바람이 이 물질을 먼지처럼 다른

*마그마에 들어 있다가 처음으로 지표 위로 솟아난 물.

장소로 보냈을 가능성이 있다. 물론 화성 대기는 희박하지만 그 바람의 속도는 시속 수백 킬로미터에 달하기도 한다. 또한 이 사라진 물질들은 협곡 동쪽 어딘가에서 발견되기를 기다리고 있을지도 모른다. 어쩌면 복잡한 교환 절차를 통해 화성의 내부로 사라졌을 수도 있다.

협곡 중 가장 큰 것은 오래전부터 '코프라테스(Coprates)'라는 이름으로 알려진 지형이다. 그 모습은 계절에 따라 바뀐다. 먼지 폭풍이 걷힐 무렵 이 협곡을 보자 그 이유를 더 잘 이해할 수 있었다. 이 협곡은 엄청나게 깊어, 협곡 주변부의 공기 속 먼지가 많이 사라진 후에도 협곡 벽 사이의 공기에는 상당한 먼지가 남아 있을 정도였다. 먼지가 가득한 이 공기 때문에 협곡은 주변보다 더욱 밝게 보였다. 협곡 속 공기가 깨끗해지자 협곡과 그 주변의 대비는 크게 줄어들었다. 따라서 코프라테스 '표면'에 보였던 계절마다 달라지던 무늬는 '표면'에 있지 않았을 가능성이 높다.

과거 계절의 변화 때문으로 여겨지던 화성 표면의 다른 무늬의 변화 역시 이와 비슷한 대기상의 문제 때문일 수 있다. 그 밖의 다른 변화들은 그렇게 간단하게 설명할 수는 없다. 그러나 어느 것이나 분명 먼지, 지형, 대기 간의 상호작용과 연관이 있다.

화성의 화산과 마찬가지로 대협곡을 보면, 최근 화성에 있었던 커다란 자연적 변화를 짐작할 수 있다. 지구에서는 침식 과정과 복구 과정 사이의 꽤 안정된 상태를 많이 발견할 수 있다. 따라서 유년기부터 성숙기에 이르는 다양한 지형을 볼 수 있다. 그러나 화성의 협곡은 침식만 이루어졌을 뿐 그에 걸맞은 복구 과정이 없었던 듯하다. 따라서 성숙된 모습의 오래되고 열화된 협곡을 볼 수 없었다.

줄무늬

협곡의 가장 동쪽은 매우 넓고 혼란스러운 지형과 이어져 있다. 이 지형의 일부는 매리너 6호가 관측한 바 있다. 이 혼란스러운 지형은 뭔가의 붕괴로 인해 생긴 듯한 느낌을 준다. 그리고 그 붕괴는 지형 서쪽의 협곡과 유전적으로 이어진 듯한 느낌도 준다. 이 혼란스런 지형에서 북서쪽으로 좀 특이한 줄무늬들이 뻗어 나와 있다. 화성의 다른 곳에서도 볼 수 있는 줄무늬들이다. 이 줄무늬들은 흐르는 물로 인해 파였을 가능성이 상당히 높다. 실제로 필자의 여러 동료들은 그것 말고는 다른 설명이 불가능하다고 믿고 있다.

줄무늬 밑바닥에 있는, 외부 충격으로 생긴 크레이터의 크기와 빈도 간의 관계를 통해 줄무늬의 나이를 추측할 수 있다. 이 줄무늬는 화성 표면적의 상당 부분을 차지하는 크레이터로 뒤덮인 지형에 비해 분명 나중에 생겼다. 물론 이것들이 화성 표면에서 가장 나이가 적은 지형은 아니지만 말이다.

줄무늬의 발견으로 인해, 한때 화성에도 지구와 같은 시기가 있었다는 주장에 다시금 힘이 실리고 있다. 이러한 관점에 따르면 과거 화성의 대기 밀도와 대기 중 수분은 지금보다 훨씬 높아 비가 내릴 정도였다고 본다. 만약 과거 화성에 비가 왔다면, 줄무늬 부분을 쉽게 설명할 수 있다. 그러나 오늘날 줄무늬를 극히 일부 지역에서만 볼 수 있는 점, 더 오래된 지형에 물로 인한 침식의 흔적이 없는 점은 설명하기 힘들다. 그리고 원시 화성의 대기는 아마도 건조하고 화학적 환원* 상태였을 텐데, 그런 대기가 어떻게 밀도와 습기가 높은 상태가 되었다가 현재의 희박하고 건조하며 이산화탄소가 주를 이루는 상태가 되었는지 역시 설명하기 힘들다. 더구나 현재의 화성 대기를 안정해주는 것은 주로 극지방의 고체 이산화탄소다. 줄무늬가 비로 인해 만들어졌다면, 두 번의 기적적인 사건이 연달아 일어났다고 가정해야 할 것이다. 첫 번째 기적으로 인해 화성 대기가 지구와 유사하게 변했다가, 얼마 안 있어 두 번째 기적으로 인해 대기가 지금의 모습으로 변했다고 말이다.

*산화물에서 산소가 빠지거나 어떤 물질이 수소와 결합하는 것, 원자·분자·이온 따위가 전자를 얻는 것, 물질 중에 있는 어떤 원자의 산화수가 감소하는 것을 이르는 말.

또 다른 가설도 무리가 많기는 마찬가지다. 영구동토가 생겼다가 녹으면서 액체 상태의 물이 지하 저수지에 축적되었다는 가설이다. 그리고 이 저수지가 갑자기 터지면서 나온 물들이 줄무늬를 형성하였다는 것이다. 그러나 관측된 줄무늬는 매우 넓고 깊다. 그런 줄무늬를 만들려면 엄청난 양의 물이 필요하다. 따라서 이 줄무늬가 강수 등의 폐쇄(순환) 사이클 절차가 아닌, 일회성의 개방 사이클 절차에 의해 만들어졌다는 주장은 더욱 큰 무리가 있다.

협곡과 줄무늬의 기원이야말로 매리너 9호 임무에서 불거진 큰 수수께끼들 중 하나다. 인류의 지식에 따르면 액체 상태의 물이야말로 생명의 존재에 반드시 필요하다. 때문에 물이 협곡과 줄무늬를 만들었을지도 모른다는 가능성은 매우 흥미롭다.

마지막으로 화성에는 '분지'라는 이름이 잘 어울리는 지역이 여러 군데 있다. 그중 가장 돋보이는 곳은 '헬라스'라는 이름의 원 모양의 큰 지형이다. 직경은 1,600킬로미터가 넘는다. 지구에서도 200여 년 전부터 관측되었다. 가끔씩 극관에 맞먹는 밝기를 자랑하기도 한다. 매리너 7호의 관측 결과 헬라스는 실제로 지형적 굴곡이 없는 낮은 분지라는 사실이 드러났다. 클로즈업 사진들을 보면 헬라스의 표면은 바람을 타고 유입된 대량의 먼지로 인해 매끈해졌다고 추론할 수 있다. 그러나 매리너 9호는 화성 전역을 휩쓴 먼지 폭풍이 가라앉을 무렵 헬라스의 극소수 지형적 특징을 찾아냈다. 이는 헬라스의 밝기가 변한 원인이 현지 특성에 기인한 잦은 먼지 폭풍 때문일 수도 있음을 의미한다. 이러한 기상학적 주장을 처음 내놓은 사람은 코넬 대학의 칼 세이건과 그의 동료들이었다. 헬라스는 장기간에 걸쳐 먼지를 수집하는 분지 역할을 할 수도 있지만, 화성의 바람이 매우 세게 불 때는 이 바람에 먼지를 공급하는 곳이 될 수도 있다는 것이다. 매리너 9호가 소규모 먼지 폭풍을 관측했을 때 이 먼지 폭풍이 현지의 밝기를 변화시키는 것이 확인되었다. 이로써 그동안 지구에서 관측해왔던 변화하는 지형들에 대해 더 잘 알게 되었다.

1969년 화성 남반구 겨울의 매우 거대해진 극관을 고해상도로 촬영, 이를 연구한 것이야말로 매리너 7호 임무의 가장 뛰어난 성과 중 하나다. 우주선의 적외선 분광계와 적외선 복사계로 측정한 반사도와 온도는 몇 년 전에 예상한 대로 남극 극관이 지극히 순수한 고체 이산화탄소로 이루어졌음을 확증해주었다. 사진을 보면 극관 얼음의 두께는 비교적 얇으며(아마 평균 수 미터 이하일 것이다), 남극 주변에 다양하고 특이한 지형이 존재함을 알 수 있다.

매리너 9호가 화성에 도달한 시기는 남반구 늦봄이었다. 드라이아이스로 이루어진 극관이 줄어드는 모습을 관측하고, 이로써 드러나는 특이한 지형을 관찰하기에 최적의 시점이었다. 남극 극관은 예상대로 사라지기 시작했지만 분명 이례적인 움직임을 보였다. 흥미롭게도 줄어든 극관의 대략적인 윤곽선은 늦여름 내내 유지되었다. 늦여름은 이산화탄소가 최대로 승화하는 시점이다. 필자는 매년 이산화탄소 극관이 승화하고 나면, 그 밑에 있던 물 얼음이 드러나기 때문에 이렇게 되는 것이 아닐까 하고 생각한다. 물론 물 얼음은 이산화탄소에 비해 기화점이 훨씬 낮다. 그리고 화성 대기에는 수증기가 있다.

매리너 9호의 사진에서는 화성 남극에서 가장 특이한 지형이 찍혀 있었다. 우리는 이 지형을 적층 지형이라고 부른다. 그 윤곽은 비대칭이지만, 남위 70도에 이르는 남극 대부분의 지역을 뒤덮고 있다. 적층 지형은 매우 얇은 층들로 이루어졌으며 밝은 색 층과 어두운 색이 번갈아가며 겹쳐 있다. 이 지형의 완만한 경사면에서는 상당히 두드러진 질감을 볼 수 있다.

얇은 층들이 20~30여 장 겹쳐 두께 1킬로미터 이상, 너비 최대 200킬로미터에 달하는 판을 이루는 것으로 보인다. 이 판에는 바깥쪽을 향한 경사면이 있는데, 이 경사면에는 호상* 구조가 보인다. 이런 적층 지역은 아직까지는 이산화탄소가 매년 고체 형태로 침전되는 극지방에서만 볼 수 있다. 이는 적층 지역이 휘발성 물질의 유출입과 관련 있으며 고체 이산화탄소나 물 얼음을 가지고 있을 가능성을 암시한다.

*활등처럼 굽은 모양.

적층 지역에는 충격으로 인한 크레이터가 매우 적다. 때문에 이곳은 화성의 역사에서 비교적 최근에 생긴 지역으로 추론할 수 있다.

북극

매리너 9호 임무 후반부, 밝기의 점진적 변화로 인해 화성 북극 지역을 비로소 관측할 수 있었다. 여기에는 가을이 되면 화성의 양극에서 안개가 걷히는 것도 한몫했다. 적층 지형의 원형에 가까운 구조의 특징은 남극보다는 북극에서 더욱 많이 발견된다. 20~30개의 판들이 마치 무너진 포커 칩 더미같은 모습으로 흩어져 있다. 북극과 남극에 모두 적층 지형과 원형 판 구조가 있는 것으로 볼 때, 휘발성 물질의 주기적인 침전과 증발이 이들의 형성에 관여했음은 의심의 여지가 없다.

캘리포니아 공과대학의 대학원생인 마이클 C. 말린과 필자는 원형 판의 분포와 중복된 배열을 화성 자전축의 기울기 변화 때문으로 추측했다. 우리는 화성의 자전축이 맨틀* 깊은 곳 대류 운동의 결과 수천만 년에 걸쳐 기울기가 변해왔다고 가정했다. 이 대류는 적도 지역 화산의 생성과 연관이 있어 보인다. 자전축의 기울기가 변화하면서 적층된 판들이 화성의 양극에 집중적으로 생겨난 것이다.

* 행성 내부의 핵과 지각 사이 깊은 층.

이러한 추측은 매리너 9호의 궤도 변화를 통해 추론한 화성의 중력 분포 정보와 일치한다. 화성이 중력 이상을 보이는 것은 대류에 의한 내부의 밀도 차이와 연관이 있을 수 있다. 더구나 중력 이상과 적도 화산의 위치 간에는 밀접한 관련이 있다.

적층 부위와 판의 일반적인 모습을 보면, 이것이 화성 기후의 주기적 변화와 어떤 연관이 있지 않나 하는 심증이 든다. 필자는 또 다른 두 대학원생인 윌리엄 워드, 양제(Sze Yeung)와 함께 시간에 따른 화성의 이론적 궤도 변화를 조사해왔다. 우리는 다른 행성에 의한 궤도의 섭동으로* 궤도 이심률이** 우리 가설대로 바뀔 수 있음을 발견했다. 섭동은 몇 년 전 더크 브로우어, C. M. 클레멘스가 분석한 것이다. 화성 궤도 이심률은 완벽한 원에 가까운 값인 0.004에서 0.141 사이로 변한다. 현재값은 0.09다.

*어떤 천체의 평형 상태가 다른 천체의 인력에 의해서 교란되는 현상.

**물체의 궤도가 완벽한 원에서 벗어나 있는 정도를 수치화한 값이다. 값 0은 완벽한 원을 가리키며, 0~1은 타원 궤도, 1은 포물선 탈출 궤도, 1 이상은 쌍곡선 궤도를 나타낸다.

이러한 이심률 변화의 결과 매년 화성의 양극에 도달하는 평균 태양광도 변화한다. 또한 화성이 태양에 가장 근접했을 때 받는 최대 태양광도 크게 변화한다. 극지방의 평균 복사 입력값의 변화는 몇 퍼센트에 불과하다. 그러나 특정한 환경 하에서는 이 정도 변화로도 잔여 이산화탄소 극관 증감의 주기적 변화를 일으키기에 충분하다. 이산화탄소 극관의 승화 기간 동안 먼지 폭풍이 정기적으로 먼지를 쌓아올린다고 가정한다면, 관측한 바와 같은 얇은 적층 현상이 생길 수 있다. 이 판들은 200만 년에 걸쳐 쌓여왔다. 따라서 적층 지형은 화성에 도달하는 평균 복사의 단기적(9만 년 주기) 및 장기적(200만 년 주기) 변화를 매우 잘 반영한 것으로 보인다. 이와 마찬가지로 북반구에 보이는 20~30장의 판으로 이루어진 적층 지형 역시 1억 년 동안의 역사 기록을 담고 있다. 한편 적층 지형이 침전이 아닌 침식을 통해 이루어졌다고 보는 주장도 있다.

대기의 변화

극지방의 적층 지형이 길어봤자 불과 최근 수억 년 동안(즉 화성 역사의 5퍼센트 이하) 축적되어온 것이라면, 그 이전에는 무슨 일이 있었던 것일까? 18세기의 지질학자 제임스 허턴은 이런 유명한 말을 했다. "현재는 과거의 열쇠다." 그러나 이 말대로 화성을 이해하기란 매우 어렵다. 화성의 화산 지형, 협곡, 줄무늬, 극지의 적층 지형 등은 화성의 지질학적 역사 중에서 최근에 일어난 뭔가 엄청난 활동과 변화의 기록이다. 이러한 점을 감안해 보건대, 화성의 현재 대기 역시 비교적 최근에 완성된 것인지도 모른다. 말린과 필자는 이러한 관점이 큰 논쟁을 몰고 올 소지가 있다고 생각한다. 화성의 역사는 70억 년에 달한다. 이 관점에 따르면 그중 대부분 기간에는 화성에 공기가 아예 없었거나, 극히 희박했을 수 있다. 아마 화성이 생성되면서 초기 원시 대기가 있었을 것이다. 그러나 이 대기는 화성 역사 초기에 사라져버렸을지도 모른다. 만약 그 주성분이 수소와 메탄이었다면 그랬을 가능성은 더욱 높다.

우리는 현재 화성 대기의 상당 부분이 닉스 올림피카를 비롯한 타르시스 능선 지역의 화산 4개가 생성될 때 방출되었을 거라고 생각한다. 넓은 지역에 걸쳐 있는 암석 물질 및 기타 예전의 격렬했던 화산 활동과 침전의 증거물들을 보면, 지질학적 사건으로 인해 화성 내부의 휘발성 물질이 대량으로 배출되었다는 느낌이 든다. 따라서 화성이 내부가 끓어오를 만큼 성숙해지면서 동시에 내구성 강한 대기를 생산해냈다고도 볼 수 있다. 이 대기는 적층 지형을 만들어내고 바람을 일으켜 먼지를 운반하고 침식을 일으키면서 줄무늬와 대협곡을 깎아낸 것이다. 이렇게 가정한다면 화성은 아직도 안정 상태, 즉 침식과 변형이 조화를 이루어 다양한 형태를 지닌 지형을 만들어내는 단계에 들어서려면 멀었다. 우리 추측에 따르면 현재 화성 대기 조성의 초기 단계, 그러니까 극지의 냉기가 이산화탄소를 제대로 붙들어두기 전에 다시 나타나지 않은 뭔가 특이한 조건 하에 충분한 양의 물이 줄무늬로 흘러 들어갔다고도 볼 수 있다. 이러한 가능성을 전제한다면 앞서 말한 '두 가지 기적' 문제는 피할 수 있다. 그리고 "줄무늬의 기원을 설명하는 데 액체 상태의 물이 반드시 필요한가?" 라는 의문에 집중할 수 있다.

화성의 현재 대기가 매우 젊다는 가설은, 화성 전체를 휩쓰는 먼지 폭풍이 자주 발생함에도 불구하고 영구적인 어두운 색 지역(양 갈래로 갈라진 메리디아니 시누스가 그 좋은 예)이 남아 있는 이유 역시 설명할 수 있다. 우리들은 화성이 안정적인 상태라고 여기지 않는다. 물론 이 견해에 동의하지 않는 사람도 있지만 말이다. 우리 가설에 따르면 어두운 색의 무늬는 새로운 대기와 연관된 화학적 풍화에 영향 받지 않은 오래된 표면 물질에 의한 것일 수 있다. 사실 영구적인 어두운 색 지역과 가장 오래된 크레이터가 많은 지형과는 뭔가

상관관계가 있는 듯하다.

칼 세이건, W. K. 하르트만을 비롯한 매리너 9호의 다른 연구자들은 화성의 역사에 대해 우리와 완전히 다른 시각을 갖고 있다. 그들은 오래된 크레이터가 많은 지형의 속성을 보고는, 이것이 최근의 극적인 사건에 앞서 장기간에 걸친 대기 침식이 있었기 때문일지도 모른다고 생각했다. 따라서 한때 화성이 지구와 같았다는 생각은 아직 학계에서 사장되지 않았다. 그러나 매리너 9호 임무의 대성공으로 인해 화성 지질사에 대한 생각은 빠르게 바뀌어 가고 있다. 아마 중간 해석 중에는 관측 결과와 가장 잘 맞아 떨어지는 바가 있을 것이다.

화성에는 생명이 있는가?

초기 천문학자들은 화성이 현재는 화석처럼 말라버렸을지언정 과거에는 지구와 유사한 환경이었다고 생각했다. 그러나 매리너 9호가 현재까지 내놓은 관측 결과를 본 필자의 견해는 이와는 매우 다르다. 필자는 화성은 이제야 오래가는 대기를 만들어내어 지구처럼 변해가기 시작한 단계라고 주장하고 싶다. '이제야'가 구체적으로 어느 시점을 가리키는지는 말하기 어렵다. 화성에 많은 유성이 충돌해 지금 보이는 크레이터들이 생성된 시기가 불명확하기 때문이다. 필자의 생각으로는 만약 화성 대기에서 뭔가 중대한 변화가 생겼다면, 지금까지의 화성 역사 중 최근 4분의 1에 해당하는 기간 내에 벌어졌을 가능성이 높고, 못해도 후반 2분의 1에 해당하는 기간에는 벌어졌을 터다. 이러한 필자의 생각은 논쟁의 여지가 많다. 그러나 만약 이러한 의견이 중론이 된다면, 과거의 화성이 간단한 형태의 생명체가 서식하기에 좋은 환경이었다는 주장은 설득력이 약해질 것이다. 화성이 원래는 달과 같은 환경이었고, 대부분 역사 동안 이렇다 할 대기가 없었으며, 표면의 액체 상태 물이 잘해봐야 수로 몇 개 만들고 말 수준이었다면, 생명이 없는 유기물을 우연히 생명체로 발달시키는 데 필요한 만큼의 물이 화성의 표면에 축적되었을 확률은 지극히 낮다. 그러나 화성에 생명이 존재한 적 있다고 보는 사람들은 다르게 생각한다. 그들은 화성 표면에 물이 조금이라도 존재한 적 있다면, 그것으로 이미 생명의 탄생에 필요한 조건을 충분히 갖추었다고 본다. 매리너 9호가 획득한 정보는 이러한 논쟁에 종지부를 찍기에는 역부족이다. 화성 표면 토양을 채취해 정밀한 화학적 및 광물학적 분석을 실시해야 답이 나올 것이다.

매리너 9호 임무와 때를 맞추어 소련에서도 야심찬 화성 임무를 실시했다. 화성 표면에 탐사선을 착륙시켜 화성 표면을 분석하는 일이 목표였다. 유감스럽게도 소련 탐사선 마스 3호는 화성에 착륙한 직후 고장을 일으켜, 유용한 정보를 보내오지 못했다. 소련이 1973년 하반기에도 이런 임무를 다시 실시할 거라고 필자는 예측한다. 소련 탐사선이 화성 표면의 사진을 찍어 오고, 토양의 간단한 화학적 분석에 성공하기를 기대한다.

1976년이 되면 미국의 바이킹(Viking) 탐사선이 화성에 착륙해, 화성 토양 분석을 실시하고 그 결과를 지구로 전송할 수 있을 것이다. 아마 소련제 제2세대 화성 탐사선도 같은 해에 같은 임무를 해낼 수 있을 것이다. 바이킹 탐사선은 화성 표면의 유기화합물을 찾을 수 있을 뿐 아니라 표면 광물의 기본 무기물에 대한 간단하지만 중요한 측정을 실시하도록 설계되었다. 이러한 측정을 통해 화성 표면 광물의 화학적 변화에 대한 중요한 단서를 얻을 수 있다. 화성 표면 광물이 물과 화학반응을 일으킨 사실이 있는지도 알 수 있다.

바이킹 탐사선은 화성에 생명이 있(었)는지를 확실히 알려줄까? 필자 개인적으로는 의심스럽다. 바이킹 임무같이 야심찬 임무로도 확답을 얻어내기는 매우 어렵다고 생각한다. 무인 탐사선을 화성에 보내 화성의 토양을 확보한 후, 이를 지구로 가져와 연구소에서 정밀하게 분석해야 화성에 생명이 있(었)는지를 확실히 알 수 있다고 생각한다. 소련은 달에 무인 탐사선을 보내 달의 토양을 확보한 후 이를 지구로 가져오는 데 성공했다. 필자가 보기에 소련은 1980년경이면 화성에 대해서도 같은 임무를 수행할 수 있을 것 같다. 물론 소련이 과거와 마찬가지로 무인 우주탐사에 우선권을 부여한다는 전제 하에서지만 말이다. 미국은 바이킹 계획 이후의 대규모 화성 탐사 계획이 없다. 따라서 매리너 9호 임무는 미국 화성 탐사의 이정표와 같은 존재로 오랫동안 기억될 것이다.

1-8 1970년대 : 바이킹

레이먼드 E. 아비드슨, 앨런 B. 바인더, 케네스 L. 존스

바이킹 착륙선 2척이 화성에 착륙한 지도 어느덧 1화성년이 다 되어간다. 그리고 2척의 바이킹 궤도선이 화성 궤도를 돌며 사진을 찍기 시작한 지는 그보다 좀 더 되었다. 1976년 여름 화성 표면에 착륙한 바이킹 착륙선은 이후 화성 대기와 암석, 토양에 대한 정보를 수집해왔다. 그동안 궤도선은 화성 대기 속 수증기를 관측하고, 화성 표면의 기온 지도를 만들고, 전례 없이 높은 해상도와 선명도로 표면 사진을 촬영했다.

4척의 우주선이 촬영한 사진 그리고 진행한 분석 실험을 통해, 화성의 역사가 생각한 것보다도 훨씬 복잡함이 드러났다. 이들이 제시한 증거를 통해 화성의 태고에 생긴 크레이터 지형이 화산 활동으로 변형되었음이 드러났으며, 화성 역사 초기에는 흐르는 물이 지형을 바꾸는 데 큰 역할을 했고, 그 이후 빠르게 부는 바람으로 인해 화성 표면 물질들이 격렬하게 재분배되었음이 드러났다. 놀랍게도 이러한 바람으로 인한 화성 표면의 침식은 꽤 적은 편이었다. 화성 표면의 모습은 크레이터가 많은 달 같은 풍경보다는, 지구에서도 볼 수 있는 암석 화산 사막에 더 가까웠다. 한때 서서히 움직이는 모래언덕으로 이루어졌을 거라 생각했던 화성 표면에 모래는 별로 없었다. 지난 1971년과 1972년에 실시된 매리너 9호 임무를 통해 제시된 초기 화성의 대기와 기후에 대한 가설들 중에는, 바이킹 임무로 인해 더 강화된 것도 있고 수정이 불가피

한 것도 있다.

바이킹 눈앞에 펼쳐진 화성

매리너 9호는 사실상 화성 표면 전체를 촬영했다. 그 해상도는 대부분 수 킬로미터 단위였으며, 일부 잘 나온 곳도 수백 미터 수준이었다. 매리너 9호가 촬영한 화성은 서로 상이한 특징을 가진 두 반구로 나뉜다. 우선 남반구는 거칠고 많은 크레이터가 있으며, 수로와 비슷한 형태의 침하지가 많다. 그리고 북반구는 비교적 매끄럽고 크레이터가 적으며 사화산들이 분포해 있다. 이 두 지형은 적도로 30도 정도 향한 큰 원을 따라 나뉘어 있다.

남반구의 크레이터들 중 가장 큰 것은 직경이 1,600킬로미터나 되는 헬라스 분지다. 화성에서 크레이터가 많은 곳의 크레이터 밀도는, 가히 달의 밝은 고지 쪽 크레이터 밀도와 비길 만하다. 아폴로 임무 당시 달의 밝은 고지에서 획득한 암석과 토양 표본의 연대를 측정한 결과, 그곳의 크레이터 대부분은 지금으로부터 40~45억 년 전에 생성되었음을 알 수 있었다. 당시 달은 태양계 형성 이후 행성 간에 남은 우주 쓰레기의 맹폭격을 당하고 있었다. 화성의 크레이터 밀도도 달과 비슷한 수준이므로, 화성의 크레이터 지형은 달 고지와 비슷한 나이가 아닐까 싶다. 즉 화성 표면의 절반 가까이가 생성된 이후 40억 년 동안 변하지 않았다는 것이다.

매리너 9호는 화성 북반구의 크레이터 밀도가 낮은 곳이 용암 평지라는 사실을 밝혀냈다. 우주 쓰레기의 맹폭격이 그친 후 용암으로 여러 차례 가득 메워진 곳이다. 이곳에 남은 몇 안 되는 크레이터는 길 잃은 소행성이나 혜성과의 충돌 흔적이다. 이들 평지의 정확한 나이를 알 방법은 현재로서는 없으나 지역마다 크레이터의 밀도가 매우 차이 나는 것을 볼 때, 이들 평지들의 나이 분포는 수억~수십억 년 사이인 것으로 보인다.

매리너 9호가 매우 정밀하게 촬영한 화성의 수로를 보면, 화성의 과거 기후는 현재와 크게 달랐음을 알 수 있다. 화성 대기 속 모든 물이 현재 한군데에 응결되어 있다면, 그 부피는 월든 호수의 물의 부피도 넘지 못할 것이다. 즉 현재 화성 대기 속 물은 매우 희박하여 강수 현상 발생이 불가능하다.

바이킹 착륙선이 화성 표면에 착륙했을 때, 대부분 연구자들은 너비가 수십 킬로미터에 달하는 화성 최대의 수로들은 화성 지하의 얼음이 녹아 생긴 물로 인해 만들어졌다고 믿고 있었다. 일부 연구자들은 이 얼음은 화성이 만들어지고 나서 10억 년 동안 간직해온, 현재보다 밀도가 높은 대기의 잔여물이라고 믿고 있다. 캘리포니아 공과대학 제트 추진 연구소 소속 프레이저 P. 파날의 계산에 따르면, 초기 화성 대기에는 암모니아와 메탄은 물론 이산화탄소와 수증기도 있었을 거라고 한다. 나사(NASA) 에임스 연구센터의 제임스 B. 폴락에 따르면, 이러한 대기는 적외선 복사를 가둬둔다. 즉 온실효과를 일으킨다는 것이다. 그리하여 화성 대기는 상당한 수증기를 함유할 수 있을 만큼 온도가 올라간다. 과거 어느 시점에 여러 반응이 일어나 대기에서 암모니아와 메탄이 제거되었을 수도 있다. 그러면 대기는 적외선 복사를 가둬두는 힘이 약해질 터다. 그 결과 기온이 내려가고 수증기가 응결되면서 비가 되어 지표에 떨어진다. 이 빗물은 극지방으로 가서 충격 때문에 금이 간 지각과 표토(지각을 덮고 있는 찰기 없는 흙) 속으로 흘러 들어간다.

매리너 9호는 화성의 양극에 얼음과 바람으로 불어온 먼지가 수 킬로미터 두께로 쌓여 있음을 밝혀냈다. 가장 먼저 쌓인 얼음과 먼지는 층을 이루지 않고 섞였으나, 가장 나중에 쌓인 얼음과 먼지는 서로 교대로 층을 이루었으며, 각 층의 두께는 수십 미터에 달한다.

이곳에 이렇게 많은 먼지가 쌓였다는 것은, 한때 화성 대기 밀도가 현재보다 높았다는 또 다른 증거다. 현재의 화성 대기는 그만한 먼지를 극지방으로 나를 능력이 없어 보이기 때문이다. 사실 가장 최근에는 오히려 바람이 극지방에 쌓인 먼지의 일부를 침식하여, 이렇게 나온 먼지가 고위도 지방 전체를 뒤덮고 있다. 층을 이루어 먼지와 얼음이 쌓였다는 것은 과거의 화성 기후가 오늘날과 달랐을 뿐 아니라 주기적으로 변했음을 암시한다.

매리너 9호가 촬영한 사진을 바탕으로, 극지 퇴적물의 기원에 대한 다양한 가설이 나왔다. 일부 연구자는 얼음 및 먼지 퇴적물이 대기 밀도가 높던 초기 시절에 주로 축적되었다고 주장한다. 또 다른 연구자는 극지 퇴적물이 화성 역사 내내 꾸준히 축적되었으며, 화성(특히 극지)이 받는 태양 복사의 양에 따라 그 상태는 변해왔다고 주장한다. 코넬 대학의 칼 세이건과 그 동료들 그리고 애리조나 주 플래그스태프에 소재한 행성과학 연구소 소속 윌리엄 K. 하르트만이 실시한 계산에 따르면, 태양 광도가 변할 경우 화성이 받는 열량의 필요량은 변할 수 있다. 이러한 변화는 100만 년~1억 년에 걸쳐서 진행된다고 보인다.

더구나 제트 추진 연구소 소속 윌리엄 R. 워드는 시간의 흐름에 따라 화성 자전축 기울기가 변화했음을 입증했다. 화성 적도의 융기에 가해지는 태양의 인력 때문이다. 오늘날 화성의 자전축은 공전면의 수직에서 25도 기울었다. 그러나 앞으로 10만 년 내지 100만 년이 지나면 이 축의 기울기는 최소 15도에서 최대 35도 사이로 변할 것이다. 워드와 조셉 A. 번스(코넬 대학교), O. 브라이언 툰(에임스 연구센터)의 최신 계산에 따르면 앞으로의 예측은 더욱 복잡하다. 이들은 타르시스 화산 융기가 형성되기 전, 화성 초기 역사에 자전축 기울기가 45도에 달한 적도 있었다는 것을 밝혀냈다.

매리너 7호에 탑재된 복사계는 계절에 따라 변화하는 화성의 극관이 얼어붙은 이산화탄소로 이루어졌음을 밝혀냈다. 여름에도 녹지 않는 잔여 극관 역시 이산화탄소로 이루어졌을 가능성이 높다. 잔여 극관이 이산화탄소로 이루어졌다면 대기 온도가 비교적 조금만 올라가도 화성의 기압은 크게 오를 것이다. 화성의 현재 기압은 2~10헥토파스칼이지만 이것이 최소 30헥토파스칼을 넘어 무려 1,000헥토파스칼까지 오를 수 있다는 것이다. 1,000헥토파스칼이면 지구 해수면의 기압 수준이다. 30헥토파스칼이라는 값을 구한 것은 캘리포니아 공과대학의 브루스 C. 머리와 그의 동료들이다. 그들은 화성 자전축이 최대 기울기인 35도로 변했을 때 극관이 받는 태양 복사량 그리고 화성 대기가 최소한의 열을 극지방에 전달한다는 전제를 통해 이 기압값을 도출해냈다. 상한선인 1,000헥토파스칼을 계산한 사람은 칼 세이건과 그의 동료들이다. 그들은 기온이 올라 기압을 높이면 더 많은 열이 극지방에 전달되고, 그 결과 더 많은 이산화탄소 얼음이 기화한다는 탈주온실효과에 기초해 계산했다.

화성 극지방의 기온이 높은 시기, 그러니까 극지방이 태양 쪽으로 더 돌아가는 시기라면 화성 대기의 밀도는 높아질 것이고 저위도 지방에 퇴적되었던 먼지가 더 많이 침식되어 극지방으로 이동할 것이다. 화성 극지의 기온이 낮아져 응결이 이루어져 극관이 형성될 때 응결물 속에 갇힌 먼지는 응결물과 함께 퇴적된다. 그러나 기온이 낮은 시기에는 극지 상공 대부분의 대기가 응결되므로 저위도에서는 기체 상태 잔여물의 밀도가 상당히 낮아지고, 따라서 이들이 극지방으로 운반하는 먼지의 양도 크게 줄어든다.

바이킹 궤도선의 관측

1976년 여름부터 화성 촬영을 시작한 바이킹 궤도선의 사진 선명도는 매리너 9호를 크게 앞선다. 그 주원인은 매리너 9호가 하필 먼지 폭풍이 심할 때 화성에 접근했기 때문이다. 더구나 폭풍이 사라진 후에도 대기 중에는 수 지구월 동안 많은 먼지가 남아 화성 표면을 가리고 있었다. 반면 바이킹 궤도선이 화성 촬영을 시작했을 때는 대기 중 먼지가 거의 없다시피 했다. 또한 바이킹 궤도선이 탑재한 비디콘(Vidicon) 시스템은 매리너 9호의 것과 같은 계열이지만 해상도가 더욱 우수하다.

바이킹 궤도선의 사진을 통해 화성 표면의 상당 부분이 선명한 지형학적 흔적을 지녔음을 알 수 있었다. 용암류,* 링클 리지(wrinkle ridge),** 크레이터 분출물 등이 선명하게 새겨져 있다. 또한 사진을 보면 가장 오래된 크레이터 지형에도 용암류가 다수 나와 있다. 미국 지질조사국의 마이클 H. 카와 동료들은 이것을 보고 화성 역사 초기 가장 오래된 크레이터 지형도 용암에 뒤덮인 적이 있다고 추측했다. 이러한 화산성 평탄화는 화성의 크레이터 많은 지형이 달의 산 많은 고지에 비해 비교적 평탄한 이유를 설명해 줄 수 있을 것이다.

*분화구에서 흘러내리는 용암. 또는 그것이 냉각·응고한 것.

**달의 바다에서 흔히 발견할 수 있는 지형으로, 화성에도 볼 수 있다. 보통 낮은 지대에 있으며, 구불구불한 능선의 형태를 띤다.

화성은 가장 오래된 지형도 비교적 선명하게 유지되고 있다. 이 사실은 화성의 역사 내내 암석의 분해와 암설의*** 재배치가 비교적 적게 일어났음을 나타낸다. 바람으로 인한 대규모 침식의 분명한 증거는 극지 근처 등 오래된 퇴적물로 이루어진 지역에서만 보인다. 극지 퇴적물은 일부분만 굳은 까닭에 바람에 쉽게 침식된 것으로 보인다.

***풍화 작용으로 파괴되어 생긴 바위 부스러기.

바이킹 궤도선이 보여준 고위도 지역의 북부 평지는 그저 암설들만 두텁게 쌓인 곳이 아니었다. 그곳은 용암류가 있고 바람이 몰고 온 먼지 더미가 또 바람에 의해 일부 깎여나간 곳이었다. 궤도선의 카메라는 북극 근처에서 잔여 극관을 둘러싼 넓은 모래언덕 지대를 발견했다. 이 모래언덕은 모래알 크기 입자들로 이루어진 듯하다. 크기를 구체적으로 말하자면 0.1부터 수 밀리미터 정도다. 이만한 입자는 화성의 희박한 대기를 타고 먼 거리를 이동하기에는 너무 크고 무겁다. 그러나 바람에 굴러다니거나 짧은 거리를 비행하는 정도는 가능하다. 입자 크기가 0.1밀리미터 이하라면 바람에 실려 장거리를 이동할 수 있다.

북부 평지의 암설과 북극 근처의 모래언덕 중 대부분은 분명 침식된 극지 퇴적물을 지니고 있다. 바람에 깎여나간 퇴적물은 먼지가 되어 바람을 타고 모래보다 더 멀리 날아가 극지 인근의 모래언덕에 쌓인다. 여기서 수수께끼가 하나 있다. 극지 퇴적물에는 먼지가 있지만, 먼지뿐 아니라 모래도 나오기 때문이다. 그 모래는 어쩌면 산화물, 소금, 심지어는 얼음으로 서로 뭉쳐져 모래만큼 커진 먼지 크기 입자일지도 모른다.

캘리포니아 대학 로스앤젤레스 캠퍼스의 휴 H. 키퍼와 그 동료들은 바이킹 궤도선이 복사계로 획득한 데이터를 해석했다. 그 결과 화성 북반구의 여름에 잔여 북극 극관의 기온은 205켈빈온도(섭씨 영하 68도)다. 이 결과는 충격적이다. 화성 표면의 기압은 6헥토파스칼밖에 안 되므로, 이산화탄소 얼음으로 이루어진 극관을 유지하려면 기온은 148켈빈온도 미만이어야 한다. 설령 극관의 얼음이 물 얼음 속에 이산화탄소 얼음이 갇힌 포접화합물이라* 하더라도, 온도가 155켈빈온도 이상에서는 존재할 수 없다. 205켈빈온도에서 응결되어 안정 상태로 존재할 수 있는 얼음은 물 얼음뿐이다.

*어떤 화학종(호스트)이 형성하는 1~3차원의 분자 규모 공간에 치수와 형상이 적합한 다른 화학종(게스트)이 수납(포접)되어 생기는 복합 화학종.

1-8

제트 추진 연구소의 크로프턴 B. 파머와 동료들이 바이킹 궤도선 분광계 데이터를 분석한 결과야말로, 잔여 극관이 물 얼음으로만 이루어졌다는 가설의 또 다른 증거다. 이들은 북반구 고위도 지역의 여름에 대기 중 수증기의 양을 보면 기온은 200켈빈온도 이상일 수밖에 없음을 발견했다.

남반구 여름에 잔여 남극 극관을 관찰해 얻은 결과는 해석하기 어렵다. 화성 전역을 뒤덮은 먼지구름이 기온에 영향을 주었을 수 있기 때문이다. 잔여 남극 극관 역시 물 얼음으로 이루어졌을 가능성이 있다. 그러나 온도 측정 결과는 아리송하다. 때문에 잔여 남극 극관의 대부분이 이산화탄소 얼음일 가능성도 배제할 수 없다.

화성의 양극에 물 얼음이 있는 듯하니, 과거 화성에서는 물이 활성제였다는 가설이 더욱 설득력을 얻고 있다. 더구나 바이킹 궤도선의 사진을 보면 화성의 수로가 매리너 9호가 촬영한 것보다도 더욱 많으며, 말단에는 작은 수로들이 많아 예전에 생각했던 것보다 더욱 통합성이 높은 배수 체계임을 알 수 있다. 옛날 화성 대기 밀도가 높았을 때 내린 빗물이 이 나뭇가지처럼 복잡하게 가지 친 수로들 중 일부를 만들었을지도 모른다. 또 화산 활동의 열에 얼음이 녹아 생성된 물로 인해 만들어진 수로도 있을 것이다. 얼음이 녹으면서 그 얼음을 덮던 땅은 무너지고 물은 흘러가면서 만들어졌다는 얘기다. 이러한 수로의 형성은 화성의 열 역사와 직접 연관 있는 것으로 보인다.

거대 크레이터의 분출물로 인해 만들어진 특징을 보이는 특이한 단구, 절벽, 돌출부를 촬영한 사진을 분석한 결과, 화성 지각과 표토의 물 얼음 존재에 대한 흥미로운 증거가 나왔다. 달을 보면 충격으로 생성된 크레이터의 분출물은 크레이터를 생성한 충격으로 인해 바깥으로 흩어져 지면에 떨어진 벽돌 같은 모양이다. 이러한 분출물들은 다수의 2차 충격 크레이터를 형성하기도 한다. 그러나 화성의 경우 충격 크레이터 주변에 쌓인 분출물들은 흐르다가 굳은 액체 같은 모습이다. 충격으로 발생한 열이 지각 속에 갇혔던 물 얼음을 녹이고 기화했으며, 이로 인해 발생한 물과 수증기가 분출물을 싣고 흘러 크레이터에서 멀어지는 과정에서 암설까지 끌고 가다가 멈추었다는 설명이 개연성이 있다. 어떤 사진에는 이러한 흐름이 장애물을 만나 갈라지는 모습도 나와 있다.

현재 물은 과거 화성의 중요한 활성제로 여겨진다. 그러나 화성 극지의 얼음이 이산화탄소 대신 물로 이루어져 있다는 발견은 과거 기후 변화의 강도를 제대로 설명하기 힘든 부분이 많다. 화성의 물 얼음 극관이 더 많은 태양빛을 받는다면 증발하기 시작할 것이다. 즉 얼음에서 바로 수증기가 되는 것이다. 화성의 수증기압이 액체 상태 물이 유지될 정도가 되려면, 기온이 현재보다 최소 70켈빈온도는 더 올라야 한다. 태양 광도가 이론상 최대 수준으로 오르거나 화성의 자전축 기울기가 최대로 기운다고 해도, 그만큼 기온이 크게 오를 확률은 낮다. 사실 화성의 가장 오래된 지표 중 잘 보존된 곳은 화성의 대기 조건이 화성 역사 대부분의 기간 동안 그리 크게 변화하지 않았다는 가설에 들어맞는 편이다. 극지 퇴적물 대부분은 화성 역사의 상당한 초기에 축적되었으며 그 이후 바람에 의해 계속 침식되어온 것으로 보인다. 그러나 이 퇴적물이 형성된 정확한 시기와 원인은 물론, 온실효과에 의해 지탱되었을 화성 초기의 밀도 높은 대기의 역사는 수수께끼로 남아 있다.

바이킹 1호 착륙선은 크리세 플라니티아(Chryse Planitia)라는 지역의 서쪽 경사면에 착륙했다(북위 22.5도, 서경 47.8도). 화성 궤도에서 본 이 착륙 지점은 달의 바다와 비슷해 보인다. 평탄한 화산성 평지로 크레이터의 밀도가 낮고 링클 리지가 여러 줄 있다. 크레이터의 벽은 거의 손상을 입지 않았으며 링클 리지도 잘 보존되어 있다. 침식 정도는 매우 미미하여 퇴적된 분출물과 리지의 형태가 거의 변형되지 않았다.

착륙 지점은 루나이 플라눔(Lunae Planum)에서 동쪽으로 130킬로미터 떨어진 곳이다. 루나이 플라눔은 화성에서 가장 크레이터가 많은 평지 중 하나다. 고도는 크리세 플라니티아보다 1킬로미터 정도 높다. 그리고 두 지역 사이 경계에는 불규칙한 단애가* 있다. 루나이 플라눔에는 큰 수로가 여러 개 있다. 이들 수로는 단애에서 출발해 동쪽으로 나아가 크리세 플라니티아를 가로질러 착륙 지점으로 향한다. 이 수로들은 루나이 플라눔에 갇혀 있던 얼음이 녹아 만들어진 지하수에 의해 생성되었을 가능성이 가장 높다. 과거 화산 활동과 지열로 인해 지하의 얼음 일부가 녹고, 그 물이 지표로 탈출해 1회 이상 격렬한 범람을 일으켜 루나이 플라눔의 침전물들을 가르고 크리세 플라니티아로 쏟아진 것이다. 루나이 플라눔에서 뿜어 나온 물은 착륙 지점 서쪽의 여러 크레이터와 링클 리지에 구멍을 냈다.

*깎아 세운 듯한 낭떠러지.

크리세 플라니티아의 표면

바이킹 1호가 촬영한 사진과 두 바이킹 궤도선이 촬영한 사진들을 연관시켜 판단해 보면, 바이킹 1호는 링클 리지의 측면에 착륙해 있다. 착륙선에서 본 착륙 지점은 지구의 바위 사막, 특히 화산암이 노출된 바위 사막과 놀라우리만치 닮아 있다. 완만한 굴곡으로 이루어진 주변 지형은 황갈색으로, 바위가 널렸고 결 고운 표적물들이 쌓여 있다. 우주선으로부터 30미터가 채 안 떨어진 곳에는 여러 기반암 노두를* 볼 수 있다. 착륙선이 촬영한 사진에서는 루나이 플라눔에서 물의 범람이 벌어졌다는 어떤 증거도 보이지 않는다. 물에 의해 깎여나간 지형, 수로, 하성퇴적물** 등 어떤 것도 볼 수 없다. 분명 범람은 착륙 지대까지 도달한 적이 없거나, 설령 도달했다 치더라도 상당 부분 소멸된 상태였을 것이다. 또는 범람이 일어난 후 표면이 크게 바뀌어 하성지형 흔적이 사라졌을지도 모른다.

* 광맥(鑛脈), 암석이나 지층, 석탄층 따위가 지표(地表)에 드러난 부분. 광석을 찾는 데에 중요한 실마리가 된다.

** 하천의 작용에 의해 퇴적된 지층으로 하안단구, 선상지, 범람원 등의 퇴적물이 있다.

궤도선에서 찍은 크리세 플라니티아의 사진은 마치 달 표면과도 같았기에, 연구자들은 가까이서 본 그곳 모습이 지구의 바위 사막과 유사한 데에 매우 놀랐다. 궤도에서 본 이곳의 한눈에 보이는 특징은 크레이터들이었다. 그러나 착륙하고 보니 근처에 눈에 띄는 크레이터는 몇 개 없다. 워싱턴 대학의 에드워드 A. 기네스 2세는 궤도에서 보인 대형 크레이터의 개수로 볼 때, 화성이 달과 상황이 유사하다면 착륙선의 시야 내에는 직경 25~50미터 정도 크레이터 35개가 보여야 한다고 계산한 바 있다.

지난 1970년, 나사 에임스 연구센터의 도널드 E. 골트와 배럿 S. 볼드윈 2세는 화성에 직경 50미터 미만의 크레이터가 비교적 적을 거라는 예측을 했다. 이들에 따르면 화성 대기가 비교적 희박하기는 하지만, 작은 유성체가 지면에 도달하기 전에 불태워 없앨 만큼의 밀도는 된다는 것이다. 그 결과 화성 표면은 고속 소형 물체의 반복적 충돌을 겪지 않았다. 따라서 외부 물체의 충돌로 인해 지표로부터 깊이 수 미터에 달하는 땅의 흙 고르기 작업이 일어난 적은 없다. 화성의 직경 50미터 미만 크레이터의 대다수는 대형 크레이터(직경 수십 킬로미터급)가 형성될 때 튀어나온 분출물로 인해 생긴 2차 크레이터들이다. 반면 달의 표면은 지극히 다양한 크기의 크레이터를 보여준다. 수백만 년에 걸쳐 작은 물체들이 충돌한 결과 달의 표면은 분쇄되어 고운 흙이 생겨났다. 화성의 경우 큰 충격으로 지표가 깨져 부서지고, 그로 인해 발생한 비교적 큰 파편들이 불연속층을 형성했다. 마치 착륙선의 착륙 지대처럼 말이다. 화성의 흙은 다른 과정을 통해 생겨난 것이 분명하다.

크리세 플라니티아의 대지에는 암석과 노두 이외에도, 고운 물질이 풍부하게 존재한다. 이 물질들은 대부분 암석의 바람이 닿지 않는 면에 달라붙은 줄무늬 형태를 하고 있다. 줄무늬의 굵기는 수 센티미터, 길이는 10센티미터~1미터에 달한다. 착륙선 북동쪽에는 표적물들이 깔린 돌밭이 있다. 이러한 표적물들이 여기 있는 이유는 이곳 바위가 현지의 바람 속도를 늦출 만큼 크기 때문이라고 생각된다. 표적물이 적층되어 있는 곳은 여러 군데다. 지구의 지층에서는 보통 표적물이 늘어나거나 움직이는 것을 잘 볼 수 없다. 표적물들이 식물이나 교결작용에* 의해 안정된 후, 바람에 의해 침식될 때나 볼 수 있을 뿐이다. 화성에서 관측되는 표적물들은 퇴적된 지 꽤 시간이 지난 것으로 보인다. 부분적으로 석화하여 퇴적암이 되어가고 있으며, 비교적 최근에 침식된 흔적이 보이기 때문이다.

*물에 녹아 있는 광물 성분들이 퇴적물을 통과하면서 증발이나 화학적 변화에 의하여 가라앉아 부스러기를 엉겨 붙게 하는 작용.

보통 바위에 그려진 이 줄무늬들은 그 긴 방향이 보통 정남쪽을 가리킨다. 매리너 9호가 촬영한, 착륙 지점 바로 북쪽의 사진에서도 크레이터에서 뻗어 나온 큰 줄무늬가 남쪽을 가리키는 것을 볼 수 있다. 이를 볼 때 줄무늬가 생성될 때는 이곳에 주로 북쪽에서 남쪽으로 바람이 부는 것 같다. 더구나 노출된 표적물 층의 무늬를 보면 표적물이 퇴적될 때의 바람 방향도 북쪽에서 남쪽으로 불어가는 것을 알 수 있다.

착륙 지점의 또 다른 특징은 착륙 과정에서 드러났다. 착륙하던 착륙선이 역분사 로켓을 사용하면서 점도가 낮은 물질들을 날려버리자, 다각형 모양으로 갈라진 흙 표면이 드러났다. '두리크러스트(duricrust, 풍화각**)'라고 알려진 이러한 토양은 미국 남서부와 멕시코의 '칼리슈(caliche, 염류피각***)'라는 이름의 침전물에서도 비슷하게 나타난다. 지구에서는 희석된 소금물이 토양을 통해 이동할 때 두리크러스트가 형성된다. 소금물에서 물이 말라버리면 소금과 다른 물질들이 지표 바로 아래에

**풍화 물질로 덮인 바위 테의 윗부분.

***토양중에 탄산석회의 층이 생겨 있는 것.

모이게 된다. 아마 화성에서도 같은 과정이 이루어졌을 것이다. 화성의 경우 물이 지면 밑의 비교적 큰 구멍에서 나왔는지, 또는 물질 낱알들 사이의 얇은 물의 층에서 나왔는지는 아직 알려지지 않았다. 아마도 후자일 것이다. 그렇게 보는 이유는 대기권 하층 수증기 밀도의 변화로 볼 때 지표와 대기 사이에 물이 규칙적으로 순환한다고 볼 수 있기 때문이다.

착륙선 바로 앞의 흙을 채취해서 착륙선에 탑재된 X선 형광 분광계로 그 화학 성분을 분석하자 화성의 두리크러스트에 염분이 있다는 확실한 증거가 확보되었다. 미국 지질조사국의 프리스틀리 톨민 3세가 이끄는 X선 연구팀원들은 화성의 흙에서 황을 발견했다. 황은 암염에 결합되어 있는 경우가 많다. 그리고 암염은 점도가 낮은 흙보다는 점도가 높은 흙, 즉 점토에 더 많이 있다. 착륙선이 내린 곳 주변에는 점토가 풍부했다. 그것들은 아마 착륙 과정 및 자연풍으로 부서진 두리크러스트의 덩어리일 것이다.

유토피아 플라니티아의 표면

연구자들이 바이킹 2호 착륙선의 착륙 장소를 고를 때는 여러 가지 점이 고려되었다. 우선 바이킹 1호의 착륙 장소와는 분명히 다른 특징을 지닌 곳이어야 했다. 동시에 착륙이 성공할 수 있는 평탄한 곳이어야 했다. 그러나 이보다도 더욱 중요하게 고려된 점은 수증기 농도가 높은 곳이었다. 그래야 생명의 징후를 발견할 확률이 극대화되기 때문이다. 그래서 선택된 장소는 유토피아 플라니티아(Utopia Planitia)였다. 북반구에 위치한 이곳은 암설이 두텁게 쌓인 대평원이다. 궤도에서 관측한 바에 따르면, 이곳의 표면에는 균열이 있으며, 이 균열들은 한 변이 수 킬로미터에 달하는 다각형을 이룬다. 그렇게 정해진 착륙 지점(북위 48도, 서경 225.6도)은 직경 100킬로미터인 대형 크레이터 '미에(Mie)'에서 남서쪽으로 200킬로미터 떨어진 곳이었다.

바이킹 2호가 착륙한 직후, 이곳이 바이킹 1호가 착륙한 곳과 표면상으로는 비슷하다는 점이 분명해졌다. 이곳의 표면 역시 군데군데 돌들이 널린 두리크러스트 평지였던 것이다. 그러나 비슷한 점은 그것뿐이었다. 바이킹 2호가 착륙한 평지는 지면을 다각형 모양으로 가른 골 모양의 침하로 인해 대부분의 지형적 특징들이 만들어진 곳이다. 기반암의 노두는 찾아볼 수 없었다. 대신 고운 물질로 이루어진 지반에 일부분이 파묻혔거나 그 위에 올라온 암석 및 자갈을 볼 수 있었다. 물론 이런 모습에 대해 다른 설명도 가능할 것이다. 그러나 바이킹 2호가 착륙한 자리는 크레이터 미에에서 나온 암설들이 휩쓸고 간 곳일 확률이 가장 높아 보인다. 지구의 경우 암설들이 흐를 때는 큰 돌들이 그 맨 위에 실려 가는 경우가 많다. 그 결과 일부분이 고운 물질 속에 묻힌 돌들의 밭을 남기는 것이다.

바이킹 2호가 본 골 모양의 침하는 폭이 약 1미터, 깊이는 10미터에 달한다. 그리고 그 테두리는 살짝 튀어나와 있었다. 착륙선에서 본 침하 부위는 궤도선에서 본 것보다는 훨씬 작았다. 그러나 그 원인은 비슷할 가능성이 높다. 착륙선에서 본 침하 부위의 크기와 형상을 보면, 지구의 한랭 지대에서 볼 수 있는 구조토와* 물리적 유사점을 찾을 수 있다. 지구에서 구조토는 얼음이

들어찬 흙을 형성하는데, 기온이 낮아지면 이 흙은 수축해서 균열을 일으킨다. 이 균열은 지면을 다각형 무늬로 가르는 경우가 많다. 봄에는 얼어붙은 흙이 녹으면서 이 균열에 물이 들어찬다. 가을에 이 물이 얼어 생긴 얼음은 얼어붙은 땅보다 약하고, 다시 똑같은 양상으로 균열을 일으킨다. 이러한 과정이 반복되면 지면에 다각형 모양의 골이 파이고, 그 속에 얼음 조각이 들어찬다.

*땅속의 물기가 얼고 녹기를 되풀이하면서 자갈이나 바윗덩이가 지표로 솟아 나와 모인 것들이 쌓여서 원형, 다각형, 그물 모양, 계단 모양 따위로 대칭형을 이룬 것.

다만 이러한 과정이 화성에서 이루어지고 있다는 주장에는 한 가지 문제가 있다. 유토피아 플라니티아의 온도가 언제나 물이 어는점 미만이라는 사실이다. 우주공학 회사 마틴마리에타의 벤튼 C. 클라크는 설령 얼음에 소금이 함유되었더라도, 소금물의 어는점은 민물에 비해 켈빈온도로 10~20도 낮을 뿐이라고 지적한다. 그리고 유토피아 플라니티아의 기온에서는 얼음이 절대로 녹을 일이 없다.

땅의 무늬는 다른 과정에 의해 만들어질 수도 있다. 바로 점토의 건조다. 점토는 착륙 지점에서 채취한 화성 토양의 주요 물질일 가능성이 매우 높다. 점토는 물을 먹으면 부피가 20퍼센트 팽창하고, 물을 잃으면 또 그만큼이 부피가 줄어든다. 바이킹 2호가 착륙한 땅이 과거 물이 가득 찼다가 마른 곳이라면 그때 균열로 다각형 모양의 골이 파였을 수도 있다.

바이킹 2호 착륙 지점의 일부 암석에서 바람 부는 방향으로 그어진 작은 줄무늬들이 보였다. 바이킹 1호의 착륙 지점에서 본 것과 같다. 또한 착륙선

앞 큰 골의 바닥에는 여러 작은 표적물들이 있다. 여기서도 표적물들은 이곳의 바람이 주로 북쪽에서 남쪽으로 향함을 나타내고 있다. 따라서 크리세 플라니티아와 유토피아 플라니티아는 동일한 풍계에 속해 있을 수 있다. 그러나 두 장소는 서로 화성의 반대편에 놓여 있다. 따라서 두 장소가 같은 풍계에 속한다면 이 풍계는 화성 전체를 아우르는 것일 수밖에 없다. 바람 방향의 줄무늬와 표적물들은 화성이 태양에 가장 근접하여 북반구 공기가 남북 방향으로 흐르는 시점에 불어 닥친 먼지 폭풍에 의해 생겼을 가능성이 가장 높다. 그러나 바이킹 착륙선에 탑재된 기상 관측 장비가 1977년도 먼지 폭풍 당시 바람을 측정한 결과에 따르면 그때는 바람이 주로 남북으로 분다는 증거가 나오지 않았다.

화성의 토양

두 착륙선은 탑재한 X선 형광 분광계로 화성 토양 표본을 분석했다. 그 결과 나트륨(원자 번호 11번)보다 원자 번호가 높은 원소들이 풍부하게 발견되었다. 톨민과 그의 동료들은 이 데이터를 해석해 두 착륙 지점의 전반적인 토양 구성이 유사함을 알아냈다. 그러나 특정 광물이나 암석에서는 차이를 보이는 경우도 있었는데, 이는 토양이 여러 광물로 이루어진 복잡한 혼합체일 수 있음을 의미한다.

화성 표면의 흙은 고철질 화성암에서 유래된 것으로 보인다. 고철질 화성암이란 마그네슘과 철이 풍부한 용암이 결정화해 만들어진 돌이다. 지구의 돌과 비교해 볼 때 마그네슘, 철, 칼슘이 풍부한 대신 칼륨, 실리콘, 알루미늄은 부족하다. 이러한 성분 비율을 보면 화성의 맨틀이 어떤 성분으로 이루어졌는지를 알 수 있다.

바이킹의 X선 분광계가 분석한 토양은 철이 풍부한 점토 광물, 수산화철,* 황산염 광물,** 탄산염 광물의*** 혼합체일 확률이 높다. 이러한 추론은 두 착륙선에 탑재된 가스 크로마토그래프와 질량 분석계의 측정 결과와 일치한다. 이들 측정 장비로 화성의 토양 표본을 가열했더니 수증기와 이산화탄소가 나왔던 것이다. 토양에는 중량 대비 1퍼센트의 물이 있었으며, 그중 일부는 수화 미네랄 속에 들었을 수도 있다.

지구에서 고철질 광물이 물을 만나면 화학적으로 변화해 철이 풍부한 치토를**** 만들어낸다. 물이 풍부했던 과거의 화성에서도 이러한 과정이 진행되었을 수 있다. 뜨거운 마그마가 얼음이 잔뜩 든 지각과 표토를 뚫고 폭발적으로 분출하면서 토양으로 점토를 만들어낸 것이다. 또한 충분한 양의 물을 사용할 수 있다면 충격으로 인해 생긴 열로도 화산암을 점토로 바꿀 수 있다.

매사추세츠 대학의 로버트 L. 후게닌은 또 다른 흥미로운 가설을 내놓았다. 그는 이곳의 토양이 자외 복사로 인해 촉진된 암석 산화에 의해 상당 부분 만

*철의 수산화물을 통틀어 이르는 말.

**황산 분자에 들어 있는 수소 이온의 일부 또는 전부가 금속 이온 따위의 양이온으로 치환된 화합물을 통틀어 이르는 말.

***금속 이온 따위 양이온의 탄산염. 탄산의 수소 이온이 금속 이온 따위의 양이온과 바뀌어 된 화합물로, 고체를 가열하면 이산화탄소를 생성하여 산화물이 된다.

****진흙이 반 이상 들어 있는 흙. 점착력이 강하고 공기 유통과 배수가 잘 안 되어 경토로는 좋지 않지만 모래를 알맞게 섞어서 양토로 이용한다.

들어졌다고 주장했다. 화성 대기는 오존층이 없어서 태양의 자외 복사를 흡수할 수 없다. 약간의 물만 있다면 자외 복사는 알루미노규산염 광물을 분해할 수 있다. 이는 철 이온 등의 이온을 표면으로 이동시켜 광물의 결정 구조를 파괴함으로서 가능하다. 이런 방식으로 얼마나 많은 토양이 만들어질 수 있는지는 아직 밝혀지지 않았다.

각 착륙선에는 토양 채집용 삽이 있다. 이 삽에는 괭이도 딸려 있는데 괭이에는 자석 2개가 달려 있다. 자석 하나는 괭이의 표면과 같은 높이로 달려 있고, 다른 하나는 괭이의 금속제 본체 속에 묻혀 있어 유효강도가 전자의 12분의 1밖에 안 된다. 그러나 괭이를 땅에 밀어 넣어보니 두 자석에 동일한 양의 물질이 묻어 있었다. 프린스턴 대학의 로버트 B. 하그레이브스와 뉴캐슬 어폰타인 대학의 데이비드 W. 콜린슨에 따르면, 이 경우 흙의 자성물질 비율은 중량으로 따져볼 때 3~7퍼센트 사이라고 한다. 자성물질 비율이 이보다 낮으면 약한 자석에 흙이 들러붙을 수 없다. 따라서 화성의 흙에는 상당한 양의 자성물질이 존재한다고 할 수 있다.

자석에 들러붙은 물질의 색은 지면의 색과 같다. 이는 자성물질이 화성 토양의 색도 좌우한다는 뜻이다. 자성물질로는 자철석 및 마그헤마이트가 들어있다고 보는 것이 타당하다. 둘 다 산화철이고, 니켈-철 금속이다. 마그헤마이트의 색상은 황갈색 또는 불그스름한 색이다. 만약 화성의 흙 속에 마그헤마이트가 있다면, 화성의 땅 색깔이 그런 것도 마그헤마이트 때문일 것이다. 화성에 자성물질이 풍부하다면 이 물질들은 고철질 현무암 등 고철질 광물의 원료가 될 것이다.

바이킹 착륙선의 카메라들은 0.5마이크로미터(청색)에서부터 1.0마이크로미터(근적외선)에 이르는 6개 스펙트럼 영역에 걸쳐 하늘과 땅의 사진을 촬영했다. 이 컬러 사진들은 우선 각 영역의 화성 스펙트럼 조도를 결정한 다음, 색조·밝기·채도를 인간의 눈이 감지할 수 있는 파장 범위로 조절해 만든 것이다. 화성 표면의 스펙트럼 조도는 태양 조도, 화성 표면의 반사도, 대기에 산란되는 빛의 성질에 의해 정해진다. 컬러 사진을 보면 화성의 표면은 황갈색이다. 대기에 의한 색상 효과를 배제한다면, 아마 실제로는 갈색이 더 강할 것이다.

두 착륙 지점의 여러 토양을 촬영한 카메라 데이터에서 얻은 반사 스펙트럼은 매우 비슷하며, 조명 상태가 변할 때에만 차이를 보인다. 착륙선이 측정한 스펙트럼은 지구에서 측정한 화성 밝은 면의 스펙트럼과 비슷해 보인다. 이 지역들은 입자가 곱고 화학적 변화를 일으킨 흙으로 덮여 있는 듯하다. 착륙 지점에 드러난 표토 대부분과 분석을 위해 채집한 토양에 화성 전체를 휩쓴 폭풍으로 인한 화학 풍화의 산물이 혼합된 결과라는 설명이 수집한 데이터와 들어맞아 보인다.

착륙 지점에서 본 어떤 구역의 반사 스펙트럼은 다른 모든 곳과는 눈에 띄게 달랐다. 그곳은 바이킹 1호로부터 15미터 떨어진, 표적물이 있는 곳이었다. 이 표적물은 주변 흙에 비해 눈에 띄게 색이 어두웠다. 아마도 바람이 더 쉽게 움직이는 밝은 색 물질을 싣고 가버린 다음 남은 물질 같았다. 어두운 색 표적물의 스펙트럼은 지구에서 측정한 화성의 어두운 색 부분의 스펙트럼과 비슷하다. 표적물은 아마도 분해되어 흙 입자 속으로 들어간, 부분적으로 변화된 철이 풍부한 화성암으로 이루어졌을 것이다. 비록 지구에서 본 밝은 영역과 어두운 영역의 토양이 전반적으로 매우 유사하더라도, 다소의 차이는 존재할 것이다.

착륙선이 촬영한 컬러 사진 속 대부분의 암석과 기반암 노두는 흙보다 더 어둡게 나왔다. 그러나 유사한 조명 아래 보면 훨씬 밝게 보인다. 대부분 사진에서 태양과 지면, 카메라 사이의 앵글은 지면의 흙보다는 암석 쪽을 노린 것이 더 많다. 때문에 암석은 그만큼 더 어두워 보인다. 암석과 토양의 스펙트럼 형태는 유사하다. 이는 암석이 토양과 유사한 물질로 뒤덮여 있음을 나타낸다. 암석의 일반적 형태를 보면 이것들이 화산암임을 알 수 있다. 그러나 일부는 바람에 의해 심하게 침식된 모습을 보인다. 바이킹 2호의 착륙 지점에 있는 암석 대부분과 바이킹 1호의 착륙 지점에 있는 암석 중 일부는 기체가 풍부한 용암으로 만들어진 지구의 화산암과 비슷하게 생겼다. 땅속 깊은 곳에서는 큰 압력이 가해지므로 기체가 용암 속에서 나오지 못한다. 그러나 용암이 땅 위로 나오면 그 압력이 없어지므로 기체가 용암에서 탈출하고, 기체가 들어 있던 흔적이 생긴다. 용암이 냉각 및 경화되면 이 자국이 기포나 소수포의 형태로 남는다. 유감스럽게도 이러한 과정으로 인해 생긴 자국과 바람의 침식으로 인해 더 연한 광물에 생긴 자국을 구분하기란 매우 어렵다.

두 착륙 지점 그리고 아마도 화성 대부분 지역에 걸쳐 더욱 흥미로운 부분이 또 있다. 지구의 일반적 사막에 비하면, 화성에는 모래가 눈에 띄게 드물다는 것이다. 두 바이킹 착륙선이 토양 표본을 채취하기 위해 판 고랑의 벽 사진을 보고 미국 지질조사국의 헨리 J. 무어 2세와 그 동료들이 추론한 바에 따르면, 화성의 작은 입자들 중 대부분의 크기는 0.1밀리미터 미만이라고 한다. 이러한 입자들은 침식을 통해 표면에서 떨어져 나가기가 어렵다. 그리고 떨어져 나가면 바람에 의해 날려 가버린다.

화성의 바람

화성에도 지구의 모래만 한 크기의 입자가 있다면 아마 극관을 둘러싼 모래 언덕에 있을 것이다. 아마 이 모래들은 바이킹 1호가 촬영한 어두운 색 표적물 속에도 있을 것이고, 화성 남반구 중위도를 뒤덮은 어두운 색 지역에도 있을 것이다. 그러나 화성의 토양에 지구의 모래와 똑같은 입자는 없다. 대부분 지구 모래는 석영과 장석 광물을 포함하며, 이들 성분은 산성 화성암과 변성암이 풍화되어 나온 것이다. 산성암 및 지구 퇴적암의 주성분인 석영과 장석은 화학적 풍화와 기계적 풍화를 잘 견딘다. 화성도 산성암이 대량으로 만들어진다는 점에서는 지구와 다를 바가 없다. 화성에도 고철질 현무암이 매우 많을 것이다. 고철질 현무암을 이루는 주된 광물은 감람석, 휘석, 사장석이다. 후게닌은 화성의 차갑고 건조한 환경에서도 이러한 광물은 자외선이 촉진한 산화에 의해 급속도로 풍화됨을 입증했다.

만약 예상대로 착륙 지점의 밝은 색 흙이 점토 광물로 이루어졌다면, 이 흙의 알갱이는 매우 곱다. 그러나 지구의 모래만 한 알갱이라도 더 작은 알갱이를 위한 골재가 될 수 있다. 이런 모래만 한 알갱이가 화성 풍화작용 체계 내에서 견딜 수 있는 시간은 짧을 터다. 알갱이들은 바람의 속도와 거의 비슷한 속도로 지표에 튕기며 이동한다. 화성의 대기 밀도는 지구의 약 100분의 1 수준이므로 화성 표면에서 모래만 한 알갱이를 침식으로 떼어내려면 초속 50미터(시속 180킬로미터)의 바람이 불어줘야 한다. 이만한 속도로 움직이는 지구 모래는 매우 침식성이 강하겠지만, 점토의 골재 역할을 하는 알갱이라면 부딪치는 순간 파열되어서 별 침식성 없는 작은 알갱이가 되어버린다. 감람석, 휘석, 사장석 등의 광물 알갱이도 이 정도 속도로 움직인다면 어딘가에 부딪치는 순간 깨질 확률이 크다. 그래서 화성의 풍화 침식 속도는 지구에 비하면 느린 편이다. 그렇다면 화성 표면 대부분이 매우 선명한 상태로 남아 있는 이유도 설명이 된다. 점도가 낮은 물질은 언제라도 움직일 수 있지만, 암석의 침식은 매우 느리게 일어나는 것이다.

착륙 지점의 하늘 색깔은 황갈색이다. 그리고 착륙선이 그 자리에서 1화성년을 보내는 동안 하늘 빛깔은 변하지 않았다. 이는 예상치 못했던 관측 결과였다. 폴락의 계산 결과에 따르면 이런 색이 나오는 주원인은 최대 40킬로미터 고도에까지 묶여 있는 먼지 알갱이들 때문이라고 한다. 화성이 근일점, 즉 태양과의 거리가 가장 가까워지는 지점을 지날 때 대규모 먼지 폭풍이 생기고, 그 후 대량의 먼지가 대기 중에 남는 것으로 여겨졌다. 그러나 사진을 보면 화성의 하늘은 원일점, 즉 태양과의 거리가 가장 멀어지는 지점을 지날 때도 황갈색이다. 먼지 폭풍이 드문 시기인 것이다. 화성에서는 자주 먼지가 일거나, 먼지가 대기 속 난기류에 의해 오랫동안 힘을 받는 듯하다. 그러나 가장 먼지가 많은 날 모든 먼지가 화성의 지표 위로 쏟아진다고 해도, 지면의 먼지층 두께는 단 몇 분의 1밀리미터에 불과할 것이다.

착륙선들은 두 건의 대규모 먼지 폭풍 기간 중 데이터를 모았다. 둘 다 화성이 1977년 근일점 인근에 도달했을 때 남반구에서 시작되었다. 첫 번째 먼지 폭풍은 2월, 두 번째는 5월에 시작되었다. 먼지구름은 고공풍을 타고 신속히 화성 전역으로 확산되었다. 먼지 폭풍이 가라앉는 데는 수개월씩이 걸렸다. 하지만 북반구의 착륙 지점에서는 지면의 흙을 헝클어뜨리는 정도의 영향만을 주었을 뿐이다. 두 폭풍이 착륙선과 그 주위 땅 위에 먼지를 얇게 깔아놓은 것으로 추측된다. 이런 먼지 층이 생긴다는 것은 남반구에서 물질이 전부 되돌아가지는 않음을 의미한다. 오랜 시간이 지나면 먼지 폭풍은 중위도와 저위도 지역의 먼지를 고갈시켜, 기반암 및 풍화가 덜 된 어두운 색 침전물을 드러낼 것이다. 이러한 침전물은 지구에서 오랫동안 관측했던 어두운 지역을 이루는 물질일 것이다.

화성이 근일점에 있을 때 태양과 수직에 위치한 화성의 위도에서 대부분의 먼지 폭풍이 시작된다. 화성의 자전축은 세차운동을* 일으켜 기울기를 바꾸므로, 근일점 당시 태양 직하점은 그때마다 다르다. 화성의 세차운동으로 인해 근일점 시 태양 직하점 위도는 5만 년의 주기로 +25도에서 -25도 사

*행성의 자전축이 궤도에 대하여 기울기를 가지고 자전하는 운동.

이에서 바뀐다. 미국 지질조사국의 로렌스 A. 소더블롬은 화성의 어두운 색 지역이 잘 움직이는 밝은 색 먼지 층의 상당 부분이 걷히면서 만들어진 곳이라면, 이 지역은 5만 년 주기로 적도 주위를 이동할 것이라고 지적했다. 즉 2만 년 전 대부분의 근일점 먼지 폭풍은 바이킹 1호가 착륙한 위도에서부터 시작했고, 크리세 플라니티아는 밝은 색 침전물 일부를 잃었을 것이다. 만약 그것이 사실이라면 바이킹 1호의 착륙 지점에 있던 침전물과 줄무늬의 나이는 2만 년 이하일 수 있다.

미래

바이킹 임무가 인류의 화성지질학 지식을 크게 늘려준 것은 확실하다. 이제 화성 표면의 모습은 물론, 그곳 물질들의 종류에 대해 잘 이해하게 되었다. 잔여 극관 중 최소 한 곳은 물 얼음이 있음을 알게 되어, 화성 기후 변동의 강도를 더 잘 알게 되었다. 그러나 화성 표면의 변천사에 대한 중요한 의문들은 남아 있다. 화성의 다양한 지형의 나이는 아직 확실히 알려진 바가 없다. 화성 내부의 구조와 성분 역시 대부분 수수께끼로 남아 있다. 그것들을 제대로 알지 못하면 화성의 형성과 진화 과정에 대한 독특한 이론 모델을 만들 수 없다.

바이킹 데이터의 추가 분석을 통해 답이 나오는 문제도 있을 것이다. 그러나 답이 나오지 않는 문제는 그다음 임무를 통해 해결해야 한다. 다음 임무를 수행하는 데는 몇 가지 방법이 있다. 우선 지구에서 사용하는 랜드샛 위성보다 더욱 정밀한 궤도선을 보내, 화성 표면의 자세한 화학적 및 광물학적 특성

지도를 작성하는 임무를 진행할 수도 있다. 두 번째로 수년 간에 걸쳐 수백 킬로미터를 전진하는 무인 로버를 파견할 수도 있다. 이 로버는 화성의 표토를 어떤 궤도선보다도 더 자세히 분석할 수 있다. 세 번째로는 궤도선에서 여러 대의 관통 로켓을 연속해 발사하는 것이다. 이 로켓들은 화성의 다양한 위치에 박혀 기상학 및 지진학 감지 네트워크를 구성한다. 네 번째로는 화성 물질 표본을 획득해 지구로 가져오는 임무다. 이 경우 지구의 실험실에서만 얻을 수 있는 데이터를 확보할 수 있다. 아폴로 임무를 통해 지구로 가져온 달의 표본을 분석함으로써 얻은 방대한 데이터 양을 감안한다면, 화성의 표본을 가져올 경우 얼마만한 정보를 얻을 수 있을지는 짐작이 가고도 남는다.

후속 화성 탐사는 여러 관점에서 정당화할 수 있다. 그중에서도 가장 중요한 관점은 지구와 화성이 지극히 다른 진화 과정을 거쳤기에 그만큼 상이한 역사를 지니게 되었다는 것이다. 그러나 지구와 화성의 진화 과정에는 의외로 비슷한 구석도 많다. 그렇기에 지구와 화성의 대기, 표면, 내부 데이터를 비교하는 일은 의미가 있다. 화성의 역사를 알면 지구에 대해서도 더 잘 알게 될 것이 분명하다.

1-9 마스 글로벌 서베이어 : 지구와는 전혀 닮지 않은 화성의 풍경

아든 L. 앨비

에드거 라이스 버로스의 모험 소설에는 존 카터 대위라는 주인공이 나온다. 버지니아 출신의 신사인 그는 미국 남부 동맹군의 장교였다. 남북전쟁이 끝난 후 가난에 시달리던 그는 금을 찾아 애리조나로 간다. 그곳에서 그는 아파치 전사들에게 쫓기던 도중 머리를 부딪쳐 정신을 잃는다. 정신을 차려보니 황량한 낯선 별에 와 있었는데, 그 별에는 두 개의 달이 있고 다리가 6개인 동물들도 살고 있었다. 그곳에 사는 아름다운 공주는 별의 이름이 '바숨(Barsoom)'이라고 소개했다. '바숨'의 풍경은 애리조나 남부와 묘하게 닮아 있었다. 지구보다 좀 더 오래되고 낡아 보이기는 했지만 지구와 완전히 딴판인 곳은 아니었다. 버로스는 첫 소설에 이렇게 썼다. "그들은 죽어가는 별 위에서 살아남기 위해 힘들고 무자비한 투쟁을 벌이고 있었다."

실제 과학에서나 공상과학에서나, 화성은 지구보다 작고 춥고 건조하여 가혹한 조건을 갖추긴 했지만 지구와 같은 과정을 밟아온 세계로 묘사되곤 했다. 심지어 20세기에조차도 많은 사람이 화성에는 흐르는 물과 울창한 식생이 있을 거라고 믿었다. 1960년대 후반, 화성이 지구보다는 달에 더 가까운 황량한 크레이터 천지임을 탐사선이 밝혀내면서 이런 환상은 깨진다. 그러나 이후 화성에서도 거대한 산과 깊은 협곡, 복잡한 기상 현상 등이 관측되면서 지구와의 유사성에 다시금 무게가 실리고 있다. 바이킹과 마스 패스파인더(Mars Pathfinder) 탐사선이 화성 표면에서 촬영한 풍경은 놀라우리만치 지구와 닮아 있다. 버로스와 마찬가지로 연구자들 역시 화성 적도를 미국 남서부와 비교하기 시작했다. 극지방의 모델은 남극의 얼음 사막인 '드라이 밸리(Dry Valleys)'가 되었다.

하지만 최근 연구자들은 화성 탐사의 결과를 통해, 이러한 비교는 신중해야 함을 알았다. 지난 5년 동안 탐사선들이 수집한 화성 관련 정보는 그 이전의 모든 탐사선이 수집한 정보보다도 많다. 화성은 과학자들이 생각한 것과는 많이 다르고 훨씬 복잡한 행성임이 입증되었다. 화성에 대한 가장 큰 의문, 즉 "화성은 과거 따스하고 물이 많아 생명의 탄생과 진화가 가능한 조건이었는가?"라는 의문도 사람들 생각보다는 훨씬 풀기 어렵다. 연구자들이 화성의 진실을 알려면 지구에 눈이 가려져서는 안 된다. 화성은 독특한 곳이다.

먼지 구덩이인 화성

화성 탐사라는 사업도 분명 호황기와 불황기는 있었다. 지난 10년 동안 나사(NASA)는 무려 3대의 우주선을 화성에서 상실했다. 화성 관측선, 화성 기후 궤도선(화성 관측선의 일부 임무 대체가 목적), 화성 극지 착륙선이 그들이다. 그러나 그 이후 화성 탐사 프로그램은 성공적이다. 지난 1997년 이후 화성 전역 조사선은 사진을 촬영하고 적외선 분광 데이터를 포함한 여러 데이터를 지속적으로 보내오고 있다. 화성 전역 조사선은 현재 활동하는 화성 탐사선들 중에서 가장 선령이 높다. 1년 이상 화성 궤도를 돌고 있는 마스 오디세이(Mars

Odyssey)는 지하에 있을지도 모르는 물의 위치를 찾는 것은 물론 화성 표면의 적외선 영상을 촬영한다. 이 기사의 발행 시점 현재, 나사는 화성 탐사 로버를 발사할 계획이다. 화성 탐사 로버는 유명한 마스 패스파인더 소저너 로버의 후계 기종이다. 비슷한 시기 유럽우주기구(ESA)도 비글 2호 착륙선을 탑재한 마스 익스프레스(Mars Express) 궤도선을 발사할 예정이다. 일본 우주과학 연구소의 노조미 궤도선은 올해(2003년) 12월에 화성에 도착할 예정이다.

이전에 과학자들이 화성 표면과 대기에서 일어나는 일들을 이만큼 포괄적으로 기록한 적은 없었다. 과학자들은 먼 과거의 거대한 유적인 크레이터, 협곡, 화산도 연구해왔다. 그러나 인류의 화성 지식에는 큰 빈틈이 있다. 고대 화성과 현대 화성 사이에는 수십억 년의 공백기가 있다. 화성의 대부분 역사 기간 동안 어떤 조건 아래 어떤 일이 있었기에 지금과 같은 모습이 되었는지 확실히 아는 사람은 없다. 또한 화성의 지하 지질에 대해서도 알려진 바가 별로 없다.

오늘날의 화성은 지구와 여러 면에서 크게 다르다. 우선 화성은 먼지로 뒤덮여 있다. 반면 지구 표면 대부분은 기반암의 화학적 풍화로 생성된 토양으로 뒤덮여 있고, 일부 지역은 빙하 암설로 덮여 있다. 그러나 화성 대부분의 표면을 덮고 있는 것은 먼지다. 먼지는 매우 고운 알갱이로서 대기 중에도 들어 있다. 가장 급한 경사면을 제외하면 화성 표면에는 어디든지 먼지가 잔뜩 있다. 고대 지형에도, 가장 높은 화산에도 잔뜩 쌓여 있다. 지구에서 망원경으로 화성을 관측했던 이들이 오랫동안 밝은 색 지역이라고 알던 곳이 실은 가장 먼지가 많은 곳이다.

먼지로 인해 화성에는 별세계가 펼쳐졌다. 곰보 자국이 있는 지형이 그 좋은 예다. 대기 속에 퍼진 먼지는 휘발성 물질을 가두고 차가운 먼지 막을 형성한다. 나중에 휘발성 물질로 이루어진 얼음이 기체로 변하면 곰보 자국이 남는 것이다. 흥미롭게도 차가운 먼지 막의 두께는 위도에 따라 다르다. 마스 오디세이의 관측에 따르면 극지 근처에서는 깊이 1미터까지의 표토 중 최대 50퍼센트가 얼음이라고 한다. 경사면의 이 차가운 막은 점성 유체가 흐른 것 같은 흔적을 보인다. 마치 지구의 빙하가 흐른 것 같은 자국이다. 이 막에 학계가 이목을 집중하고 있다.

두 번째로 화성에는 바람이 매우 세게 분다. 지구의 풍화 대부분이 흐르는 물로 인해 일어난다면, 화성의 풍화 대부분은 바람에 의해 일어난다. 우주선들은 화성 전체를 휩쓰는 엄청난 규모의 눈사태와도 같은 먼지 폭풍을 관측했다. 그 모두가 바람에 의한 것이다. 장애물 뒤에 남은 먼지 줄무늬는 계절에 따라 달라진다. 아마도 계절에 따라 바람 상태도 달라지기 때문일 것이다.

먼지로 덮이지 않은 화성의 표면은 보통 풍성 침식 또는 퇴적의 징후를 보인다. 크레이터에 남은 침식의 증거를 통해, 크레이터를 이루던 물질이 바람에 의해 깎여 나갔음을 알 수 있다. 그리고 야르당(yardang)에서도,* 바람이 싣고 온 모래가 기반암을 깎아낸 자국을 선명하게 볼 수 있다. 퇴적의 징후로는 모래 암반과 움직이는 모래언덕이 있다. 모래언덕은 모래 크기 알갱이

*점토층이 풍성 침식으로 인해 작은 언덕이 된 것.

로 이루어졌으며, 바람에 밀려 지면을 따라 여러 차례 도약 운동을 하면서 움직인다. 더 강한 바람을 받으면 도약 운동을 하지 않고 하늘 높이 상승한다. 따라서 대기 중으로 날아간 대부분의 먼지 역시 바람을 받아 들어간 것으로 판단된다.

바람은 태양계가 아직 어리고, 화성에 많은 크레이터가 생겼던 시기부터 현재까지 꾸준했던 것으로 보인다. 많은 사진을 보면 크레이터의 침식 정도는 제각각임을 알 수 있다. 일부는 내부에 퇴적물과 모래언덕이 생겨 얕아졌다. 그러나 아직 원형을 유지해 깊은 그릇 모양을 유지하는 것도 있다. 샌디에이고에 위치한 연구기업인 말린 우주과학 시스템(MSSS)은 마스 글로벌 서베이어(Mars Global Surveyor, MGS)의 카메라를 운용한다. 이 회사의 마이클 말린과 케네스 에드깃은 다음과 같은 과정이 벌어졌을 거라고 추론했다. 한 지역에 모래가 불어오고, 그중 일부가 크레이터 속에 갇힌 다음, 또 그 주변에 크레이터가 생겼다는 것이다. 그러나 이렇게 많은 모래가 어디에서 어떻게 만들어졌고 그 모래가 어떻게 바람에 실려 날아왔는지는 아직도 수수께끼다.

화성의 성난 하늘

화성이 지구와 다른 세 번째 특징은, 매우 놀랍도록 다양한 기상 상태와 기후 주기 가운데 지구와 비슷한 것도 많이 있지만, 지구에서 볼 수 없는 현상도 많다는 점이다. 1화성일의 길이는 1지구일의 길이와 같다. 그러나 1화성년의 길이는 687지구일이다. 화성도 자전축이 기울어서 계절 변화가 생기는데, 그 기울기는 지구 자전축의 기울기와 매우 유사하다. 화성에는 지구의 기상 현상 발생에 매우 큰 역할을 하는 강수와 바다가 없다. 그러나 기압(지구의 1퍼센트 미만)은 계절 변화로 인해 극지의 이산화탄소 성에가 응결하고 승화함에 따라 25퍼센트나 변한다. 대기는 매우 희박해 열용량이 매우 적다. 따라서 밤과 낮의 기온 차이는 100도 이상 발생한다. 화성의 희박한 대기의 열 속성은 대기 중 먼지와 얼음 입자에 큰 영향을 받는다. 그 결과 화성 대기는 매우 희박한데도 복잡한 순환 양상과 동역학적 특성을 보인다. 화성의 일기예보에서는 강한 바람, 고공의 얼음 구름, 저공의 안개, 계절 변화에 따른 성에, 대규모 먼지 폭풍 등이 자주 거론될 것이다.

지구에서와 마찬가지로, 폭풍은 북극 지방에서 시작해 남쪽으로 불어가는 경우가 많다. 그러나 가장 큰 먼지 폭풍은 보통 화성이 빠르게 가열되는 남반구의 봄철에 많이 시작된다. 먼지 폭풍들은 주기적으로 합쳐져 온 화성을 휩쓴다. 마스 글로벌 서베이어는 2001년 6월부터 시작되어 무려 4개월 동안 지속된 화성 전역에 걸친 먼지 폭풍의 변화 과정을 면밀히 추적했다. 과학자들 추측과는 달리, 이 먼지 폭풍은 절대 하나가 아니라 여러 국지적 폭풍의 결합체였다. 말린은 이 먼지 폭풍이 화성 기후에 미친 영향을 지난 1991년 지구에서 벌어진 피나투보 화산 폭발에 비견했다. 둘 다 넓은 지역에 걸쳐 일시적으로나마 기온 저하 효과를 불러온 사건이다.

극관의 얼음은 대기의 주기적 변화에 중요한 역할을 한다. 이들의 크기와 모양을 지형학적으로 측정한 결과, 이 얼음은 이산화탄소가 아니라 물로 이루어졌음이 드러났다. 이산화탄소가 얼어 만들어진 드라이아이스는 물 얼음만큼 단단하지 못하며, 따라서 반구형 모양을 지탱할 수 없다. 또 다른 새로운 큰 발견은 남극 극관 대부분을 덮은 드라이아이스 층이 빠른 속도로 침식되고 있다는 것이다. 물론 이러한 침식이 영구히 계속될 리는 없다. 현재의 먼지 침전과 발생이 영원히 계속될 리도 없다. 얼음과 먼지를 보충하려면 다른 주기가 시작되어야 하며, 그 요인은 아마도 궤도 변이가 될 것이다. 말린과 에드깃은 가까운 과거에 비해서는 현재 바람의 상태가 약해졌을 수 있으며, 이것을 시간의 흐름에 따른 화성 기후 변화의 또 다른 증거로 들었다.

지구와 화성 간의 네 번째 중요한 차이점은 액체 상태 물의 움직임이다. 현재 화성의 기압과 기온에서는 화성 표면의 액체 상태 물은 불안정할 수밖에 없다. 화성에는 비가 내리지 않는다. 대신 연중 혹은 연간 대부분 기간 동안 물 얼음이 화성 토양 속 일정 깊이 내에 있을 수 있고, 또 실제로도 그렇다. 지구에서와 마찬가지로 화성에서도 얼음이 풍부한 토양의 존재를 나타내는 여러 무늬가 땅에 새겨져 있다. 마스 오디세이는 적도 지역을 제외한 대부분 지역 지면에서 얼음을 탐지했다. 모델에 따르면 이 얼음은 땅속 상당한 깊이까지 들어가 있을 것이다.

가끔씩은 표면으로 액체 상태의 물이 터져 나올 수도 있다. 지난 2000년 말린과 에드깃은 화성의 표면에서 생긴 지 얼마 안 되는 도랑을 발견했다. 마치 지구에서 물이 낸 도랑과 비슷한 모습이었다. 흥분한 연구자들은 이를 설명할 여러 이론을 내놓았다. 대수층(크레이터 가장자리에는 말도 안 되게 얕은 곳에 위치할 수 있다)에서 물이 새어 나왔다는 설도 있었다. 간헐천 때문이라는 설도 있었고, 이산화탄소 기체의 고압 분출 때문이라는 설, 지하의 화산 열원 때문이라는 설도 있었다. 그러다가 올해(2003년) 초 애리조나 주립대학의 필립 크리스텐슨이 눈과 얼음으로 이루어진 둑 아래에서 나온 것이 분명한 도랑을 발견했다. 그는 이것이 화성의 기후 주기와 연관 있다는 결론을 내렸다. 날씨가 추운 시기에 경사면은 눈과 먼지의 혼합물로 덮인다. 그러나 태양은 이 천연 단열재를 관통, 눈을 녹인다. 눈 녹은 물은 눈 아래에서 나와 경사면을 타고 흘러 도랑을 만든다. 날씨가 따뜻한 시기에는 눈과 먼지의 혼합물은 녹거나 증발해 완전히 사라지고, 도랑이 노출된다.

겹겹이 쌓인

화성은 물이 풍부한데도 건조하다. 광물학적으로 볼 때, 화성 표면에는 물이 거의 없다. 지구에서는 따스한 액체 상태 물의 작용으로 기상 현상, 석영이 풍부한 토양, 축축한 점토, 탄화칼슘과 황산염 등의 염이 만들어진다. 해변의 모래와 모래언덕은 대부분이 석영으로 이루어져 있다. 그러나 화성에서는 탐사선들이 이러한 광물들이 퇴적된 곳을 아직 찾아내지 못했다. 어두운 색의 화성 모래언덕은 현무암질이다. 이곳의 주된 광물 성분은 휘석과 사장석이다. 지구에서라면 쉽게 풍화되는 물질이다. 이는 화성이 꽤 오래전부터 현재와 같은 차갑고 건조한 상태를 유지했음을 의미한다.

화성은 언제나 지구와는 달랐을까? 먼지와 모래의 막 아래에는 화성이 긴 시간 동안 변해왔음을 나타내는 많은 증거가 있다. 우선, 화성 남반구와 북반구의 풍경은 놀랄 만큼 다르다. 남반구는 고도가 높고 크레이터가 아주 많다. 노령화한 지표임을 의미한다. 북반구는 넓고 고도가 낮은 평야지대가 많으며 크레이터가 적다. 그만큼 젊은 지표임을 의미한다. 북반구와 남반구 사이에는 거대한 타르시스 고원이 있다. 타르시스 고원의 나이는 북반구 지형과 남반구 지형의 중간 정도이며 지구에 비해 매우 거대한 화산들이 자리 잡고 있다. 브라운 대학의 제임스 W. 헤드 3세는 이 화산들의 고해상도 데이터를 사용해 산악 빙하의 것과 유사한 흐름 패턴을 발견했다. 어쩌면 바위와 먼지로 이루어진 막 아래에 얼음이 있을지도 모른다.

북부 저지대는 엄청나게 평탄하다. 화성 역사의 상당 기간 동안 호수 바닥이 아니었을까 싶은 생각이 든다. 흘러온 화산 물질과 남쪽에서 온 퇴적물들로 덮여 있는 듯하다. 새롭고 자세한 지형 지도에서는 희미한 크레이터가 보였다. 과거에 형성되었던 크레이터 자국 위에 퇴적물이 쌓이면서 크레이터 자국을 희미하게 만든 것이다.

남부 고원의 언저리를 따라 액체 상태 물에 의해 깎인 지형이 보인다. 지구에도 이런 것이 있지만, 화성 것이 훨씬 더 크다. 화성의 유명한 협곡인 발레스 마리네리스(Valles Marineris)의 길이는 미국 로스앤젤레스와 뉴욕 사이의 거리와 맞먹고, 너비는 뉴욕과 보스턴 사이의 거리와 맞먹으며, 깊이는 매킨리 산 높이 정도다. 지구에 있는 어떤 협곡과도 비교가 안 되는 엄청난 크기다. 협곡의 머리 부분에는 무질서한 지형이 있다. 이를 보면 꾸준히 오랫동안 흐른 물이 아니라, 어느 날 한번 몰아서 엄청난 양으로 흐른 물이 이 협곡을 만들었다고 추정할 수 있다. 화성의 다른 유출 수로도 비슷한 특징을 보인다. 타르시스 고원에도 이런 특징이 보이므로, 분명 중간기가 있었을 것이다.

이러한 수로에는 유선형 섬 등 여러 특징이 보인다. 미국 북서부 화산 용암지에 스포캔 홍수로 인해 생긴 수로들과 비슷하다. 스포캔 홍수는 지금으로부터 1만여 년 전 마지막 빙하기의 끝 무렵에 있었다. 엄청난 폭우가 내리고, 오대호를 이루는 호수 중 하나만 한 호수의 물을 가두고 있던 얼음 댐이 불과 며칠 만에 터지면서 물이 엄청난 기세로 방류된 것이다. 화성에서는 이것의 10~100배의 강도를 지닌 홍수가 벌어졌을 것이다. 그 원인은 화산의 열, 또는 화성 내부의 정상적인 열 흐름이었을 듯하다. 이 열로 영구동토층 밑의 얼음이 녹아 압력을 엄청나게 높이고, 결국 얼음 녹은 물이 외부로 터져 나왔음 직하다.

물과 연관된 화성의 지형 특성 중 가장 큰 논쟁을 불러일으키는 것은 협곡망이다. 남부 고원에 있는 이 협곡망은 마치 지구의 강처럼 나뭇가지 모양으로 뻗어 있다. 이들이 강우 또는 강설로 인한 지표면 유출로 형성되었다는 증거일 수 있다. 화성이 한때는 지구와 같이 온난한 환경이었으리라는 가장 유력한 증거이기도 하다. 그러나 이 협곡망을 잘 보면 빗물을 공급받는 지구의 강과는 좀 다르다. 그보다는 지구 사막에 있는 하천처럼 생겼다. 사막의 하천을 흐르는 물은 느리게 빨아올린 지하수다. 이러한 하천은 보통 소규모 지류보다는 급경사 벽을 지닌 원형 분지를 발원지로 삼는 경우가 많다. 때문에 "초기 화성에는 비가 왔는가?"라는 의문을 놓고 학술회의에서는 격론이 오갔던 것이다.

하천망을 이해하기 위해서는 그 형성 시기를 아는 것이 중요하다. 고원 북부 가장자리에 대한 최근 정밀 연구 결과 화성 역사 초기 유성이 대량으로 떨어지던 시기에 대량의 침식이 일어났다고 한다. 이러한 분석은 유성 충돌로 지형이 바뀌던 때와 같은 시기에, 물의 분배도 변했음을 암시한다. 크레이터에는 물과 암설이 들어찼고, 수로들은 서로 연결되어 하천망을 형성했다. 그러나 유성 충돌은 이러한 과정을 끊임없이 방해했다. 예를 들어 직경이 1,000킬로미터에 달하는 아르기레(Argyre) 분지는 과거 물이 가득 찬 적이 있었다. 이 분지는 협곡의 일부였다. 남극 인근에서 나온 물이 이 분지를 거쳐 적도를 가로지르는 수로로 공급되었던 것이다. 이 협곡에서 지상과 지하의 물과 얼음이 어떤 역할을 했는지는 아직까지 확실히 밝혀지지 않았다. 어찌되었건, 이러한 망은 지구의 수문계와는 많이 다르다.

화성 역사의 마지막 단서는 마스 글로벌 서베이어가 예기치 못하게 발견해냈다. 그것은 지각 최상층부에 층을 이루어 쌓인 침전물이다. 협곡 벽·크레이터·메사·계곡 등, 화성의 지하가 드러난 곳이면 어디든지 침전물이 쌓여 있다. 침전물 층은 저마다 두께와 색상, 강도가 다르다. 화성 표면이 침전, 크레이터 생성, 침식에 이르는 매우 복잡한 과정을 거쳐왔다는 증거다. 가장 오래된 층이 가장 크다. 맨 위의 층은 부분적으로 벗기어 있고, 바람에 의해 깎여나간 흔적이 눈에 띌 정도다.

이 층들은 어디서 왔을까? 화산류인데도 바위가 없다. 따라서 화산재로 이루어졌을 수도 있다. 그러나 대부분 침전층은 유성 충돌로 발생한 파편일 수도 있다. 과학자들은 달에서 충돌 파편으로 이루어진 층들을 발견했다. 이 층들로 크레이터의 나이를 알 수 있다. 이와 마찬가지로 화성의 지각 상층부도 엄청난 크레이터 세례를 받아, 흙이 매우 잘 다져졌을 것이다. 그리고 물과 바람이 흙을 흩어 보냈을 것이다.

한때 푸르렀던 화성?

어떻게 보면, 요즘처럼 초기 화성의 모습에 대해 과학자들이 감을 잡기 힘든 때도 없었다. 연구자들이 액체 상태의 물 문제를 해결하자 이러한 의구심은 더욱 커졌다. 물의 존재 여부는 지질 작용, 기후 변화, 생명의 기원 등에 중요한 역할을 한다. 나중에 홍수로 불어난 물이 통과하게 되는 계곡망은 과거 화성에 물이 풍부했다는 증거다. 초기 화성에 비가 내렸다는 증거를 보면, 과거 화성 대기는 지금보다 밀도가 높았음을 알 수 있다. 그러나 우주선은 아직 탄산염 광물의 침전을 확인하지 못했다. 탄산염 광물은 과거 밀도가 높았던 이산화탄소 대기의 흔적일 수 있다.

따라서 과학자들은 3가지 가설을 내놓았다. 우선 초기 화성의 대기 밀도는 높았으리라는 가설이다. 이 가설에 따르면 당시 화성에는 얼음이 없었으며 호수는 물론 바다도 있었을 것이다. 최근 미국 국립항공우주 박물관의 로버트 A. 크래덕과 버지니아 대학의 앨런 D. 하워드는 이산화탄소가 우주로 소실되었거나, 우주선으로 찾기 어려운 곳에 탄산염 광물의 형태로 저장되어 있을 거라는 가설을 내세웠다. 흥미롭게도 마스 오디세이의 분광계는 화성의 먼지에서 소량의 탄산염을 감지해냈다.

두 번째 가설은, 과거에도 화성 대기는 희박했을지 모른다는 주장이다. 게다가 날씨도 추워 지표의 물은 모두 얼음이 되어 있다. 눈이 내려 지하수를 보충해주고, 이렇게 보충된 지하수는 때때로 지표로 새어 나온다는 것이다. 휴스턴의 달·행성과학 연구소 소속 스티븐 M. 클리퍼드를 비롯한 여러 연구자들은 빙하나 두터운 영구동토 아래쪽이 녹은 물이 지하수를 보충해주는 것으로 추측한다. 화성은 지독하게 춥지만, 주기적으로 뿜어 나오는 뜨거운 열기가 화성에 새로운 활력을 주었으리라. 지구의 빙하시대를 초래했던 자전축 기울기의 변화가 이러한 기후 주기를 만들어냈다. 브라운 대학의 헤드와 존 F. 머스터드를 비롯한 여러 연구자들은 위도에 따른 얼음과 먼지 막의 차이야말로 화성 기후 변화의 증거라고 주장한다.

세 번째 가설로, 화성이 과거에 액체 상태 물이 있었던 데는 기후 주기 말고도 다른 원인 때문일 수 있다는 주장이다. 화성이 비교적 온화한 기후였던 때는 대규모 유성 충돌을 겪은 이후의 짧은 기간뿐이었다. 다른 천체와의 충돌로 인해 물이 풍부한 물질이 침전되고 열기와 수분이 대기 중으로 배출되어 비가 내리게 된 것이다. 그러고 나서 얼마 안 가서 화성은 다시 얼어붙은 상태로 돌아갔다. 애리조나 대학의 빅터 베이커는 타르시스 지역의 활발한 화산 활동으로 인해 초기 화성이 일시적으로나마 온화한 기후가 되었다고 주장한다.

물론 이러한 가설들이 모두 틀렸을 가능성도 있다. 초기 화성의 기후를 제대로 알기에는 현재 가진 정보가 부족하다. 다음번 탐사를 통해 알아내야 한다. 지구와는 달리 화성은 옛 지형을 대부분 간직하고 있다. 화성의 옛 지형을 보면 그 지형이 어떤 조건에서 만들어졌는지 알 수 있을지도 모른다. 화성이 지구와 달라진 이유를 알면 지질학자들은 지구의 역사를 더 잘 알 수 있다. 다음번 착륙선 임무는 화성을 알기 위한 새로운 단서를 제공해줄 것이다.

1-10 또 다른 별세계 : 화성의 수많은 모습

필립 R. 크리스텐슨

많은 사람이 사막을 탐험하는 이유는 그 순전함과 단순함 때문이다. 그러나 필자는 복잡성 때문에 사막을 찾는다. 필자가 일하는 서부 애리조나의 암석들을 보면 지구 역사상 가장 복잡한 이야기를 볼 수 있다. 탄산염 석회석, 미사질* 이암, 석영 모래, 굳은 용암이 층을 이룬 것을 보면 지금으로부터 6억 년 전 이곳은 따스하고 얕은 바다였음을 알 수 있다. 그러다가 점토로 이루어진 늪으로 변하고, 뜨겁고 빛나는 모래언덕으로 가득한 광대한 사막으로 변하고, 빙하에 덮였다가 다시 얕은 바다가 된 것이다. 일본 열도를 만들어낸 것과 같은 화산 폭발이 거대한 단층을 따라 대륙 안으로 160킬로미터나 파고들어와 가장자리 암석층을 휘고 높은 온도로 구워 대리석과 규암을 만들어낸 것이다. 맨 마지막으로 융기와 침식이 오늘날 보는 사막을 만들어냈다.

*알갱이의 지름이 0.002~0.02밀리미터인 가는 모래 성분.

반면 화성의 경우, 그 지질학적 역사를 이렇게 자세하게 재구성하기란 꽤 오래전부터 지금까지 불가능했다. 필자가 태어났을 때는 지구인들에게 밤하늘의 빛나는 한 점에 불과했던 화성은, 지금은 우뚝 솟은 화산에 마른 하상과 호수, 바람이 휩쓸고 간 용암 평원이 있는 별로 알려지게 되었다. 분명 화성은 우리 태양계에서 가장 영광스러운 역사를 지닌다. 그러나 아직 과학자들은 화성의 역사에 대해 대충만 알고 있다. 여러 해 동안 사람들은 화성이 과거에 지구처럼 온난하고 물이 풍부했는지, 혹은 달처럼 차갑고 건조하고 황량했는지를 두고 격론을 벌여왔다. 화성의 장구한 역사를 한 단어로 압축할 수 있는 양 말이다.

지난 10년에 걸쳐 화성 탐사의 세 번째 황금시대가 열렸다. 첫 번째 황금시대는 망원경으로 화성을 탐사한 19세기, 두 번째 황금시대는 우주선을 사용한 탐사가 시작된 1960년대와 1970년대였다. 최근에는 궤도선 및 로버 임무로 화성의 지형 지도를 만들고, 그 광물학적 특성을 알아내고, 표면 사진을 매우 자세하게 찍어 화성이 걸어온 지질학적 과정을 알아내고, 궤도선이 알아낸 데이터를 로버에서 알아낸 데이터와 종합하고 있다. 이제 화성은 필자와 같은 지질학자가 암석·광물·지형을 보고 그 내력을 알아낼 수 있는 곳이 되었다.

우리는 화성이 매우 다양한 과정과 여건을 거친 곳임을 알아냈다. 화성에는 매우 건조한 곳도, 물이 매우 풍부한 곳도, 눈과 얼음으로 덮인 곳도 모두 있다. 이제 더 이상 화성을 간단한 말로 표현할 수 없다. "화성은 따뜻했는가, 차가웠는가?" 같은 두루뭉술한 질문 대신 "얼마나 따뜻했는가? 얼마나 차가웠는가? 얼마나 물이 많았는가? 얼마나 오랫동안? 어디가?"처럼 구체적인 질문을 던져야 할 것이다. 많은 화성 연구자들은 화성이 현재에건 과거에건 생명을 품을 능력이 있는 별인지를 알고 싶어 한다. 앞서의 질문들에 대한 답 속에는 화성의 생명 존재 가능성에 대한 답 역시 있을 것이다.

두 개의 장소, 두 개의 시각

지난 2004년 1월, 나사는 역사상 가장 정밀한 화성 로버 2대를 여건이 아주 다른 화성 표면 두 곳에 착륙시켰다. 로버의 이름은 각각 '스피릿(Spirit)'과 '오퍼튜니티(Opportunity)'였으며, 이들은 토양과 암석의 성분을 알아내기 위해 카메라와 분광계를 잔뜩 탑재하고 있었다. 두 로버는 화성지질학의 가장 중요한 의문인 "화성의 역사에서 물은 어떤 역할을 했는가?"에 대한 답을 찾기 위해 길을 떠났다. 스피릿은 구세프(Gusev) 크레이터 안으로 들어갔다. 구세프 크레이터가 선택된 것은 그 형상 때문이었다. 궤도선이 촬영한 사진에 따르면, 마딤 발리스(Ma'adim Vallis) 계곡이 구세프 크레이터 안으로 들어가 있었다. 구세프 크레이터가 과거에 호수이기라도 한 듯이 말이다.

연구자들은 처음엔 이 장소를 보고 실망했다. 스피릿은 여기서 물의 흔적을 전혀 찾아내지 못했다. 대신 찾아낸 것은 화산암이었다. 분광계에 따르면 이 화산암들은 감람석과 휘석으로서, 극소량의 액체 상태 물만 있어도 분해되는 것이었다. 최소 30억 년 동안, 또는 화산 활동으로 분출된 이후 현재까지 대량의 물을 접해보지 못한 것이 분명하다. 그러나 스피릿이 착륙 장소를 굽어보는 컬럼비아 힐스(Columbia Hills) 위로 올라가자 상황은 흥미로워졌다. 이곳에서 스피릿은 대량의 유황소금을 발견해냈다. 여기서 화산암은 작은 알갱이로 부서진 후, 소금을 통해 서로 들러붙어 있었다. 액체 상태 물이 돌 알갱이 사이로 스며들거나, 돌 속에 존재하던 광물과 황산이 반응했을 때 이렇게 될 수 있다. 하지만 이들 암석은 여전히 상당량의 감람석과 휘석을 보유하고 있다. 그러므로 설령 이곳이 과거에 호수 바닥이었다 하더라도, 물은 지난 수십억 년 동안 매우 미미한 역할만 했을 것으로 보인다.

오퍼튜니티 로버는 메리디아니 평원을 향했다. 이곳을 택함으로써 인류의 태양계 탐사는 새로운 장을 열었다. 그 이전에는 행성과학자들이 광물학적 탐사를 위해 탐사선을 보낸 적이 없기 때문이다. 화성에 대한 초기 탐사선 임무는 화성 표면의 화학적 성분을 밝혀주었다. 그러나 이들 화학 성분이 구성하는 화합물과 결정 구조, 즉 광물 성분을 알아내려면 열 방출 분광계(Thermal Emission Spectrometer, 이하 TES)가 필요하다. 필자는 지난 1997년에 화성에 간 나사의 마스 글로벌 서베이어에 탑재할 TES를 개발했다. 준비한 광물 지도 속 메리디아니는 결정질 적철석이 풍부한 곳이었다.

지구에 매우 풍부한 이 산화철은 여러 과정을 거쳐서 형성되는데, 그중 대부분에는 물이 필요하다. 강수로 내린 물이 퇴적물 속으로 순환했거나, 침철석 같은 물을 머금은 철광석이 퇴적되어 수분을 잃었거나 둘 중 하나다. 침철석은 여러 사막 토양에서 보이는 적갈색 광물이다. 메리디아니의 적철석 풍부한 암석들은 층이 고르고 쉽게 침식된 것으로 보였다. 이들은 더 나이가 많고 크레이터 자국이 많은 표면 위에 놓여 있다. 퇴적된 것일 수 있다는 뜻이다. 그리고 기존 수로와 기타 지형상의 저지대를 메우고 있다. 이는 이 암석들이 화산재나 바람에 실려 온 먼지처럼 지면에 뿌려진 것이 아니라, 물 속에 퇴적된 것일 수 있음을 의미한다.

오퍼튜니티는 착륙한 지 며칠 만에 메리디아니가 과거 물 속에 있었음을 알아냈다. 오퍼튜니티는 퇴적암으로 이루어진 노두를 바로 발견했다. 화성에서는 처음으로 발견해낸 것이었다. 이 암석들은 중량의 30~40퍼센트가 황으로 이루어졌다. 이런 암석은 황이 풍부한 물이 기화했을 때에만 만들어질 수 있다. 구세프의 황산염은 그 정도로 농도가 높지는 않았다. 적철석은 흔히 '블루베리'라고 불리는 직경 1~5밀리미터의 공 모양을 하고 암석층에 박힌 채로 온 사방에 널려 있었다.

오퍼튜니티가 탐사한 가장 큰 노두의 이름은 번스(Burns) 절벽이다. 이 절벽은 지상과 지하의 물에 젖은 채로 보존된 모래언덕과 같은 모습을 하고 있다. 그 속의 알갱이 중 다수는 모래언덕 사이 플라야(Playas)라고 알려진 평지에서 정수의 증발로 인해 생성된 황산염이다. 지구의 동일 지형을 바탕으로 판단해보건대, 번스 절벽의 암석은 수천에서 수십만 년에 걸쳐 형성된 것으로 추정된다. 이 동그란 적철석 알갱이들은 퇴적물 속을 순환하는 철이 풍부한 액체에 의해 나중에 형성되었을지도 모른다. 과학자들은 지구에서 지질학자들이 사용하는 다면적 방식으로 화성의 노두를 처음으로 조사했다.

메리디아니 평원은 이제까지 발견된 우주 속 평원 가운데 가장 평평한 곳 중 하나며, 형태학적으로 볼 때 호수의 바닥인 듯하다. 궤도상에서 측정한 적철석 양으로 볼 때, 이곳은 과거 대양의 일부였다기보다는 고립된 큰 호수나 작은 바다였던 것 같다. 적철석 주요 퇴적지의 남쪽과 서쪽에는 크레이터가 여럿 있는데, 이 크레이터들에도 적철석이 풍부한 암석층이 있다. 어쩌면 이 크레이터들은 별도의 호수일 수도 있다.

간단히 말해, 두 로버가 착륙한 곳은 서로 다른 행성이라고 봐도 좋을 만큼 이질적이다. 한 곳은 지구 사막보다도 건조하고, 다른 한 곳은 과거 엄청나게 많은 호수가 있었던 듯하다. 그것 말고 다른 가능성은 없을까? 그렇지 않다면 화성의 지질 역사는 더욱 더 다양했을까? 서로 수천 킬로미터 떨어진 이 두 착륙지가 화성 모든 암석의 조성과 물의 움직임을 대표한다고 볼 수 있을까? 이러한 광범위한 질문에 답하기 위해 과학자들은 궤도선이 확보한 데이터를 다시 들여다보았다.

용암의 땅

지난 8년간 TES 기기는 화성의 암석과 모래가 거의 전부 장석·휘석·감람석 등의 현무암을 이루는 화산성 광물로 이루어졌음을 알아냈다. 2004년 봄 유럽우주기구의 마스 익스프레스 궤도선은 근적외선 분광계 오메가(OMEGA)로 화성을 탐사해, 이러한 광물들이 풍부함을 확인했다. 발레스 마리네리스 협곡계의 벽 지하 4.5킬로미터에서 감람석이 발견되었다. 감람석은 수로의 바닥을 포함, 적도 평원 전반에서 발견되었다. 현무암의 발견은 그리 크게 놀랄 일은 아니었다. 현무암은 지구와 달 표면 대부분에서도 보이기 때문이다. 하와이 표면에 흘러나온 용암 역시 현무암이 되었다. 이는 용암, 즉 행성의 맨틀이 녹아 가장 먼저 생성되는 물질이 깨끗하게 응고된 형태다. 지구에서는 바다 속 능선에서 계속 해저 화산이 폭발해 해저 현무암을 만들고 있다.

반면 또 다른 발견은 예상치 못한 것이었다. 과거 많은 크레이터가 생겼던 지형의 암석은 현무암질인 데 반해, 북부 저지대의 새로 생긴 암석들은 보다 진화된 유형의 용암인 안산암을 닮아 있었다. 안산암은 유리와 석영을 함유한 광물이 많고, 철을 함유한 광물은 적다. 지구에서 안산암은 보통 하강하는 구조판이 지하의 녹은 암석과 물을 섞을 때 생성된다. 화성의 안산암 존재 가능성은 무척 흥미롭다. 안산암이 존재한다면 화성 맨틀에는 지구보다 더 많은 수분이 있음을 의미할 수 있다. 또는 오래된 현무암과 새로 만들어진 용암의 녹는 온도와 압력이 서로 다를 수 있음도 의미할 수 있다. 일부 과학자들은 화성에 있다는 안산암이 실은 안산암처럼 보이는 현무암일지도 모른다고 주장한다. 물이나 산으로 이루어진 안개가 광물과 반응하여 안산암과 비슷하게 보일 수 있다는 것이다. 화성 표면에서의 더욱 자세한 연구를 통해 이들 암석을 조사해야 연구자들의 의문에 대한 답이 나올 것이다.

TES 기기의 공간 해상도는 상당히 낮다. 화소 하나가 수 킬로미터 크기에 달한다. 때문에 필자가 속한 그룹이 개발한 적외선 카메라 테미스(THEMIS)가 탑재된 나사의 또 다른 화성 궤도선 마스 오디세이가 2001년 100미터급 해상도로 지도 작성을 시작하고 나서야 화성의 광물학적 다양성은 비로소 드러나기 시작했다. 테미스와 오메가는 지구의 것과 비교될 만한 다양한 화성암 성분을 발견해냈다.

화성 적도 인근에는 직경이 1,100킬로미터나 되는 화산 시르티스 마요르가 있다. 이 화산 정상에는 여러 무너진 크레이터 또는 칼데라가 있다. 이 화산의 대부분은 현무암으로 이루어졌지만, 경사면에는 원추화산과* 용암류가 보인다. 여기에는 석영이 풍부한 유리질 용암으로 만들어진 석영 안산암도 포함된다. 이러한 유형의 암석은 화산 아래 공간 속에 들어 있던 마그마에서 나온다. 마그마가 식으면서 처음 결정을 이루는 광물은 철과 마그네슘이 풍부한 감람석과 휘석이다. 이것들이 맨 밑바닥에 가라앉으면 남은 마그마의 석영과 알루미늄 농도는 더욱 높아진다. 이 두 물질로부터 석영 안산암이 나온다. 시르티스 마요르 측면에 있는 여러 크레이터의 중심 봉우리는 석영이 더욱 풍부한 암석인 화강암으로 되어 있다. 이것들은 아마도 결정 분리 또는 초기에 만들어진 현무암의 대규모 재용해로 형성된 것으로 보인다.

*원뿔 모양 화산. 하나의 분화구에서 몇 번에 걸쳐 분화가 되풀이되는 동안 퇴적물이 층을 이루어 산봉우리 부근이 급경사를 이루는 지형이다.

연구자들은 이 화산이 여러 발전 단계를 거친 것으로 결론지었다. 가장 먼저 중심부에서 현무암질 용암이 터져 나와 화산을 이루었다. 이후 마그마가 화학적으로 변화하면서 정상 아래의 공간에서 빠져나갔고, 이로써 지면이 붕괴하고 측면 분화가 가능해졌다. 화성의 화산은 클 뿐 아니라 놀랄 만치 복잡하다.

그리고 봄비가 내릴 거야

화성에 있는 것만큼이나 화성에 없는 것도 중요하다. 석영은 지구에는 풍부하지만 화성에서는 매우 귀하다. 따라서 석영이 형성하는 화강암 역시 귀하다. 화산암 또는 퇴적암이 고온 고압을 만나 만들어지는 점판암이나 대리석 등

변성암 광물이 있다는 증거도 없다. 이는 화성에는 지각 구조가 없어 암석이 지하 깊은 곳으로 내려가 고온 고압 상태에 직면한 다음 다시 지면으로 올라올 수 없다는 뜻일지도 모른다.

지구에는 석회석 같은 탄산염 광물이 대량으로 존재한다. 이산화탄소가 풍부한 바다에서 퇴적되어 생긴 것이다. 행성과학자들의 추론대로 과거 화성이 따스했고 물이 풍부했다면 화성에는 두터운 탄산염 층이 있을 터다. 그러나 현재까지 그런 것은 발견되지 않았다. 이는 화성에 바다가 있었더라도 차가웠거나 오래가지 못했거나 얼음에 덮여 있었다거나 탄산염이 있기에는 좋지 않은 환경이었으리라는 뜻이다. 화성 어디든지 있는 먼지는 소량의 탄산염을 함유한다. 그러나 이는 지상의 액체 상태 물보다는 대기 중 수증기와의 직접 반응으로 형성되었을 가능성이 있다. 또 다른 물 관련 광물인 점토도 화성에서는 매우 귀하다. 이는 화성이 역사 대부분 기간 동안 건조했다는 또 다른 증거다. 물과 잘 어울리지 않는 광물인 감람석과 휘석이 화성에 매우 풍부한 것도 화성이 건조했다는 주장의 또 다른 증거가 되고 있다.

이러한 관점에서 볼 때 스피릿 로버가 구세프에서 본 것이 오퍼튜니티 로버가 메리디아니에서 본 것보다 화성의 전반적 실상에 더 가깝다고 해야 할 것이다. 그러나 궤도상에서 보이는 호수 같은 지형은 메리디아니 말고도 또 있다. 직경 280킬로미터의 크레이터인 아람 카오스(Aram Chaos)에는 유출 수로가 있으며, 적철석을 함유한 암석이 층을 이룬다. 크레이터 바닥에는 거대한 암석들이 흩어져 있다. 지하수가 엄청난 힘으로 지상으로 뿜어져 나와, 그

위 지형을 무너뜨린 것 같다. 그 물의 일부는 크레이터에 고여 적철석을 함유한 퇴적층을 만들었다.

이와 마찬가지로, 발레스 마리네리스의 골에는 쉽게 침식되는 층 속에 적철석을 함유한 암석이 있다. 이는 물 속에 있었던 퇴적층에서 예상할 수 있는 특징이다. 이 암석 이외에도 적도 지역에 있는 암석들은 황이 풍부하다. 이 또한 물에 잠긴 퇴적층의 숨길 수 없는 특징이다. 이 호수들은 무수한 침수·증발·동결·건조 과정을 겪었을 것이다. 게다가 과거의 호수 바닥들은 아마도 강우와 지면 유출로 인해 생겼을 수로망이 빽빽이 파여 있다. 일부 연구자들은 과거 화성에는 거대한 바다가 있었다고 주장하기도 한다. 화성 사진과 지형 데이터를 보면 해안선과 매끈한 해저처럼 보이는 곳이 있다.

이러한 발견들은 고립된 지역에서 과거 짧은 기간 동안이나마 물이 안정적 상태로 존재했다는 강력한 증거를 제시한다. 그곳에서는 어떤 요인 때문에 물이 축적되어 안정적인 상태로 존재했을까? 지열과 대량의 소금(어는점을 낮춘다) 그리고 얼음 층 보호가 그 요인이라는 것이 정설이다. 그리고 대형 유성의 충돌이 대기를 두텁게 하고 온도를 높였을 것이다.

하지만 한때 화성이 지구와 유사한 행성이었다는 주장은 단순한 희망 사항으로 보이기도 한다. 화성 전체의 광물 분포 지도를 보면 화산성 광물을 함유한 화성의 옛 표면이 아직 잘 보존되어 있으며, 물에 의해 변형된 부분은 크지 않다는 느낌을 준다. 메리디아니조차도, 호수 퇴적물 위에 현무암성 모래가 쌓여 있다. 이는 이곳이 바싹 마른 지 20~30억 년이 지났다는 의미다. 호수와 강 같은 수로망은 분명 존재한다. 그러나 물이 이곳에 아주 잠시 동안만 흘렀을 수도 있다. 대부분 시간 동안 물이 얼어 있었다가 때때로 녹았다가 다시 얼기를 반복했을 수도 있다. 그러나 지금도 행성과학자들은 현재 이렇게 전반적으로 건조한 화성이 한때 일부나마 물이 존재할 수 있던 이유를 알아내고자 머리를 쥐어짜고 있다.

계절이 긴 행성

대부분 사람들은 화성의 화려한 과거에 주목하고 있지만, 학계의 두 가지 움직임 때문에 화성의 현재 움직임에 대한 연구도 활발해지고 있다. 첫 번째로는 화성이 가까운 과거에는 지질학적으로 활발했다는 견해가 학계의 중론이 되어가고 있다. 대부분 대형 화산과 용암 평지는 나이를 많이 먹었고, 화성 역사의 전반부에 만들어진 것들이다. 그러나 아타바스카(Athabasca) 같은 지역의 용암류에는 유성 충돌로 인한 크레이터가 없다. 이는 이 지역이 지질학적 기준에서 봤을 때 젊다는 뜻이다. 불과 수백만 년 전의 화산 폭발로 인해 생긴 지형일 것이다. 연구자들은 야간 적외선 이미지에서 활화산이나 지열 핫스팟을 찾아봤지만 현재까지 소득은 없었다. 물론 때때로 지면 위로 용암이 터져 나오기는 하지만 현재 화성은 화산 활동이 매우 드물어지는 수준까지 냉각된 것으로 보인다.

두 번째 움직임은 기후 변화에 따라 움직이는, 얼어붙은 거대한 저수지가 발견된 점이다. 화성의 양극은 얼음 또는 얼음이 풍부한 퇴적물을 지닌다. 이 퇴적물들의 두께는 수 킬로미터에 달하며 총면적은 애리조나 주의 2배에 달한다. 지난 1970년대 적외선 온도 측정에 따르면 북극 극관의 얼음은 물 얼음으로 드러났다. 그러나 당시 측정으로 남극 극관의 성분까지는 밝혀내지 못했다. 그 표면 온도는 이산화탄소 얼음의 온도와 같다. 그러나 그 아래에 과연 물 얼음이 있는가? 테미스를 사용한 최근의 온도 측정에서는 특정 지역에서 물 얼음이 발견되었다. 그렇다면 아마도 있을 것이다.

현재 알려진 화성의 물 가운데는, 마스 오디세이에 탑재된 감마선 분광계와 고에너지 중성자 탐지기에 발견된 지하 얼음도 있다. 이러한 장비들은 우주선이 토양의 원자에 충돌할 때 생성되는 감마선과 중성자를 측정한다. 감마 광자와 중성자의 에너지 분포를 보면 깊이 수 미터까지의 토양 원자 조성을 알 수 있다. 예를 들어 수소는 중성자를 매우 잘 흡수한다. 따라서 중성자가 잘 보이지 않는다면 지하에 수소, 즉 물을 이루는 수소가 있을 가능성을 의미한다. 북극과 북위 60도 이내, 남극과 남위 60도 이내 지역에서 물은 토양의 50퍼센트 이상을 차지하는 것으로 보인다. 대기 속 수증기가 흙 속 구멍으로 확산되기만 해서는 이러한 고위도 지역에 얼음이 풍부할 리가 없다. 얼음은 눈이나 성에 형태로 퇴적된 것이 틀림없다.

중위도 지역에 보이는 특이한 지형들에도 얼음의 흔적이 남아 있다. 북위 및 남위 30~50도 사이에는 농구공 표면과 같은 질감의 지형이 있다. 토양이 따스해지면서 그 속의 얼음이 증발하면 흙이 부스러지면서 이런 지형이 생길 수 있다. 두 번째 퇴적 유형은 극지방을 향한 차가운 경사면의 구멍 속에서 발견되는데, 최대 10미터 두께의 퇴적물로 이루어진 층이다. 이는 거의 순수한 물로 이루어진 눈의 잔여물일 수 있다. 또한 중위도 지역에 생긴 지 얼마 안 되는 작은 도랑들도 매우 중요한 발견 중 하나다. 이것들은 용천수, 지면 근처의 녹은 얼음, 아래쪽부터 녹은 눈 더미 중 하나에 의한 것일 수 있다.

물과 연관된 이 모든 특징은 화성이 지구와 마찬가지로 주기적 빙하기를 겪는 증거일 수 있다. 화성 자전축의 기울기는 12만 5,000년을 주기로 최대 20도 바뀐다. 기울기가 적절할 때면 양극은 화성에서 제일 추운 곳이 된다. 강설량이 증발량을 웃돈다. 따라서 얼음의 순 축적이 가능해진다. 그러나 기울기가 커지면 양극은 더 많은 태양빛을 받아 기온이 올라가고 그 대가로 중위도의 눈은 없어지고 만다. 극지에 있던 물은 적도를 향해 움직이려고 한다. 지표 위에 눈이 쌓이면 눈이 녹으면서 유출수가 나올 수 있다. 요즘 중위도 지역의 온도는 높아지고 있다. 그 대가로 이곳을 덮던 눈은 대부분 사라졌다. 이러한 빙하기 모델이 옳다면, 앞으로 2만 5,000~5만 년 후에는 중위도에서 다시 눈을 볼 수 있을 터다.

화성과학의 이야기는 그야말로 장님 코끼리 만지는 격이다. 지질학적으로 봐도 관찰하는 지역에 따라 이야기가 바뀌는 것 같다. 화성의 질감은 매우 풍부하다. 화성의 현재는 놀랍도록 역동적이며, 그 과거는 모순적일 만치 지독한 수수께끼에 싸여 있다. 화성의 화산암은 지구의 것만큼 다양하다. 그리고 물의 존재 징후도 매우 확실하다. 화성의 역사 초기에는 큰 홍수와 강수가 있었을 법하다. 그러나 화성의 옛 암석에는 물이 많은 환경에서는 쉽게 붕괴되는 광물이 여전히 들어 있다. 화성의 기후는 매우 차갑고 건조하다. 그러나 오퍼튜니티 로버는 옛 바다의 해저를 발견했다. 이는 화성의 과거 기후는 지금과는 매우 달랐다는 뜻이다. 현재 조건 하에서는 액체 상태의 물이 안정적으로 존재할 수 없다. 그러나 얼마 전에 생긴 도랑이 보이며, 도랑은 요즘도 생기는 것 같다.

화성 표면 환경의 시간 및 공간에 따른 다양성은 화성생물학에는 희망의 빛일 수 있다. 생명체가 존재하는 환경이 매우 많을 수 있다는 뜻이기 때문이다. 설령 간헐적이었다고 해도 화성의 호수에는 물이 많았다. 물이 있었던 기간은 무생물이 생명을 얻을 만큼 길었을지도 모른다. 어쩌면 현재도 기후가 좋아지기를 기다리면서 화성의 추위를 이기고 동면 중인 생물이 있을지도 모른다. 잔설들과 도랑 그리고 유사 지역은 다음 로봇 탐사선이 생명을 탐사하기에 안성맞춤인 곳이 될 것이다.

닐리 파테라(NILI PATERA)

시르티스 마요르 대화산 정상 지역인 닐리 파테라에는 오래된 현무암 용암(청색), 새로 만들어진 석영 안산암 원추화산과 용암류(적색)가 보인다. 모래 언덕(주황색)은 두 가지 유형이 혼합되어 있다. 화성의 화산 활동은 과학자들의 예상보다 화학적으로 훨씬 복잡하다.

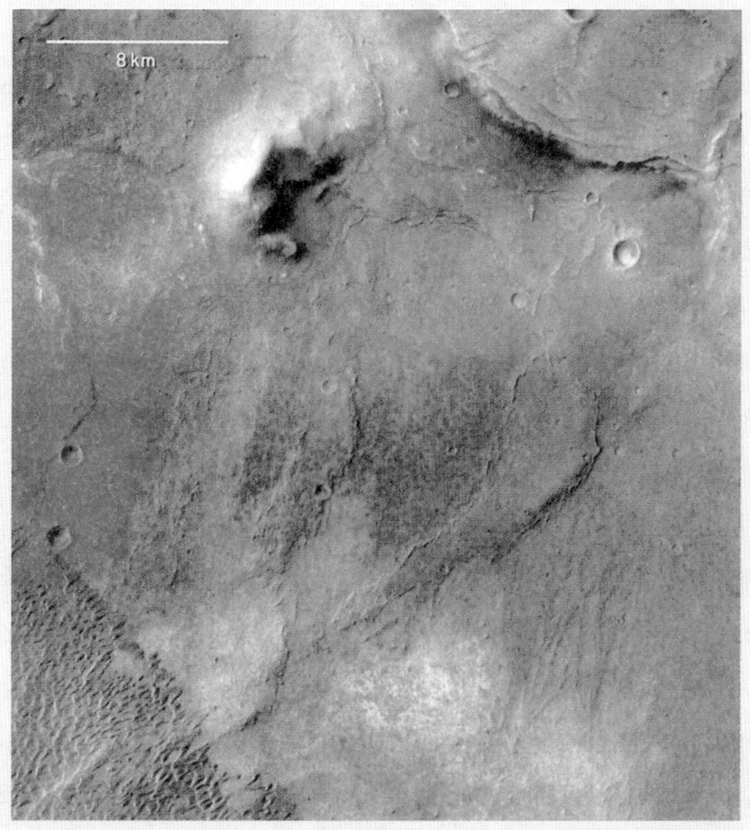

이미지 : NASA/ASU/Noel Gorelick

1-11 과거에는 물이 많았던 붉은 행성

짐 벨

2005년 2월, '스피릿'이라는 이름의 화성 탐사 로버는 이미 구세프 크레이터에서 1년 이상의 시간을 보냈다. 구세프 크레이터는 깊이 2킬로미터, 면적은 코네티컷 주만 한 화성 표면의 구덩이다. 구세프 크레이터는 그랜드캐니언보다 더 길고 마른 옛 강 끝에 있어서, 스피릿 로버 임무 팀원 중 많은 사람이 크레이터가 수십억 년 전 물로 채워져 있었다는 증거를 스피릿이 찾아내리라고 기대했다. 그러나 착륙선이 착륙한 평야에서 로버는 호수 퇴적물도, 구세프 안으로 흘러들었을 물의 흔적도 발견하지 못했다. 로버가 촬영한 사진에는 오직 먼지와 모래 그리고 바싹 마른 화산 용암석만 나와 있었다.

하지만 로버가 착륙 지점에서 약 2.6킬로미터 떨어진 컬럼비아 힐스의 사면에 도달하자 모든 것이 바뀌었다. 컬럼비아 힐스의 각 봉우리 이름은 지난 2003년 우주왕복선 컬럼비아 호 사고로 사망한 우주비행사 7명의 이름을 따서 지었다. 허즈번드 힐(Husband Hill)의 서쪽 사면을 힘들게 올라가는 스피릿의 바퀴는 바위를 쳐내고 화성 흙에 깊은 자국을 남겼다. 파소 로블스(Paso Robles)라는 특히 미끄러운 흙이 있는 지대에서 스피릿의 바퀴는 우연히 기묘한 흰색 퇴적물을 발견했다. 그 퇴적물은 구세프에서 발견된 어떤 것과도 달랐다. 사실 스피릿은 임무 팀이 이것을 눈치 채기 전에도 파소 로블스를 잘 돌아다녔다. 그러나 로버를 급정지하고 유턴을 했을 때, 기존에 보지 못하던 것들이 드러났다.

추가 조사에서 이 퇴적물들은 철과 마그네슘이 풍부한 수화 황산염 광물로, 흙바닥 바로 아래에 집중되어 있던 것이 밝혀졌다. 지구에서 이런 퇴적물은 소금물이 증발하거나 지하수가 화산 가스 또는 기체와 상호작용을 일으키는 곳에 많이 보인다. 화성에서도 과거 이러한 과정이 진행되었을 법하다. 과학자들은 구세프는 물론 화성 그 어느 곳에서도 활화산을 찾아내지 못했다. 그러나 분명 화성 역사 초기에는 화산 분화가 있었다. 어떤 가설이 옳건 간에, 이렇게 땅속에 파묻힌 황산염은 과거 구세프에 물이 풍부했다는 증거가 될 수 있다.

스피릿의 우연한 발견은 오퍼튜니티의 발견과도 일치한다. 오퍼튜니티는 화성의 다른 부분을 탐사하는 로버다. 화성 궤도를 돌며 화성 지면을 사진 촬영하는 소수 위성들의 발견과도 일치한다. 수십 년 동안 과학자들은 화성이 언제나 춥고 건조하고 생명이 살 수 없는 곳이라 여겨왔다. 그리고 때때로 홍수가 있었던 흔적이나, 분명 물로 인해 변성된 광물은 변칙적인 사례로 여겼다. 지금으로부터 46억 년 전 화성이 만들어진 직후의 아주 먼 과거에 잠시 있었던 이례적인 시기의 산물로 여겼던 것이다. 그러나 로버와 궤도선이 새로이 보내온 자료와 운석 연구 등을 통해 불과 몇 년 전까지 사실이라고 여기던 것이 사실이 아니었음이 밝혀지기 시작했다. 분명 물은 화성 표면의 대부분을 오랫동안 차지하고 있었다. 화성이 만들어진 지 얼마 안 된 때부터, 어쩌면 비교적 최근까지 그랬을 수도 있다. 이러한 발견이 갖는 함의는 매우 크다. 화성이 지구와 비슷한 시기가 꽤 오래갔다면, 화성에 생명이 존재했을 확률 역시 커지기 때문이다.

물이 흐른 지형

하식 지형, 즉 물에 의해 형성되었다고 추정되는 지형이 화성에서 발견된 것은 1970년대 매리너 및 바이킹 우주선이 사진 촬영을 하면서다. 이러한 지형에는 심한 홍수로 인해 형성된 다수의 수로 그리고 대규모 계곡망이 있다. 이는 마치 지구의 하천 수계망과도 비슷하다. 지난 1997년부터 화성 궤도를 도는 마스 글로벌 서베이어가 10년 동안 촬영한 사진 속에는 생긴 지 얼마 안 된 듯한 매우 작은 도랑들이 일부 크레이터와 계곡의 벽에 뚜렷이 보인다. 이러한 관측 결과를 보면 화성의 물은 지면 또는 그 바로 아래 지하에 흔적을 남겼다. 즉 그렇게 오래전에 만들어진 흔적이 아니라는 것이다. 예를 들어 대홍수를 일으킨 물은 표면에 며칠 또는 몇 주만 있다가 얼어붙어 땅속으로 되돌아가거나 증발해버린다.

게다가 바이킹 궤도선이 촬영한 사진에 나타난 강과 유사한 계곡망을 더 높은 해상도로 보면, 지구의 강 계곡과 같은 특징이 없다. 화성 계곡은 지면을 흐르는 물이 아니라, 철저히 지하수의 흐름과 지상 침식으로 만들어졌다. 이러한 과정을 굴식이라고 한다. 마스 글로벌 서베이어의 사진에 나온 도랑도 얼음 밑 또는 땅속에 묻힌 눈 퇴적물에서 새어나온 물로 인해 만들어졌을 수 있다. 이러한 특징들은 화성에 물이 있었음을 매우 놀랍고도 드라마틱하게 보여주지만, 그렇다고 해서 화성이 예전에 오랫동안 호수와 강을 유지했던, 지구와 유사한 따스하고 습윤한 환경이었음을 확실히 입증해주지는 못한다.

한편 지난 몇 년에 걸쳐 나온 새로운 위성사진들은 화성이 꽤 오랫동안 지구와 같은 안정적 상태를 유지했다는 더욱 확실한 증거를 제시한다. 삼각주를 닮은 지형 특성이 보인다는 점이야말로 가장 흥미로운 발견 중 하나다. 마스 글로벌 서베이어가 촬영한 가장 선명하고 큰 삼각주는 발레스 마리네리스 협곡계의 동남쪽에 있는 에버스발데(Eberswalde) 크레이터로 흘러드는 계곡망의 끝에 있다. 이 수계망은 너비 10킬로미터의 충적선상지에서* 끝난다. 이 지형의 특징은 서로 교차되는 사행 능선과 그 정도가 다양한 침식이다. 여러 지질학자들은 이러한 지형적 특성을 얕은 호수로 흘러드는 퇴적물을 지닌 강이 형성한 삼각주의 특징으로 여기고 있다.

* 골짜기 어귀에서 하천에 의하여 운반된 자갈과 모래가 평지를 향하여 부채 모양으로 퇴적하여 이루어진 지형.

미시시피 강 삼각주와 마찬가지로, 에버스발데 선상지의 구조를 보면 이것이 크기를 키워가면서 여러 차례 그 모습을 바꿨음을 짐작할 수 있다. 그리고 그 주원인은 수원인 옛 강의 흐름 변화였을 것이다. 만약 에버스발데 선상지가 정말로 옛 강 삼각주 퇴적물이고, 새로운 퇴적물에 의해 땅에 묻혔다가 그 이후의 침식작용으로 인해 다시 발굴된 것이라면, 액체 상태 물이 화성 표면에 꾸준히 흘렀고 엄청난 양의 퇴적물을 깎아내어 이를 하류로 보냈을 가능성이 있다. 위성사진을 보면 이와 유사한 선상지가 화성 다른 지역에도 여럿 있으나, 화성 표면 중 이런 지형을 알아볼 정도로 높은 해상도로 촬영된 곳의 비율은 5퍼센트밖에 안 된다. 궤도상에서 추가 조사를 하면 연구자들이 강 삼각주 가설을 검증할 수 있을지도 모른다. 그러나 이 선상지들을 만들기 위해 물이 흐른 기간을 알아내려면, 과학자들은 지형마다 다양한 부분의 절대 또는 상대 연령을 정확하게 측정해야 한다. 절대 연령 측정은 궤도상에서는 불가능하다. 해당 지역의 암석 표본을 채취한 다음 지구에 가져와서 정밀 분석을 하거나, 방사능 동위원소 연대 측정이 가능한 차세대 로버로 현지 측정을 해야 한다.

화성이 과거 지구와 유사한 기후였다는 또 다른 증거는 마스 오디세이와 마스 글로벌 서베이어 궤도선이 촬영한 발레스 마리네리스 협곡계의 고원과 협곡 벽에 나타난 작은 계곡망을 담은 고해상도 사진이다. 예전에 발견된 계곡망은 지하에서의 흐름에 의해 대부분 만들어진 데 반해, 이 새로 발견된 계곡망은 강우 또는 강설로 인해 지면에 쌓인 물이 흘러 만들어진 흔적을 갖추고 있다. 예를 들어 이 계곡망은 빽빽한 나뭇가지 모양이며, 출발점에서 하구로 갈수록 그 계곡의 길이와 폭이 커진다. 더구나 출발점이 능선을 따라 위치한다. 이것은 이 지형이 강수와 유출수에 의해 만들어졌다는 증거일 수 있다. 사실 현재로서는 이러한 지형은 과거 화성에 비가 왔을 수 있다는 가장 강력한 증거다.

추측이지만 유출수로 만들어진 이러한 지형이 비교적 최근, 그러니까 화성이 만들어진 지 10~15억 년 후에 나타났을 가능성도 있다. 연구자들은 화성 지형의 연령을 추측하기 위해 그 장소에 있는 충돌 크레이터의 개수를 센다. 크레이터가 많을수록 그 지형은 오래되었다. 그러나 이 방법은 불확실성이 크다. 1차, 2차 충돌 크레이터와 화산 활동으로 인해 생긴 칼데라를 구분하기 어렵다. 그리고 특정 지역에서는 침식으로 인해 크레이터의 흔적이 지워졌다. 만약 이들 표면 유출수 계곡들의 나이가 비교적 젊다는 것이 밝혀지면, 화성 역사 중 최소 3분의 1은 지구와 유사한 기후였다는 뜻이다. 이런 계곡의 나이가 젊으면 젊을수록, 지구와 유사한 기후였던 기간은 그만큼 늘어나는 셈이다.

화성 표면에 액체 상태의 물이 오랫동안 있었다는 가설을 지지하는 증거는 또 있다. 화성의 여러 부분에서 꽤 많은 양의 침식과 퇴적이 보인다는 것이다. 궤도선이 새로 촬영한 사진 데이터를 통해 연구자들이 계산한 바에 따르면 화성이 만들어지고 나서 10억 년 동안은 퇴적물의 퇴적 및 침식이 오늘날의 100만 배에 달하는 속도로 이루어졌다고 한다. 오늘날의 침식 속도는 스피릿, 오퍼튜니티, 마스 패스파인더 로버의 착륙 지점을 보고 추측했다. 현재 오퍼튜니티가 활동 중인 면적 약 100만 평방킬로미터의 지역인 '메리디아니 플라눔(Meridiani Planum)'의 표면은 심하게 상처가 패여 있다. 이는 지표 대부분이 침식을 당해 다른 곳으로 옮겨졌다는 증거다. 침식된 표토가 어디로 갔는지는 아무도 모른다. 이것은 화성 연구의 풀리지 않은 수수께끼 중 하나다. 그러나 바람만으로는 이렇게 많은 물질을 가져가기 힘든 것은 분명해 보인다.

일부 크레이터의 바닥이나 일부 협곡의 벽과 바닥, 발레스 마리네리스의

1-11

매우 깊은 틈 등 다른 곳을 보면 반복되는 퇴적과 침식으로 인해 암석 수백 겹(한 겹의 두께가 10~100미터)을 포함한 엄청난 물질이 쌓인 것을 볼 수 있다. 가장 눈에 띄는 사례는 170킬로미터 직경의 게일(Gale) 크레이터 속에 있다. 이 크레이터의 중앙에는 층층이 쌓였다가 침식된 거대한 퇴적암 무더기가 있다. 이 층과 수로 그리고 무더기 속에 부분적으로 파묻힌 충돌 크레이터를 보면 침식과 퇴적의 길고 복잡한 역사를 볼 수 있다. 그러나 이 무더기의 가장 놀라운 특징은 그 높이가 게일 크레이터의 테두리보다도 무려 1킬로미터가량 높다는 점이다. 마치 크레이터와 그 주변 지역이 거대한 퇴적물 더미에 완전히 묻혔다가, 일부가 파내졌다가 또 완전히 묻히기를 오랜 세월 동안 여러 차례 반복한 것 같은 느낌을 준다. 퇴적물들은 마지막으로 완전히 묻힌 다음 계속 침식되어 크레이터의 바닥을 노출시켰을 것이다. 그러나 가운데 부분의 퇴적물 더미는 비교적 느리게 침식이 진행되었을지도 모른다. 그렇다면 이것이 크레이터의 테두리보다 더 높은 이유도 설명이 된다.

대체 어떤 과정을 거쳤기에 게일 크레이터 지역을 거의 모두 뒤덮어버릴 퇴적물이 밀려왔을까? 과학자들은 흐르는 물일 가능성이 가장 높다고 본다. 지구에서의 침식 및 퇴적 속도의 연구 결과로 추측해보면 바람도 과거 일부 화성 퇴적물을 옮겼을 가능성이 있다. 참고로 바람은 현재도 화성 퇴적물들을 옮기고 있지만, 지금 속도는 매우 느리다. 바람은 분명 화성 초기 역사에서 꽤 오랫동안 반복적으로 불었을 것이다. 그러나 바람만으로는 수백만 세제곱킬로미터 물질을 화성 표면의 큰 균열 너머로 그렇게 빨리 옮기기 힘들다. 반면 흐르는 물은 지구에서도 대량의 퇴적물을 쉽게 옮긴다. 화성에서도 분명히 그랬을 것이다.

점토, 블루베리, 파도

과학자들은 화성 지형을 자세히 살피는 동시에, 화성의 광물 속에서 액체 상태 물의 흔적을 찾아왔다. 연구자들이 화성에는 온난 습윤한 기후가 오랫동안 없었다는 믿음을 지금껏 지켜온 데는 이유가 있다. 화성의 표면 대부분은 바람이 싣고 온 먼지로 덮여 있는데, 이것들은 풍화작용을 겪지 않은 화산성 광물인 감람석과 휘석 등으로 이루어졌기 때문이다. 만약 화성 표면에 오랫동안 물이 흘렀다면, 물은 화산성 광물을 변성시키고 풍화해 점토를 만들거나 기타 산화 및 수화 작용을 일으켰을 것이다. 수화 작용을 일으킨 광물은 그 결정 구조 내에 물 분자나 수산화이온을 지닌다.

하지만 과학자들이 충분히 가까이서 관찰하지 않은 것이 드러났다. 궤도선이 작성한 새로운 고해상도 지도 데이터와, 로버가 수행한 지면에 대한 근접 조사에 따르면 여러 지역에서 점토와 기타 수화된 광물이 많이 퇴적되어 있는 것이 드러났다. 예를 들어 유럽우주기구의 마스 익스프레스 궤도선이 탑재한 오메가(OMEGA) 기기는 풍화된 화산암에서 나온 광물을 발견하는 성능이 뛰어난데, 이 기기는 화성 표면의 가장 오래된 지형으로 보이는 먼지 없는 곳에서 점토를 발견했다. 이 지역에는 충돌 크레이터가 매우 많다. 그 점을 감안한다면 이 점토는 화성 역사가 시작된 지 10억 년 이내에 만들어졌을 가능성이 매우 높다. 이런 점토 퇴적물은 화성 곳곳에 흩어져 있다. 옛 화산 표면에도 있고, 많은 크레이터가 있는 고원 지대에도 있다. 그중 일부는 최근 들어서야 침식을 당하기 시작한 것으로 보인다.

새로 발견된 점토는 필로규산염이다. 이 광물은 여러 장의 이산화규소로 이루어졌으며, 이산화규소 사이에는 물 분자와 수산화이온이 갇혀 있다. 이 점토는 화성 표면에서 볼 수 있는 여러 화산암이 물로 풍화되었을 때 나오는 다양한 구성 요소를 갖추고 있다. 오메가는 현재까지 화성 표면의 일부만 고해상도로 관측했을 뿐이지만, 이러한 광물의 발견은 초기 화성이 꽤 오랫동안 지구와 같은 조건이었다는 강력한 증거다.

더구나 연구자들은 화성 운석, 즉 혜성이나 소행성과 화성 간의 충돌로 인해 화성에서 떨어져 나와 지구까지 날아온 화성 파편에서도 물에 의해 변성된 광물(점토, 갈철석, 탄산염)을 발견해냈다. 과학자들은 물과 관련된 풍화가 지하에서 일어났을 수 있다는 가설을 세웠다. 우주로 튀어 나간 화성 운석은 대부분 화성 지각의 잔해지만, 표토 부위는 아니기 때문이다. 그리고 일부 화성 운석은 화성 지각 중 비교적 연령이 낮은 부위에서 온 것으로 생각된다. 때문에 연구자들은 지하 풍화가 현재도 계속되고 있으리라고 생각한다. 과학자들은 현재 그리고 미래의 화성 탐사 임무에서 활온천이나 열수 작용의 증거물을 찾아 이 중요한 가설을 검증해볼 수 있을 것이다. 또한 새로운 착륙선, 로버, 유인 탐사선은 드릴을 사용해 화성 지하 깊숙이까지 탐사할 수 있을 것이다.

화성 로버의 활용 덕택에 화성 기후의 수수께끼를 푸는 데 한 걸음 더 근접

했다. 파소 로블스 발견 8개월 전, 막 컬럼비아 힐스를 올라가기 시작한 스피릿은 광물 식별 장비로 우둘투둘한 돌 하나를 검사했다. 스피릿은 그 돌에서 적철석을 검출했다. 적철석은 지구 흙에 흔한 산화도가 높은 철 광물로, 물에 의해 만들어진다. 몇 달 후 스피릿은 필로규산염과 침철석의 흔적을 발견했다. 침철석은 산화철 광물로서 물이 없으면 만들어질 수 없으며, 결정 구조 내에 물에서 파생된 수산화이온을 보존하고 있다. 컬럼비아 힐스는 과거 화성에서 물과 암석 간에 일어난 상호작용의 기록을 보존하고 있는 것으로 보인다. 이런 상호작용은 스피릿 임무 초기에 조사했던 젊은 화산 평야 지형에서는 찾아보기 어려웠던 것이다.

로버는 허즈번드 힐의 정상에 올라 반대편으로 넘어가서 남쪽 분지로 향하던 중 파소 로블스 같은 지하 염분 퇴적물을 발견했다. 유감스럽게도 이에 대한 충분한 연구는 할 수 없었다. 로버가 화성에서 맞는 두 번째 겨울이 다가오기 때문이었다. 따라서 북쪽을 바라보는 사면으로 스피릿을 옮겨, 태양전지에 충분한 태양광을 받아 작동 상태를 유지해야 했다. 일이 잘 풀려주면, 다음 봄이 돌아올 즈음 로버를 다시 염분 퇴적물로 보낼 수 있을 것이다.

그동안 오퍼튜니티도 메리디아니 플라눔에서 그만큼 놀라운 발견을 해냈다. 착륙한 지 수 주 만에 이 로버는 매우 많은 층으로 이루어진 퇴적암 노두를 발견해냈다. 이 노두를 이루는 퇴적암은 다공질이었고, 수화한 상태에다 염분이 많았다. 연구자들은 궤도상에서의 보완 관측을 통해 이러한 퇴적물들이 이 지역 전체에 널려 있음을 알았다. 오퍼튜니티가 조사해보니 이들 노두에서는 지하 10미터 이하까지 이런 퇴적암들이 쌓여 있는 것이 드러났다. 이는 오랫동안 지표에 액체 상태 물이 존재했다는 증거다. 그러나 오퍼튜니티의 조사 결과는 화성 물 역사의 또 다른 일부를 보여주었다. 이 로버가 발견한 수화된 암석은 철백반석 등 황이 매우 풍부한 광물을 함유하였다. 그리고 퇴적암 노두에는 황뿐 아니라 염소와 브로민도 풍부했다. 이 모든 원소들은 수용액 속에서 매우 유동성이 높다. 즉 이 퇴적물은 소금을 띤 액체 상태의 물이 증발한 이후에 형성되었음을 의미한다. 따라서 이 노두를 보면 메리디아니 플라눔에 있었던 호수와 시내가 점점 줄어들다가 결국 완전히 말라버린 과정을 알 수 있을지도 모른다.

이 로버가 노두에서 발견한, 적철석을 함유한 밀리미터 크기의 구형 알갱이는 화성 표면에 오랫동안 액체 상태의 물이 정수로 있었다는 가설에 대한 또 다른 유력한 증거다. 이 알갱이들은 '블루베리'라는 별명을 얻었다. 우리는 블루베리가 지질학자들이 결핵체라고 부르는 물질이라고 믿고 있다. 결핵체는 철 또는 소금을 함유한 물이 증발하면서 그 내용물이 응결해 생긴 알갱이다. 결핵체가 만들어지는 과정이 느리고 균질하다면 그 결과물은 구형을 이룬다. 지구에서 결핵체는 구슬치기용 구슬이나 탁구공만큼 커진다. 그러나 화성에서는 평균 직경 2~3밀리미터의 볼베어링 크기밖에 안 된다. 오퍼튜니티가 착륙 지점에서 남쪽으로 움직이자 눈에 띄는 블루베리의 크기는 작아졌다. 이는 지역에 따라 물이 많은 환경이 있었던 기간이 달라졌거나 물의 증발 속도가 달라졌기 때문일 수 있다.

오퍼튜니티는 얕은 물의 파도 자국을 지닌 듯한 여러 노두암을 사진 찍기도 했다. 모래 퇴적물과 파도가 상호작용하면서 생긴, 이러한 장식된 사층리* 세트 중 최상의 것은 올해(2006년) 초 오퍼튜니티가 평야를 가로질러 남쪽으로 나아가면서 발견되었다.

*지층의 층리가 주된 층리면과 비스듬하게 만나는 상태. 주로 사암층 내부에서 가장 많이 발견된다.

새로운 패러다임의 대두

로버들의 발견으로 황의 중요성이 대두하였다. 황은 아마 초기 화성의 활발한 화산 활동 때문에 화성 환경에 생성되었을 것이다. 황과 황을 함유한 광물은 물에 녹는다. 그러면 이 수용액은 매우 높은 산성을 띤다. 산성수는 탄산염을 포함한 많은 광물을 파괴한다. 그리고 점토를 포함한 여러 광물의 형성을 억제한다. 따라서 화성에서 황이 생성 및 축적된 사실을 통해 과학자들이 아직도 화성 표면에서 탄산염을 발견하지 못한 이유, 가장 오래된 지형에만 점토가 보존된 이유를 설명할 수 있다. 오메가 기기는 메리디아니 플라눔 외에도 화성의 여러 장소에서 황 침전물을 탐지했다. 그러나 황이 발견된 지역은 보통 점토가 있는 지역에 비해 연령이 적다. 따라서 현재까지 황산염과 점토가 동시에 발견된 사례는 없다.

현재 떠오르는 새로운 패러다임은 과거 화성에 매우 물이 많았다고 주장한다. 물웅덩이·연못·호수·바다(개중 일부가 아니라 모두일 수도 있다)가 꽤 오랫동안 존재했으며, 지금보다 훨씬 더 두텁고 따스한 대기가 있었다는 것이다.

1-11

화성이 만들어지고 나서 10억여 년 동안은 지구에 가까운 환경이었을 것이다. 우리가 아는 형태의 생명 탄생과 진화에 유리한 곳이었으리라. 그러나 황이 생성되어 축적되면서 화성 환경은 변하기 시작한다. 물은 산성화하고 지질 활동도 약해졌다. 일종의 산성비가 계속 내리면서 점토는 황산염에 그 자리를 내주었다. 그리고 산성비는 화산암을 변성시키고 예전에 만들어진 탄산염을 분해했다. 시간이 지나자 대기도 희박해지기 시작했다. 화성의 자기장이 사라지면서 화성 대기는 우주로 사라져버린 것 같다. 아니면 어떤 파국적 충격으로 인해 날아 가버렸거나 지각 속으로 흡수되었는지도 모른다. 화성은 결국 지금과 같은 차갑고 건조한 행성이 되었다. 이러한 상황 전개를 보면 지난 수십억 년 동안 지상으로 튀어나온 화산암들이 지금까지 풍화되지 않은 깨끗한 상태를 유지한 이유를 알 수 있다. 충격이나 침식, 미끄러지는 로버 바퀴로 인해 우연히 드러난 지하의 오래된 물질들이 화성의 과거를 알려줄 것이다.

이러한 화성에 대한 새로운 관점은 아직 널리 받아들여지지는 않았다. 다음과 같은 중요한 의문들은 아직 풀리지 않았다. 에버스발데 삼각주에 물이 흐른 기간은 수십 년인가, 수천 년인가? 메리디아니 플라눔, 게일 크레이터 같은 곳에서 모든 퇴적물이 침식된 것 같아 보이는 곳은 어디인가? 이들은 물, 바람 혹은 그 외에 어떤 요인으로 침식되었는가? 화성에 점토 광물은 어느 정도로 풍부한가? 점토가 화성 지각의 주요 구성 요소였던 적이 과연 있었나? 그중에서도 가장 어려운 질문은 이것이다. 온난 습윤하고 이산화탄소가 풍부한 환경이라면 탄산염이 형성되어야 한다. 그러나 현재 탄산염은 화성 어디에서도 찾아볼 수 없다. 심지어는 점토가 검출될 정도로 오래된 지형에도 없다. 이것은 대체 무엇 때문인가? 산성수가 물론 탄산염 대부분을 파괴했을 테지만 전멸시키기는 힘들 텐데 말이다.

아마도 가장 중요한 질문은 이것일 것이다. 과연 초기 화성에는 생명이 존재한 적이 있는가? 만약 그렇다면, 그들은 오늘날처럼 크게 바뀐 화성 환경에 적응해 진화할 수 있었는가? 아마 화성에서 지구와 유사한 환경이 지속되었던 기간의 길이에 그 답의 대부분이 담겼을 것이다. 현재 가진 사진이나 기타 데이터가 아무리 대단하더라도 화성에 한때 있었던 온난 습윤했던 기간의 길이를 제대로 알려줄 수는 없다. 우리는 화성 표면의 나이도 제대로 알지 못한다. 어쩌면 충돌 크레이터의 밀도를 통해 화성 표면의 절대 또는 상대 연령을 알아내기란 불가능하다는 것이 끝내 입증될지도 모른다. 화성 표면은 대규모의 매몰과 침식을 겪었기 때문이다. 화성 표면의 표본을 지구로 가져와 방사능 동위원소를 사용한 연대 측정을 하거나, 소형 연대 측정 기기를 탑재한 탐사선을 보내는 방법이 더 나을 수 있다. 그때까지는 궤도선이 계속 주요 광물 퇴적 장소를 찾아, 그중에서도 착륙선과 로버가 탐사하기 가장 좋은 곳을 골라내는 것이 최선일 터다. 그러면 그 착륙선과 로버들은 화성이 지구와 비슷했던 시기가 얼마동안 지속되었는지 반론의 여지가 없을 만큼 확실히 보여줄 것이다. 21세기는 로봇은 물론 인간도 화성을 탐사하는 세기가 될 것이다. 지난 10년 동안의 발견은 이번 세기에 남은 발견에 비하면 수박 겉핥기에 불과할 것이다.

2

오늘날의 임무

2-1 화성을 탐사하라

존 P. 그로칭거, 애슈윈 바사바다

모든 과학은 처음에는 '스타 트렉(Star Trek)' 모드로 시작한다. 누구도 가보지 않은 곳에 가서 누구도 몰랐던 새로운 것을 발견한다. 연구자들이 초기 연구를 종료하고 수많은 의문거리가 생기면, 그다음에는 '셜록 홈즈(Sherlock Holmes)' 모드로 들어선다. 여러 가설을 세우고 그것을 검증하는 방법을 개발한다. 화성 탐사는 이제 이러한 전환기 단계로 접어들었다. 궤도선들은 각지의 지리적 특징과 토양 성분이 담긴 화성 전체 지도를 만들었으며, 착륙선들이 따로 모은 증거들을 맞춰 화성의 대략적 지질 역사를 알 수 있게 되었다. 이제 더욱 자세히 알아나갈 차례다.

우리 팀은 화성이 한때 생명체가 존재 가능한 별이었다는 가정 아래 '큐리오시티 로버'로도 잘 알려진 화성과학 실험선(Mars Science Laboratory, MSL)을 건조했다. 큐리오시티 로버는 분석 장비를 싣고 있었다. 이 분석 장비를 탑재한 목적은 우리 가설을 검증하고, 과거 화성에 무슨 일이 있었는지 알아내기 위해서였다. 생명이 생존 가능한 환경은 보통 물, 에너지, 탄소가 있어야 한다. 과거 임무에서 주안점을 둔 것은 물이었다. 그리고 화성에 과거에는 물론 현재도 때때로 액체 상태의 물이 있음을 밝혀냈다.(본문 1-11장 참조) 이러한 임무들을 통해 생물체의 대사 작용에 필요한 에너지를 공급하는 지구화학적 성분의 흔적도 발견해냈다. 그러나 아직 생명체가 섭취하기에 적합한 상태의 탄소를 발견하지는 못했다.

1970년대 중반의 두 바이킹 탐사선과 마찬가지로, 큐리오시티 역시 유기화합물(출처가 생명체이건 비생명체이건 간에)을 감지하는 가스 크로마토그래프와 질량 분석기를 갖추고 있다. 그러나 큐리오시티는 바이킹과는 달리 기동성이 있고, 더욱 유망한 지점에 착륙한다. 이 임무에서는 적절한 탐사 방식을 찾아내는 일이 탄소를 찾아내는 것보다 더욱 중요한 목표다. 지구에서도 깊이 숨은 지질 기록을 끄집어내 보존되어 있는 생물학적 특징을 찾는 방법을 확실히 알지 못한다. 역설적이게도 생명의 생존을 가능하게 해주는 물, 산소, 화학물질, 적절한 기온은 유기화합물을 파괴하기도 한다. 고생물학자들은 유기화합물이 잘 보존된 희귀한 환경을 찾아내는 법을 배웠다. 조기에 무기화(無機化)가 이루어지는 지구화학적 조건을 갖춘 곳이 그런 환경이다. 실리카, 인, 점토, 황, 좀 드물긴 하지만 탄산염 등은 모두 침전되면서 유기물을 가두고 보호한다. 궤도선들은 큐리오시티의 착륙 지점에서 이런 광물들을 발견하고 그 정확한 위치를 파악해냈다. 이 정보에 따라 큐리오시티는 답사를 실시할 것이다.

착륙 절차 : 우주에서 화성 표면까지 7분 만에!

정밀한 로버란 곧 크고 무거운 로버라는 뜻이다. 큐리오시티의 크기는 자동차 미니 쿠페만하고 무게는 1톤이나 된다. 쿠페를 탑재하고 행성간 우주를 항해하는 캡슐은 아폴로 우주선보다도 더 크다. 따라서 큐리오시티 로버의 착륙 방법은 매우 대담하고 이례적이다.

대기권 진입 캡슐에 수납된 로버는 우선 행성간 추진 및 추력 체계와 분리된다. 이 캡슐은 밸러스트* 역할을 하는 텅스텐 덩어리를 분리해 무게중심을 이동시키고, 방향 제어가 가능한 날개 모양으로 변한다. 화성 대기권 상층부에 진입할 때의 속도는 초속 약 6킬로미터나 되는 초음속이다. 열 차폐장치가 감속으로 인해 발생하는 엄청난 열에너지를 흡수한다. 캡슐은 이제 속도를 줄이고 지면과 평행하게 난다. 측면 로켓 추력기가 작동해 캡슐을 착륙 지점으로 향하게 한다.

*배에 실은 화물의 양이 적어 균형을 유지하기 어려울 때 안전을 위하여 배 바닥에 싣는 중량물.

고도 10킬로미터에서 이 우주선은 낙하산을 전개한다. 낙하산 길이는 50미터, 직경은 21.5미터다. 이때도 로버의 속도는 아직 초음속이다. 낙하산 설계야말로 이 임무에서 특히 까다로운 부분이었다. 이만한 속도에서 낙하산을 전개하는 데 필요한 물리학적 지식은 아직 잘 연구되지 않았고 모델링하기가 매우 어렵다.

낙하산을 전개한 직후 우주선은 열 차폐장치를 분리해 버리고 지면 감지 레이더 체계를 작동한다. 고도 2킬로미터 상공에서 우주선의 속도는 초속 약 100미터다. 이 정도면 화성 대기가 우주선에 제동을 걸 수 있는 최저 속도인 최종 속도 근처지만, 여전히 안전 착륙에는 너무 빠르다. 이 시점에서 로버는 낙하산을 분리하고, 강하를 제어하는 로켓 추진식 추력기를 작동한다.

화성 표면 20미터 상공에서 로버를 3개의 케이블에 매달아 땅 위에 내린다. 이러한 구성을 스카이크레인이라고 한다. 물론 로버의 바퀴와 서스펜션은 완벽히 전개되어 있다. 로버는 초당 0.75미터 속도로 지면에 착지한다. 단단한 땅에 안착했는지를 2초 동안 기다리면서 확인한 후 여러 파이로(소형 폭발 기구)를 격발한다. 파이로 격발로 케이블과 데이터 엄빌리컬 코드(Data Umbilical Cord)가* 분리된다. 동력 강하 단계에서 로버는 450미터를 비행해 경착륙한다. 이후 1시간 내로 로버가 화성 표면에서 촬영한 첫 사진을 볼 수 있다. 그리고 착륙한 지 2개월이 지나면 로버의 내부 실험실에서 첫 흙과 돌 표본의 분석이 이루어진다.

*우주선과 로버 간에 데이터 송수신을 가능하게 해주는 코드.

탐사 장비 : 모든 돌을 다 뒤집어봐라!

큐리오시티의 탐사 장비는 암석, 토양, 대기를 조사해 과거 및 현재의 화성에 생명체가 살 수 있는지를 알아내는 도구다. 탐사 장비는 이를 위해 여러 상호 보완적인 방식으로 화학 및 광물 조성을 측정할 것이다.

화성 표본 분석(Sample analysis at Mars, SAM) 장비는 화학 분석이 가능하다. 작은 오븐에서 분말을 굽거나 화학 용매 처리하여 기체를 발생시킨다. 이 기체를 가스 크로마토그래프 및 질량 분석기를 통해 검사한다. 이때 유기 탄소의 존재 여부를 특히 중점적으로 살핀다. 이 장비는 화성 대기의 표본도 직접 채취가 가능하다.

활성 중성자 분광기는 로버 바로 아래의 암석과 토양에서 물을 찾아낼 것이다.

기상대는 환경적 변수를 측정해 화성 기상학 역사상 최초로 매일의 기상 상태를 연속 보고할 것이다. 임무 목적과는 상관없이 기상 상태 보고는 로버 운용에 큰 영향을 미칠 것이다.

방사능 감지기는 태양 방사능과 우주 방사능을 측정할 것이다.

로봇 팔은 최대 2미터까지 늘어나며, 30킬로그램의 장비를 움켜잡고 암석에 구멍을 내 분쇄한다. 분쇄된 돌가루를 여러 체로 걸러 로버 내의 실험 장비로 보낸다.

케민(CheMin, 화학광물을 의미) 장비는 돌가루에 X선을 쬐어 여러 가지 패턴을 만들어내 모든 유형의 광물을 확실히 식별할 수 있다. 기존 착륙선에 설치된 분광계는 철을 함유한 광물 등은 제대로 식별하지 못했다.

컬러 카메라는 풍경 그리고 암석과 토양의 질감을 고해상도로 촬영할 수 있다. 과학자들은 이렇게 촬영된 질감을 보고 암석과 토양의 생성 과정을 재구성할 수 있다. 액체 상태 물의 작용 여부도 알아낼 수 있다. 이 카메라 중 한 대는 로버 아래쪽에 달려 있어 밑을 보며 강하 및 착륙 과정을 촬영한다.

알파 입자 X선 분광계는 암석과 토양의 화학 성분을 현장에서 파악할 것이다.

레이저 유도 분해 분광계는 최대 7미터 떨어진 암석과 토양에 구멍을 내고 그 화학적 조성을 원격으로 감지한다.

착륙 지점

초기 명단에 50개가 넘는 후보 지점을 올린 이후 5년 동안 연구를 진행한 나사는 게일 크레이터를 큐리오시티의 착륙 지점으로 정했다. 이 오래된 충돌 크레이터는 한때 묻혔던 옛 강 퇴적물이 오랜 세월에 걸쳐 바람에 의한 침식과 최근의 충돌로 인해, 모습을 드러냈다. 이 퇴적물은 화성 표면을 흘렀던 물의 기록 그리고 지구와 마찬가지로 지하수 대수층 위에 있는 광물이 풍부한 균열된 지형을 드러내 보일 것이다.

이 150킬로미터 크기의 크레이터에는 가운데에 산이 솟아 있다. 이 산의 높이는 주변 평야보다 5킬로미터 이상 높다. 착륙 지대의 중심에서부터 길을 따라가면 샤프(Sharp) 산이라는 비공식 명칭의 이 산봉우리로 로버가 들어갈 수 있다. 로버는 착륙 이후 6~12개월 동안 이 산을 오를 것이다. 이 산은 위부터 아래까지 퇴적암층으로 이루어졌다. 이 퇴적암층을 자세히 살피면 이 산이 위치한 거대한 크레이터가 생긴 이후 언제인가부터의 초기 화성 역사를 알 수 있다. 오퍼튜니티는 8년이라는 운용 기간 동안 이 퇴적암층을 15~20미터 정도 관찰했다. 화성 기후의 변화 과정을 알아내기에는 결코 충분한 시간이 아니다. 그러나 큐리오시티가 보게 될 바를 예고하는 시간으로는 충분했다.

물로 인해 생긴 퇴적암은 특히 중요하다. 그리고 과거 화성에 생명이 있었다면 그 흔적을 담고 있을지도 모른다. 큐리오시티가 화성의 역사를 철저히 조사하면 지구 지질 기록에서 거의 완벽히 빠져 있는 시기도 간접적으로나마

2-1

알 수 있다. 바로 지구와 화성이 큰 차이가 없던 시기다. 화성 환경이 나빠지고, 지구 환경이 개선되기 이전 시기다. 어찌되었건 행성과학의 궁극적인 목적은 우리가 사는 지구를 더 잘 아는 것이다.

2-2 화성 표면을 달려라 : 큐리오시티 프로젝트 과학자가 말하는 화성 탐사 계획

데이비드 아펠

나사의 화성과학 실험선(이하 MSL)이 머리칼 곤두서는 비행 끝에 화성 표면에 안착, 모두의 박수갈채를 받았다. 이제 엔지니어들은 이 큐리오시티 로버의 상태를 점검하느라 분주하다. 한편 과학팀은 현지의 표면을 처음으로 둘러볼 수 있었다. 이번 탐사의 주요 임무는 2년 중 수개월 간에 걸쳐 이루어질 계획이다. 과학자들은 이 수개월 동안 게일 크레이터 내에 있는 착륙 지점 주위를 큐리오시티로 둘러본 다음, 샤프 산을 오를 계획이다. 샤프 산은 분지 바닥을 기준으로 6킬로미터 높이나 솟아 있다. 그 기간 동안 이들은 한때 화성 표면에 흘렀을지도 모르는 물의 흔적은 물론, 과거 미생물의 징후를 살필 것이다.

본지는 MSL 프로젝트 과학자 존 그로칭거와 인터뷰하여, 착륙 및 향후 계획에 대한 내부자의 의견을 물어보았다. 그로칭거는 2007년 MSL 팀에 합류하여 칼테크 대학 인근의 사무실에서 일하고 있다. 그의 전문 영역은 지구와 화성의 퇴적학, 층서학, 지구생물학, 과거 표면 변화 등이다.(이하는 편집된 인터뷰 내용이다.)

착륙 지점을 보니 지구의 어떤 곳이 연상되는가?

착륙 지점 자체는 지구의 어느 곳과도 닮지 않았다. 차곡차곡 쌓인 퇴적층으로 이루어진 5킬로미터 높이의 샤프 산만 봐도 그렇지 않은가. 물론 지구에도 이보다 더 두꺼운 층서학적 구조를 갖춘 곳은 있다. 그러나 판 구조 때문에 지구의 이런 부분은 매우 크게 변형되고, 단층이 일어나고, 접히기도 한다. 설령 변형 없이 깨끗하게 층층이 쌓였다고 해도 두께가 얇다. 킬로미터 단위보다는 수백 미터 단위로 재는 게 나을 정도다.

우리 로버가 착륙한 곳은 궤도에서 볼 때에도 매우 거대한 타원형 지형이다. 궤도에서 본 이곳은 충적선상지와 매우 비슷하다. 죽음의 계곡 같은 건조한 기후에 비가 때때로 내려 퇴적물이 축적되면 이런 지형이 만들어진다. 이번 착륙 지점은 이 충적선상지의 기초 부분과 매우 가까운 곳 같다.

로버가 갈 곳은 어떻게 정하는가?

궤도에서 획득한 데이터를 많이 가지고 있다. 그리고 로버의 측정 장비를 통해 더 많은 데이터를 얻을 수 있을 것이다. 이것을 취합한 다음 궤도에서 보았던 패턴과 합쳐보면, 어떤 것이 흥미롭고 중요한지 알 수 있다. 또한 가장 중요한 부분으로, 여러 암석을 비교 분석함으로써 어떤 가설을 검증할 수 있는지도 알 수 있다. 이 모든 선택지를 살펴본 다음 마치 진주목걸이를 만들 듯이 꿰어 다음 목적지 선정에 참고한다.

매우 엄청난 의사 결정 과정이다. 팀원 전원이 참여하며 발언권을 가진다. 충분한 논의를 거쳐 모든 사람 의견을 수렴해 결정을 내린다.

착륙 지점과 앞으로 갈 곳 근처에서 물을 발견할 확률이 있는가?

그런 곳들은 매우 건조하다고 생각한다. 우리는 나사 측에 로버가 갈 곳의 지표 근처에 얼음 또는 물이 없다는 증거를 제시해야 했다. 설령 그런 곳을 발견한다고 해도 나사의 승인이 없으면 그곳에 갈 수 없다. 우리 로버가 화성의 수원을 오염해서는 안 되기 때문이다.

기존에도 여러 대의 로버를 화성에 보냈는데, 이번 로버가 더 특별한 이유는 무엇인가?

나는 지구에서 오프로드 차량을 사용하는 지질학자의 시각으로 화성 로버를 본다. 그런 차량은 다양한 장소를 갈 수 있어야 한다. 로버 임무를 한두 번 해보고 나서 더 할 게 없다는 소리가 나오면 안 된다. 왜냐하면 매우 오래된 지질학적 과거에 대한 분석을 진지하게 시도해야 하기 때문이다. 즉 행성 진화에 영향을 미친 과거의 거대한 사건들을 알아내야 한다는 뜻이다. 그중에는 미생물의 생존이 가능한 환경을 만든 사건도 포함된다. 그러나 연구에 최적의 장소를 찾아내 가야 한다는 점이 언제나 문제다. 찾고 있던 것을 언제 찾게 될지 알 수 없기 때문이다.

샤프 산을 오르려면 시간은 얼마나 걸리나? 산의 경사각은 어느 정도인가?

샤프 산은 전반적으로는 드론 통행이 가능하다. 하와이 섬과도 비슷하다. 즉 고도는 높지만 경사는 비교적 완만하다. 아마 산을 1킬로미터 정도 올라가면

2-2

화성 역사의 중요한 시대 변화를 읽을 수 있을 것이다. 점토와 황을 만들어내던 시대로부터 물의 영향을 받지 않은 광물들이 있는 시대로의 변화 말이다. 그 경계를 넘으면 데이터를 살피고 더 이상 산을 오를 가치가 있을지 여부를 정할 것이다. 그럴 가치가 없다면 산을 내려와 다른 지역에서 표본을 채취해야 할 것이다.

로버가 감당할 수 있는 최대 경사각은 얼마인가?

20도가 한계지만 25도까지는 버틸 수 있으리라 본다.

언제 연구에 가속이 붙기 시작할 거라고 보는가?

프로젝트 후반부가 되면 준비가 되리라고 생각한다. 앞으로 2~3개월 후면 차에 열쇠를 꽂을 것이다. 로버가 있는 곳에서 좋은 것들을 아주 많이 찾아낼 거라 자신한다.

어제, 1주 전, 1달 전에 예상했던 것과 현재는 어떻게 다른가?

우리 중 많은 사람이 현재 큰 안도감과 성취감을 느끼고 있다. 여러 해 동안 여행을 했다가 막 집에 돌아온 느낌이다.

2-3 예전에는 바다가 있었다 : 궤도선이 찾아낸 땅속 드라이아이스

존 매슨

화성의 남극 지하에는 화끈한 할로윈 파티를 치를 만한 이산화탄소가 묻혀 있다.

나사의 화성 정찰 궤도선(Mars Reconnaissance Orbiter, 이하 MRO)의 레이더 측정 결과 화성 지하에 엄청나게 많은 드라이아이스가 있는 것으로 나타났다. 1만 입방킬로미터 정도다. 앞으로 2000만 년 동안 모든 미국 가정에서 할로윈 때마다 연기 나는 가마솥을 하나씩 만들어 쓸 수 있는 양이다. 또는 대륙 횡단용 냉동 스테이크 용기 수천조 개에 사용할 수도 있는 양이다.

행성과학자들에게 더욱 중요한 사실이 있다. 이만한 드라이아이스, 즉 고체 이산화탄소는 화성의 기후를 바꾸기에 충분한 양이라는 점이다. 이 드라이아이스가 모두 기화해 화성 대기권 내로 퍼진다면, 화성 대기 속 이산화탄소 농도는 현재의 약 2배가 된다. 이로써 화성의 기압은 높아지고 액체 상태의 물이 존재하기에 더욱 유리한 환경이 된다.

예전에도 과학자들은 화성의 남극 근처에서 훨씬 크기가 작은 드라이아이스 퇴적층을 찾아냈다. 그러나 다 합쳐봤자 부피가 수백 입방킬로미터밖에 되지 않았다. 지하 얕은 곳에 불과 수 미터 두께로 쌓인 것들이었다. 그러나 MRO의 레이더는 더 깊은 지하를 볼 수 있었다. 그 결과 수백 미터 두께로 쌓인 드라이아이스를 발견할 수 있었다. 이 내용은 4월 21일 자《사이언스

(Science)》 지에 보도되었다.

화성 대기는 희박하고, 이산화탄소가 풍부하다. 그러나 지질 역사 연구에 따르면, 과거에는 대기 밀도가 더욱 높았다고 한다. 화성의 과거 대기 중 일부는 우주로 날아 가버렸다. 그리고 일부는 탄산염 광물 속에 갇혀 있다. 그러나 과학자들은 대기 속에 있던 대량의 이산화탄소가 고체 형태로 양극에 저장되어 있을 가능성을 무려 1966년부터 상정해왔다.

화성은 자전축 기울기의 변동에 따라 극관과 대기 사이의 이산화탄소가 주기적으로 교환되어왔던 것으로 보인다. 오늘날 화성의 자전축 기울기는 지구와 비슷한 약 25도다. 그러나 지구와는 달리 화성에는 자전축 기울기를 안정해줄 거대 위성이 없다. 때문에 화성의 자전축 기울기는 오랜 세월을 두고 약 10도에서부터 40도 이상까지 크게 변한다.

기울기가 클 때면 화성의 양극은 여름에 태양 복사를 더 많이 흡수한다. 이때 드라이아이스로 이루어진 얼어붙은 극관은 대기 중으로 증발한다. 그러나 기울기가 작을 때면 화성의 양극은 어두워지고, 따라서 정반대 일이 일어난다. 콜로라도 주 볼더에 있는 사우스웨스트 연구소의 행성과학자이자 이번 연구의 수석 저자인 로저 필립스는 말한다. "자전축 기울기는 대기 전체가 약해질 만큼 낮아졌습니다. 이산화탄소는 주기적으로 지면과 대기 중을 오갑니다. 반반이라고 생각합니다."

지금으로부터 약 60만 년 전, 화성의 자전축 기울기와 궤도가 적절해 남극이 햇빛에 잔뜩 노출되었던 시절, 이산화탄소가 모두 대기 중에 배출되었을 때 얼마만한 기후 효과가 있었는지는 아직 분명치 않다. 필립스는 말한다. "그 점은 아직 연구 중입니다. 아마 사람들이 기대하는 만큼 대단하지는 않았을 것입니다. 화성 표면에 액체 상태의 물로 이루어진 강과 시내가 흐를 정도는 아니라는 말이지요. 즉 화성에 열대 기후가 생길 정도는 아니라는 얘깁니다." 하지만 동시에 화성의 기압은 현재보다 약 80퍼센트가 높았을 것이다. 그 정도면 물이 바로 증발하지 않고 액체 상태로 존재할 가능성을 높이기는 한다.

볼더에 있는 우주과학 연구소의 행성과학자 필립 제임스(이번 연구에는 참여하지 않음)는 말한다. "대기 중 이산화탄소 농도를 2배로 높이면 액체 상태의 물을 얻을 가능성이 커집니다. 사람들은 그것이 가능하다고 이야기해왔지요. 이제 그 가능성이 확실히 보입니다."

브라운 대학의 행성과학자인 제임스 헤드는 이번 발견을 통해 (물론 지질학적 시간 개념으로) 비교적 최근에 화성 표면에 액체 상태의 물이 안정적인 상태로 있었을 가능성이 입증되었다고 지적했다. "이번 발견만으로도 최근 우리와 다른 연구자들이 발견한 도랑이 왜 생겼는지 충분히 설명할 수 있습니다."

레이더 측정에 표본을 시추해 분석하는 것과 같은 효과는 없다. 그러나 연구자들은 이번에 드러난 드라이아이스의 징후를 납득한다고 말한다. 필립스는 그곳에 정말로 얼어붙은 이산화탄소가 있다고 결론을 내기 전에 이런 말을 했다. "거기 있는 물질이 드라이아이스와 비슷한 레이더 반사 신호를 내는 다공성 물 얼음이 아님을 입증하기 위해 우리는 많은 작업을 했습니다. 그것은 드라이아이스가 틀림없습니다."

2-4 화성 클레이 애니메이션

조지 머서

오리지널 〈스타 트렉〉 시리즈 중에 좀 재미없는 어느 일화가 있다. 거기서 히피들이 엔터프라이즈 함을 납치해 낙원 같아 보이던 행성으로 가려고 한다. 그러나 그 행성은 실제로는 산이 가득한 음울한 풍경의 지옥 같은 곳이었다. 지난 2년 동안 화성과학에서도 비슷한 일이 벌어졌다. 연구자들은 화성이 과거에 지구와 비슷한 환경이었다는 징후를 찾기 위해 열심히 연구했다. 그 결과 화성에 잔잔한 파도가 이는 바다와 아늑한 하늘이 있었다는 결정적인 증거들을 찾아냈다. 특히 황산염이야말로 그 확실한 증거였다. 그러나 황산염을 만들어내려면, 화성의 옛 바다는 인간의 피부를 불태워버릴 정도로 지독한 산성이어야 했다.

얼마 전에야 완전히 지도화가 끝난 또 다른 광물인 점토는 전혀 다른 이야기를 해준다. 점토를 보면 황산염 시대 이전 화성에 손을 담가도 될 만큼 안전한 물이 잔뜩 있었음을 알 수 있다. 발견한 팀의 일원인 파리 남부대학의 프랑수아 풀레는 말한다. "점토는 대량의 물에 의한 변성이 있었다는 증거입니다. 황은 그 이후 화성의 기후가 다른 단계로 변화했다는 증거지요."

1970년대 중반 바이킹 임무와 그 이후 지상 배치 망원경 관측을 통해 점토의 징후가 보이기는 했지만, 애매했다. 그리고 나사의 마스 글로벌 서베이어와 마스 오디세이에 실린 중적외선 분광계는 아무 성과를 얻지 못했다. 유럽

우주기구의 마스 익스프레스 궤도선에 실린 오메가 분광계는 이전의 그 어느 분광계도 보지 못한 것을 보았다. 근적외선 파장도 감지 가능하고 해상도도 기존 장비에 비해 10배나 우수했다. 이 장비는 작년에(2004년) 점토, 기술적 용어로는 필로규산염을 처음으로 감지했다. 그러나 데이터는 깨끗하지 못했고, 일부 과학자들은 이 점토가 단순한 표피층이 아닌가 하고 생각했다. 철저히 물에 젖어서 생긴 것이 아닌, 점진적인 풍화의 결과물이 아닌가 싶었던 것이다.

미국 천문학회의 9월 모임에서 풀레는 도처에 산재한 다수의 작은 노두는 물론 크레이터 잔해와 암석층에도 점토가 보인다는 점을 설명했다. 이는 상당한 양의 점토가 퇴적되어 있다는 증거다. 이 지형은 화성에서 가장 오래된 것으로 보이므로, 점진적인 과정에 의한 것이기는 힘들다. 워싱턴 대학교 세인트루이스 캠퍼스의 지질학자 레이 아비드슨은 말한다. “이것들은 오래되고, 난타당한 것 같은 노출 부위에 있습니다.” 이런 지역에는 황산염이 없다. 점토의 거의 모든 화학적 변형들이 다 나와 있다. 그중에서도 특히 주목해 볼 것은 스멕타이트(녹점토)다. 이것은 지구에서는 중성수를 염기성수로 바꾼다. 오메가는 오래된 퇴적물 이외에도 기원을 알 수 없는 짙은 색 점토의 얇은 층을 발견했다.

확실히 하자면 궤도상에서 측정한 스펙트럼은 해석하기 까다롭다. 그리고 이 점토들을 지상의 로버가 아직 확실히 검증하지 못했다. 나사 존슨 우주센터의 광물학자 리처드 모리스는 말한다. “필로규산염처럼 중요한 광물에 대해서는 확인해야 할 것이 두 가지 있습니다." 즉 서로 별개의 증거 두 개가 필요하다는 것이다. 화성 탐사 로버 팀의 일원인 제트 추진 연구소의 다이애나 블래니는 지난 9월 모임에서 귀를 솔깃하게 만드는 발언을 했다. 스피릿 로버가 발견한 암석 '인디펜던스(independence)'는 점토질이라는 것이다. 내년(2006년) 3월, 나사의 화성 정찰 궤도선이 화성에 도착하면 오메가와 파장 범위는 같으나 해상도는 10배가 더 높은 분광계로 다른 각도에서 측정을 할 것이다. 두 기기의 데이터를 합치면 대기 중 먼지의 효과를 정확히 알 수 있을 것이다.

또 다른 의문은 지구에는 없지만 화성에는 흔한 새로운 화학물질이 지질학자들을 현혹할 수 있을까 하는 점이다. 나사는 2007년에 착륙선을 발사해 화성 표면에서 실험을 실시할 예정이다. 이 착륙선의 이름은 불사조를 의미하는 '피닉스(Phoenix)'로 붙였는데, 지난 1999년 실패로 끝난 화성 극지 착륙선과 기본적으로 똑같은 물건이기 때문이다. 이 착륙선에는 작은 물병 4개가 있다. 이 물로 화성의 흙을 적신 다음 페하(pH)와* 성분을 측정할 것이다.

*물의 산성이나 알칼리성의 정도를 나타내는 수치로서 수소 이온 농도의 지수다.

연구자들이 점토의 존재를 확인하면 화성과학의 가장 큰 수수께끼, 즉 탄산염의 부재에 관한 의문은 더욱 깊어갈 것이다. 풀레는 이렇게 묻는다. "염기성 수용액이 있다면 탄산염이 있어야 합니다. 그런데 화성에는 왜 탄산염이 없을까요? 이는 분명히 문제입니다." 어쩌면 더 정밀한 측정 장비를 사용한다면 탄산염을 발견할 수 있을지도 모른다. 혹은 어쩌면 초기 화성은 과학자들의 생각보다는 덜 쾌적한 환경이었는지도 모른다.

2-5 계속 진행되는 스피릿 임무

조지 머서

태평양 시각으로 2004년 1월 3일 오후 8시 15분, 보호 캡슐 속에 든 스피릿 로버가 모선에서 분리되어 화성 대기권에 돌입할 준비를 했다. 수 주 동안 임무 엔지니어들과 과학자들은 일이 잘못될 수 있는 모든 경우의 수를 다 예측해왔다. 폭발 볼트가 제 시간에 터지지 않을 수도 있다. 캡슐이 강풍에 휘말려 지면으로 추락할 수도 있다. 착륙선이 땅으로 향한 채로 하강하다가 바위 사이에 앞머리가 끼어버릴 수도 있다. 무전 연결이 끊길 수도 있다. 그리고 마지막 날이 다가오는 와중에 화성에 먼지 폭풍이 발생했다. 이로써 대기권 상층부의 공기 밀도가 떨어졌다. 이를 만회하기 위해 통제관들은 낙하산이 더 빨리 펴지도록 다시 프로그래밍했다. 캡슐의 대기권 돌입 8시간 전, 임무 부관리자 마크 아들러는 이렇게 말했다. "매우 복잡한 시스템을 미지의 세계로 엄청난 속도로 내던지려 하고 있어요. 하지만 매우 평온한 기분입니다. 준비가 되어 있어요. 그건 제가 이 상황을 완벽히 파악 못하기 때문이에요."

망해도 어쩔 수 없다는 이런 솔직함 덕분에 오히려 안심이 된다. 만약 임무 팀이 아무것도 걱정할 게 없다고 말한다면, 그게 더 걱정스러운 징후다. 미국·러시아·일본은 1960년부터 2002년까지 33회의 화성 탐사 임무를 진행했다. 그중 성공한 것은 9건뿐이다. 행성 탐사의 기준으로 볼 때 이는 결코 높은 실패율이 아니다. 첫 번째 달 탐사 임무부터 33번째 달 탐사 임무 사이에 성공한 것은 14건뿐이다. 그러나 1999년 화성 기후 궤도선 임무를 망친 실수는 빼아팠다. 당시 인치파운드 단위를 미터킬로그램 단위로 환산하지 않은 탓에, 우주선이 정해진 진로를 이탈하는 데도 그 사실을 알아차리지 못했다. 그리고 스피릿이 화성에 도착하기 1주 전에도, 화성 대기권에 돌입한 영국의 '비글 2호'가 연락이 두절되었다.

나사 제트 추진 연구소(Jet Propulsion Laboratory, 이하 JPL)의 통제관들은 행운을 기원하며 땅콩 봉투를 여는 전통이 있다. 이번에도 그 시간이 다가왔다. 오후 8시 29분, 스피릿이 유성처럼 강하를 시작했다.(정확히 말하자면, 이 시각은 스피릿이 보낸 신호가 지구에 도착한 시각이다. 사실 이때 스피릿은 이미 화성 표면에 도착한 상태였다. 다만 멀쩡히 도착했느냐, 산산조각이 나서 도착했느냐가 문제였을 뿐이다.) 그로부터 2분 동안 착륙선은 대기권 재돌입 당시 고열과 높은 중력가속도를 견뎌냈다. 그러고 나서 또 2분 후, 낙하산을 전개하고, 로버가 캡슐 밖으로 모습을 드러냈다. 2분 후에는 에어백 쿠션이 팽창되었고 다음과 같은 통제관의 발표가 나왔다. "로버가 화성 표면에 착지한 것이 확인되었습니다."

통제실의 모든 사람이 환호성을 지르며 서로를 끌어안았다. 그러나 얼마 가지 않아 그들은 너무 일찍 기뻐하지 않았나 하는 의구심을 품게 되었다. 무선 신호가 없었기 때문이다. 착륙 절차를 고안한 팀의 팀장인 롭 매닝은 이렇게 회상한다. "무선 신호가 사라졌어요. 그걸 본 우리 모두는 순간 얼어붙었죠. 저는 태연한 척하려 애썼어요. 정말 안절부절못하는 순간이었어요." 그때까지도 그저 기존에 했던 많은 테스트 강하처럼 느껴졌다고 한다. "신호가 복구되고 나서야 저는 이렇게 말했지요. '거봐. 이건 연습이 아니야.'"

엔지니어들은 스피릿이 구르다가 멈출 때까지 10여 분 정도의 통신 두절이 있을 수 있다고 경고했다. 착륙선이 구르는 상태에서는 제대로 통신하기가 쉽지 않다. 그러나 10분이 지나고, 11분이 지나고, 12분이 지나자 사람들은 의자에 앉은 채로 몸을 흔들며 팔짱을 끼고 껌을 씹기 시작했다. 통제관들의 컴퓨터 화면 아래쪽에는 무선 잡음을 의미하는 가느다란 선만 불안하게 흘러갈 뿐이었다. 매닝은 그 스크린을 뚫어져라 쳐다보았다. 하도 뚫어져라 보고 있어서 그 선이 화면 위쪽으로 펄쩍 뛰어올랐을 때, 그 사실을 알아채는 데 한참 시간이 걸릴 정도였다. 오후 8시 52분, 화성 현지 시각으로는 오후 2시 51분에 스피릿은 화성에 안착했음을 지구에 보고했다.

스퀴어스의 오디세이

마치 혼(Horn) 곶을 돌아가는 선원들처럼, 과학자들과 엔지니어들도 변덕스러운 운명에 몸을 맡긴다. 그 이유는 하나뿐이다. 지구에 생명이 존재하는 일이 특이한 현상인지, 아니면 우주 어디서나 볼 수 있는 일반적인 현상인지를 알고 싶기 때문이다. 로버 과학 장비의 주 연구자인 스티브 스퀴어스는 지난 17년 동안 화성 탐사를 꿈꿔왔다. 코넬 대학 교수인 그는 신동으로 유명하다. 불과 3년 만에 박사 학위를 취득하고, 1980년대가 끝나기 전에 이미 태양계 내 암석형 천체의 절반에 대한 초전문가가 되었다. 목성의 얼어붙은 위성에서부터 금성의 화산 평야, 물에 의해 깎여 나간 화성의 산악 지대에 이르기까지 모르는 것이 없었다. 하지만 뭔가를 놓치고 있는 느낌이 들었다.

그는 말한다. "과학 장비를 만들어 우주선에 탑재해 발사하는 이들이야말로 우리 업계의 진짜 진보를 이룩하는 사람들이에요. 저는 보이저(Voyager), 마젤란(Magellan) 탐사선 관련 업무를 했지만, 그 탐사선이 맡은 임무에 대해 신경 쓰지 않았고 과학 장비를 설계하지도 조정하지도 않았어요. 막판에 낙하산을 펴고, 데이터를 획득해 그걸로 여러 편의 논문을 썼을 뿐이에요. 매우 즐겁고 만족스럽게 경력을 쌓을 수 있는 방식이었죠. 많은 사람의 존경도 받으면서요. 하지만 그러면서 다른 사람의 노력으로 부당이득을 얻는 느낌이 들었어요. 뭔가 해내는 데 기여했다고 말할 수 있는 일을 단 한 번이라도 하고 싶었어요. 그런 일은 단 한 번밖에는 못할 거예요. 놓칠 수도 반복할 수도 없는 경험일 테니까 말이죠."

지난 1987년 스퀴어스는 팀을 꾸리고, 카메라를 만들고, 나사에 이후의 마스 패스파인더 임무를 제안했다. 하지만 그들이 제안한 임무는 잘못된 부분이 있었고, 따라서 당시에는 채택되지 않았다. 그는 마스 옵저버(Mars Observer) 우주선 장비 팀의 일원이기도 했다. 1992년 9월 마스 옵저버가 발사된 직후, 지구 궤도를 벗어나기 위한 부스터* 로켓이 점화되었다. 이때 우주비행이 얼마나 취약한지가 다시금 드러났다. 무선 신호가 멈춘 것이다. 발사 통제실의 객석에 앉은 스퀴어스는 머리를 양손으로 감싸고 이렇게 말했다. "우주선을 잃어버렸을지도 몰라요. 잃어버렸을지도 몰라요." 40분 후, 우주선이 다시

*궤도나 비행 선상에 도달하는 데에 필요한 속도와 방향을 줄 때 쓰는 보조 추진 장치.

나타났다. 그러나 이 우주선은 이듬해 화성으로 가는 도중 사라지고 말았다.

1993년 스퀴어스는 팀원들과 함께 또 다른 과학 장비 패키지를 제안했으나 또 거부당했다. 그들이 본격 이동식 지질 실험실 '아테나(Athena)'를 위한 여러 계획을 준비하던 중 남극에서 발견된 운석에 화성의 과거 생명의 징후가 숨어 있을지도 모른다는 뉴스가 나왔다. 이 대소동으로 인해 화성 탐사의 판은 새로 짜여졌다. 1997년의 마스 패스파인더 임무는 로버의 힘을 보여주었다. 그리고 그해 11월 나사는 아테나 임무를 진행할 것을 지시했다. 스퀴어스는 과학자 170명, 엔지니어 600명으로 이루어진 팀의 팀장이 되었다.

2년 후 나사는 화성 기후 궤도선과 화성 극지 착륙선을 잃고 만다. 이들 프로젝트에는 스퀴어스 팀이 직접 관여하지는 않았지만, 아무튼 이 실패로 인해 화성 탐사 임무 전체에 타격이 왔다. 사고 조사단은 실패의 주원인을 예산 부족과 자신감 과잉이 뒤섞인 데서 찾았다. 이에 나사는 로버 예산을 8억 2000만 달러까지 늘렸다. 재설계되고 주안점이 달라진 스피릿과 그 자매선인 오퍼튜니티는 결국 작년(2003년) 여름에 발사되었다. 스퀴어스는 말한다. "역경을 이겨내려면 타고난 낙관론자가 되어야 합니다. 하지만 모든 만일의 사태에 대비하려면 타고난 비관론자가 되어야 합니다."

동결건조 행성

두 대의 화성 탐사 로버(Mars Exploration Rovers, MER)가 합쳐지면서 화성 과학은 대격변을 맞았다. 1960년대와 1970년대의 매리너 및 바이킹 임무로 화성이 차갑고 건조하며 생명이 없는 곳임이 드러났다. 그러나 동시에 화려했던 과거의 흔적도 드러났다. 먼 과거에 새겨진 복잡한 계곡망, 그리고 그 이후에 대홍수로 인해 만들어진 수로들이 그 흔적들이었다. 연구자들은 새로운 탐사선들을 보내 시험하면 물과 관련된 광물인 탄산염, 점토, 소금 등을 발견할 수 있을지도 모른다고 보고 있다.

마스 글로벌 서베이어와 마스 오디세이 궤도선은 지난 6년 반 동안 탐사 장비(마스 옵저버에 실렸던 것과 같은 것)를 싣고 화성을 탐사했으나 이런 광물들을 전혀 찾아내지 못했다. 대신 감람석 층을 발견했다. 감람석은 액체 상태의 물에 의해 분해된 광물이다. 그리고 생긴 지 얼마 안 된 도랑, 오래된 호수 바닥과 물가, 그리고 보통 액체 상태의 물 속에서 만들어지는 산화철 광물인 회색 적철석(흔히 녹으로 알려진 적색 적철석과는 다르다)을 발견했다. 이 행성에는 대량의 얼음이 있으며, 최근에 지질 활동 및 빙하 활동이 일어난 흔적도 있다. 과학자들은 그 어느 때보다도 크게 당혹스러워하고 있다.

마스 패스파인더 과학 팀의 팀장이었고 현재 MER 팀의 팀원인 JPL 행성지질학자 맷 골롬벡은 말한다. "초기 화성과 현재 화성 간의 환경 차이를 두고 격론이 벌어졌습니다. MER은 화성 표면에 가서 과거의 상태를 알아보려 한 최초의 시도입니다."

위험을 회피하고자 하는 성향으로 악명 높았던 바이킹 임무 기획자들은 화성에서 가장 시시한 지역에 탐사선 2대를 착륙시켰다. 물론 나름 변명거리는 있다. 35억 달러짜리 우주선이 착륙하다가 자칫 잘못 넘어져서 지형에 대해 아무것도 알아내지 못하는 것보다는 나은 선택이긴 했다. 바이킹에 비하면 패스파인더는 훨씬 대담했지만, 여전히 연습 수준을 못 벗어났다. 골롬벡의 팀은 가급적 많은 종류의 암석을 연구하려는 의욕은 있지만, 로버가 어디로 가는지에 대해서는 크게 신경 쓰지 않는다. 스피릿과 오피튜니티는 과학자들이 원하는 곳으로 갈 수 있는 최초의 착륙선이다.

스피릿의 새 집인 구세프 크레이터는 궤도에서 보면 마치 호수 바닥처럼 생겼다. 이곳에는 깨끗하게 쌓인 지층, 삼각주처럼 생긴 퇴적물, 구불구불한 계단식 산비탈이 있다. 위치는 화성 최대 규모 계곡인 마딤 발리스의 북단이다. 오퍼튜니티는 메리디아니 플라눔에 많이 있는 회색 적철석을 찾으러 갔다. 애리조나 주립대학의 행성지질학자인 필립 크리스텐슨은 최근 적철석 노두 지형을 연구하고, 메리디아니 플라눔에서는 구세프와 마찬가지로, 마치 호수 밑바닥에서처럼 광물이 얇고 평평한 층을 만들었다는 결론을 내렸다.

이러한 가설은 현장 표면에 가야 검증이 가능하다. 예를 들어 바람은 5밀리미터 넘는 크기의 모래알을 운반할 수 없다. 때문에 그만한 크기의 모래알이 발견되었다면 이는 물 등 다른 침식 매개물의 존재를 암시한다. 적철석이 호수 물 속에서 결정화될 때 그 화학 작용에는 침철석이 동반되기 마련인데, 로버의 분광계는 침철석을 탐지할 수 있다. 로버들은 화성이 과거의 지구와 비슷했던 모습 그리고 현재의 이질적인 모습이 된 이유를 하나하나씩 밝혀나갈 것이다.

2-5

화성에 대한 지구인의 침공

스피릿이 착륙한 지 3시간이 지난 1월 3일 오후 11시 30분(태평양 시각)부터 오디세이 궤도선을 통해 중계된 데이터가 마구 쏟아지기 시작했다. 과거의 임무에서는 사진 한 장이 나올 때도 마치 또 다른 세계를 보여주는 커튼이 올라가듯이 한 줄 한 줄씩 천천히 만들어졌다. 그런 방식에 익숙해 있던 연구자들에게는 실로 놀라우리만치 빠른 속도였다. 스크린에 바로 뜬 첫 사진은 통제실 한복판에 구세프 크레이터의 풍경을 순식간에 보여주었다.

메인 카메라는 사람 키 비슷한 길이인 1.5미터 높이의 기둥에 달려 있어, 화성 표면에 서서 주변 풍경을 보는 듯한 느낌을 준다. 그러나 익숙해지려면 여전히 시간이 필요하다. 코넬 대학의 과학자이자 컬러 파노라믹 카메라인 '팬캠(Pancam)'을 1994년부터 연구한 짐 벨은 말한다. "실험을 통해 알게 된 것이 하나 있어요. 같은 풍경이라도 로버의 눈으로 보는 것과 실제 사람의 눈으로 보는 것은 매우 다르다는 거예요. 깊이감이 매우 차이가 나요. 우선 평평한 스크린으로 보는 데다가, 화성에는 지구와는 달리 거리를 알 수 있는 참조물이 전혀 없어요. 나무도 하나 없고 소화전도 하나 없어요."

그럼에도 로버가 처음으로 보내온 이미지들은 놀랄 만큼 생생했다. 그 속에는 화성의 암석, 구덩이, 언덕, 메사* 등이 담겨 있었다. 항공우주공학자 줄리 타운젠드는 말했다. "마치 사막의 아름다움 같은 아름다움을 풍기는 곳이었어요. 공허의 미(美), 누구도 건드리지 않은 미가 느껴지는 곳이

*꼭대기는 평평하고 등성이는 벼랑으로 된 언덕. 미국 남서부 지역에 흔하다.

었지요."

하지만 우주탐사는 데이지 꽃잎을 하나씩 떼면서 앞일을 점치는 놀이와도 같다. 그는 나를 사랑한다. 사랑하지 않는다. 사랑한다. 사랑하지 않는다……. 어떻게 끝날지는 아무도 모른다. 1월 21일 이른 아침(태평양 시각), 통제관들은 스피릿으로 최초의 암석인 애디론댁(Adirondack)을 분석할 준비를 했다. 이들은 로버에 적외선 분광계의 각부를 점검할 것을 지시했다. 그리고 스피릿은 알았다고 응답했다. 그러나 갑자기 스피릿은 아무 응답도 하지 않았다. 이틀 동안 통제관들은 10여 차례나 스피릿과 통신을 시도했다. 통신이 복구되었을 때 상황은 심각했다. 즉각적 위험이 없었음에도, 스피릿은 스스로 진단할 수 없는 오류가 발견되자 60번이나 재부팅을 했던 것이다. 프로젝트 관리자인 피트 타이싱어는 말한다. "스피릿이 다시 완벽한 상태로 돌아올 확률은 크지 않습니다. 그러나 스피릿이 다시는 동작하지 않을 확률 역시 크지 않습니다." 그리고 행성과학의 세계에서는 그것만으로도 성공이다.

2-6 마스 익스프레스 : 화성에는 과거에 물이 있었나?

존 매슨

여러 행성과학자들 눈에는 화성 북반구에 과거에는 대양이 있었던 것처럼 보인다. 현재 그러한 관측은 타당해 보인다.

측량용 레이더를 구비한 유럽 우주선이 화성에 전파를 발사해 화성 북반구 퇴적물의 성분을 알아보고 있다. 《지구 물리학 연구지(Geophysical Research Letters)》에 게재된 논문에 따르면, 얼음과 섞였을 수도 있는 이 퇴적물은 30억 년 전에 존재했던 얕은 대양의 흔적인지도 모른다.

이 새로운 연구는 지난 2003년부터 화성 주위를 돌고 있는 유럽우주기구의 마스 익스프레스 궤도선에 달린 마시스(MARSIS) 장비를 사용한 일련의 레이더 측량에 기초한 것이다. 캘리포니아 대학교 어빈 캠퍼스의 지구물리학자이며, 이 연구의 수석 저자인 제레미 무지노는 말한다. "화성 전역 표면의 레이더에코를* 지도화했습니다." 화성 북극 인근의 지질학적 퇴적지인 바스티타스 보레알리스(Vastitas Borealis) 층은 오래전부터 퇴적으로 인해 생겨난 것으로 추측되고 있었다. 이곳의 레이더 반사도는 상당히 낮다. 퇴적이 아닌 화산 활동으로 인해 형성되었다고 보기엔 매우 낮은 것이다.

*레이더의 전파가 대상에 부딪쳐 되돌아온 신호.

무지노의 해석은 나사 화성 정찰 궤도선의 측량 레이더에서 얻은 데이터와 궤를 같이한다. 화성 정찰 궤도선은 몇 년 전 이 지역을 조사했다. 이 우주선 장비 샤라드(SHARAD)의 측정 결과를 보면 바스티타스 보레알리스 층은 화산 평야 위에 상당한 두께의 퇴적층이 덮여 만들어진 듯하다.

마스 익스프레스가 식별한 퇴적층 규모로 볼 때, 이곳에 있었을 대양은 긴 시간 동안 존재하지는 않았겠지만 엄청난 면적이었던 것 같다. 30억여 년 전 화성은 얼음을 녹여 엄청난 양의 지하수를 만들어 얕은(수심 100여 미터) 바다를 만들 정도의 지열 활동을 일으켰던 것 같다. 무지노에 따르면 더 오래된 바다도 있었을 거라고 한다. 그는 말한다. "급속한 범람이 일어나 물이 화성 북부 평야를 덮은 적이 있었을 거라고 생각합니다." 그러나 이 엄청난 양의 물을 지질학적으로 긴 시간 동안 유지하기에는 화성 기후가 너무 차갑고 건조했다. 100만 년이 채 안 되어 이 바다는 다시 얼어붙었고, 땅속으로 가라앉았거나 증발한 것으로 보인다.

새로운 레이더 데이터는 화성 북반구에 상당한 크기의 액체 상태 물이 있었을 거라는 오래된 견해를 뒷받침한다. 물론 이것도 확실한 증거는 아니지만 말이다. 하와이 대학 마노아 캠퍼스 천문학 연구소의 행성과학자 노르베르트 쇠르고퍼(이번 연구팀 소속은 아니다)는 말한다. "과거에 대양이 있었다는 가설을 매우 높은 과학적 기준으로 검증하려면 시간이 많이 걸릴 것입니다. 과거의 대양은 현재 땅속에 묻혀 있기 때문이죠." 그리고 주어진 대상에 대해 비교적 불확정적인 진단을 제시하는, 레이더에코에 대한 추가 해석에도 언제나 궁금증이 뒤따른다. 모두 똑같다. 쇠르고퍼는 말한다. "그것은 과거 대양이 있었다는 또 다른 증거입니다. 저 역시 그 가설을 믿기 시작했습니다."

2-7 화성 생명체 존재에 대한 희망이 불사조처럼 되살아나다

피터 H. 스미스

나사는 화성에 최신의 최첨단 탐사선을 이번 달(2011년 11월)에 발사하기로 계획했다. 그 탐사선 이름은 화성과학 실험선(MSL)이다. 원자력으로 작동되는 이 로버는 스카이크레인(Skycrane)을 사용해 게일 크레이터에 극적으로 착륙한 다음, 화성에서 점토와 황산염이 가장 풍부하게 퇴적된 곳 주변을 돌 것이다. 점토와 황산염은 한때 화성에 강이 계곡망을 만들 정도로 물이 풍부했을 때의 유산이다.

소형차만 한 큐리오시티 로버는 가장 오래된 부분으로 보이는 크레이터 가운데 봉우리 아랫부분을 1화성년 간 탐사할 것이다. 그 후 나사가 임무 연장을 승인한다면 여러 잔해물이 쌓여 만들어진 높이 5킬로미터의 이 봉우리를 오르기 시작할 것이다. 그러면서 과거에 쌓였던 퇴적물부터 오늘날에 쌓인 퇴적물에까지 이르는 지질학적 연대기를 살펴볼 것이다. 수분을 함유한 광물들도 한 층 한 층씩 면밀히 조사할 것이다. 로봇 팔로 표본을 채취하고 이를 로버 위쪽 입구를 통해 내장 화학 실험실로 보낸다. 이 속에서는 분석기로 표본의 광물 구조와 원소 성분을 알아낸다. 이 장비들은 유기물 감지도 가능하며, 과거 화성에서 생명체 거주가 가능했는지도 알아내고자 할 것이다.

화성과학 실험선은 지난 15년에 걸친 임무 성과에 따라 진행되는 논리적으로 타당한 임무다. 이 임무는 소저너, 스피릿, 오퍼튜니티 로버 그리고 최신 착륙선인 피닉스 호의 발견 내용에 기반하고 있다. 이들 임무와 여러 궤도선 임무 덕택에 화성의 복잡한 역사가 밝혀질 수 있었으며, 한때 화성에 비와 호수가 존재했다는 사실도 알 수 있었다.(본문 1-11장 참조) 현재는 건조하게 얼어붙은 화성이지만, 과거 이곳에서도 물이 움직였던 흔적은 있다. 그중에서 가장 흥미롭고 수수께끼에 싸인 것은 닐리 포세(Nili Fossae) 지역의 메탄가스 흔적이다. 행성과학자들은 이 가스가 정말로 지질학적 또는 생물학적 활동의 결과물인지를 놓고 논쟁을 벌이고 있다. 올해 화성 정찰 궤도선은 화성 표면의 줄무늬가 계절에 따라 흐르는 염분을 띤 물의 흔적일 가능성이 가장 높다는 것을 발견한 바 있다.

반면 지난 1976년 두 바이킹 탐사선이 내린 결론은 이러한 모든 궁금증에 배치되는 것이었다. 이들의 조사 결과에 따르면 화성은 생명체가 살기 매우 어려운 곳이었다. 화성의 토양에는 물과 유기물 분자가 없어 휴면 상태의 미생물조차도 살기 어렵다. 과산화수소 같은 강력한 산화물과 강력한 자외선으로 인해 화성 표면은 철저히 멸균 상태다. 대부분의 과학자들에게 바이킹 임무는 화성 생명체 발견의 처음이자 마지막 시도였다.

이런 암울한 조사 결과와 화성 생명체에 대한 지울 수 없는 의문이 과연 어떻게 양립할 수 있을까? 그 답은 피닉스에 있을지도 모른다. 피닉스는 바이킹 이래 처음으로 화성 토양에 대한 화학 실험을 했다. 그 결과 바이킹의 실험과는 다르게 해석될 수 있는 결과가 나왔다. 아마도 바이킹 때 유기물 분자를 발견하지 못한 까닭은 분석 과정에서 본의 아니게 유기물이 파괴되었기 때문인

지도 모른다. 피닉스는 얕게 묻힌 물 얼음도 발견했다. 행성과학자들이 가설로만 제기했지 실제로 본 적은 없던 것이었다. 화성은 더 이상 건조하고 황량한 별이 아니라, 어쩌면 지금도 생명이 살고 있는 별일지도 모른다.

이런 증거들이 나오고 또 후속 탐사선의 발사가 기획되고 있는 지금이야말로 과거 화성 임무의 기술적·감정적 굴곡을 돌아보고, 또한 그동안 피닉스가 다시 날지 않은 이유를 돌아보기에 적합한 시점이 아닌가 싶다.

부활

공짜 우주선을 얻을 기회가 날마다 있는 것은 아니다. 하지만 지난 2002년 나사 에임스 연구센터의 여러 과학자들은 그런 기회를 제공했다. 이들은 덴버에 있는 록히드마틴 사의 3미터짜리 청정실에 서베이어 우주선이 밀봉 보관되어 있음을 알려주었다. 이 우주선은 지난 2001년에 발사될 예정이었다. 그러나 나사는 이 우주선의 자매선인 화성 극지 착륙선이 1999년 12월 손실되자 서베이어 우주선의 발사 계획을 취소했다. 화성 극지 착륙선의 손실은 나사에 큰 타격이었다. 화성 기후 궤도선이 화성 궤도 진입 도중 실종되고, 파괴된 것으로 추정된 지 불과 몇 주 만에 일어난 사건이었다. 이 사건으로 필자도 상당한 타격을 입었는데, 바로 이 착륙선의 카메라를 설계 제작한 팀의 팀장이었기 때문이다.

에임스 연구센터의 과학자들은 나사의 새로운 스카우트 프로그램의 일환으로 서베이어 매리너를 개장하고자 했다. 이들은 필자에게 수석과학자 직을

맡아달라고 요청했다. 필자는 놀라서 망설였다. 10여 년 동안 다른 행성 탐사에 참여해오면서, 끊임없는 출장과 회의와 전화 통화로 다른 행성을 탐사한다는 흥분이 사라진 지 오래였다. 그리고 필자가 배웠던 과학적 탐구와는 그만큼 멀어져갔다.

더구나 당시에 이 새 프로젝트에는 예산도 없고 제안 관리자도 없고 큰 기관의 지원도 없었다. 게다가 마감 기한까지는 몇 달밖에 남지 않았다. 그러나 신비로운 단서를 찾아 화성과학의 수수께끼를 푸는 연구팀을 이끌고 싶은 욕망에 가슴이 떨렸다. 필자는 바이킹 매리너의 조사 결과를 마음속으로는 결코 받아들이지 않았다. 유기물을 전혀 발견하지 못했다는 것이 어떻게 말이 되나? 더욱 잘 설계된 또 다른 임무를 통해 유기물을 찾을 수도 있지 않을까?

필자는 2주 동안 고민했다. 우선 의미 있는 과학적 목표를 찾아야 했다. 서베이어 우주선은 화성 적도 인근에 착륙한 다음 로봇 팔로 토양을 채취하고, 작은 로버를 보내 근처의 암석을 분석하도록 설계되어 있었다. 또한 향후의 유인 탐사 임무를 준비할 과학 장비도 싣고 있었다. 그러나 스카우트 임무 예산으로는 로버를 실을 수 없었고, 지금은 향후의 유인 탐사 임무를 준비할 필요도 없었다. 그러므로 서베이어에 실렸던 과학 장비는 새 것으로 교체가 가능했다. 그러나 어떤 장비를 실을지 정하려면 기본적인 과학적 목표가 있어야 하는데, 그 목표가 아직 정해지지 않았다.

이때 기가 막힌 우연의 일치로 필자의 애리조나 시절 동료인 윌리엄 보인턴이 화성 남극 극관 인근 지하의 얕은 곳에서 물 얼음을 발견한 사실을 공표했다. 보인턴이 팀장으로 있던 팀은 마스 오디세이 궤도선의 감마선 분광계를 제작 및 조작했다. 이 장비는 감마선뿐 아니라 중성자도 검출이 가능하다. 이로써 지하 얕은 곳의 수소 농도를 알 수 있다. 이 장비는 화성 북부 평야에 물의 흔적도 발견해냈다. 겨울철 이산화탄소 극관(계절에 따라 커졌다 작아졌다 한다)이 가장 두터운 곳에서 물 얼음이 풍부한 토양도 발견해냈다. 필자는 이 위치를 화성 지도에 X자로 표시하고, 후속 발견을 위한 과학 장비를 고르기 시작했다.

지구에도 북극 주변에 비슷한 영구동토가 있다. 땅속 깊숙한 곳까지 얼었으며 과거에 살았던 생명체의 흔적이 있다. 이곳 얼음의 나이는 수백에서 수천 년에 이른다. 화성 극지 학회에서 코펜하겐 대학의 에스케 빌러슬레브는 그린란드 빙하와 시베리아 영구동토에 대해 DNA 분석을 실시해, 식물과 동물 및 기타 생물의 다양성이 매우 크다는 사실을 밝혀냈다. 지구 영구동토보다 나이가 수백만 년이나 많은 화성의 얼음 역시 그럴까?

필자는 애리조나 대학, 나사 제트 추진 연구소, 록히드마틴 간의 협력 체계를 구축했다. 우리 임무에는 불사조를 의미하는 '피닉스'라는 이름이 붙었다. 취소되었던 피닉스 임무가 불사조처럼 소생했기 때문이다. 그리하여 1년 반 동안 제안서와 씨름을 하고, 20가지의 다른 임무 주제와 경쟁을 벌였으며, 최종심으로 나사 검토 위원회의 8시간 현장 방문이 있은 끝에, 2003년 8월 우리 팀은 나사의 첫 스카우트 임무 실시자로 선정되었다. 발사 예정일은 2007년 8월로, 4년이라는 준비 기간이 주어졌다.

레이더 열병

우리는 서베이어 호의 밀봉을 풀었다. 마치 거대한 나비처럼 생겼다. 본체에는 각종 과학 장비들이 잔뜩 탑재되었으며, 두 장의 거대한 태양전지가 마치 날개처럼 달려 있었다. 세 개의 다리로 땅을 디디고 서 있었으며, 유일한 팔인 로봇 팔이 측면에서 뻗어 나와 있었다.

이후 4년 동안 자매선을 침몰시킨 설계상의 문제를 찾기 위한 시험과 역설계, 재시험이 이어졌다. 록히드마틴 사와 JPL의 공학 팀은 주요 문제 총 25개를 발견했다. 이들 문제점들을 찾아내는 일은 고되었다. 그러나 우주선을 새로 만드는 것보다는 돈과 노력이 덜 들었다. 그리고 새로 만든 우주선이라고 문제가 없으라는 법은 없다. 대부분 문제는 보온 장치를 단다거나 낙하산 크기를 줄이거나 구조물을 보강하는 등의 조치로 쉽게 해결할 수 있었다. 일부 문제점은 소프트웨어 변경을 필요로 했다. 그러나 어떤 문제점은 그 원인을 쉽게 알아낼 수도 고칠 수도 없었다.

착륙 레이더는 지난 1990년대 후반 F-16 전투기에서 뜯어온 것이었다. 모하비 사막에서의 착륙 실험 결과 이 레이더 체계는 고도 측정에 중대한 오류가 있고, 좋지 않은 시기에 데이터 손실을 일으켰다. 우리는 레이더 제작사인 허니웰 사와 협의해 그 내부 작동 원리를 알고자 했다. 허니웰 사는 우리를 진심으로 도우려 했지만, 이 레이더는 워낙 구형 모델이라 더 이상 기술 지원도 되지 않았다. 레이더를 개발한 인원은 모두 퇴사했고, 관련 기록도 대충이었다.

우리는 록히드마틴, JPL, 허니웰, 나사 랭글리 연구센터 출신 엔지니어들로 이 문제 해결을 위한 전문가 팀을 구성했다. 컴퓨터 시뮬레이션과 추가 시험을 병행하며, 이 팀은 이리저리 꼬인 문제의 미궁을 지나 해결책을 향해 나아갔다. 2006년 10월의 시험 결과는 만족스러웠고, 모든 일이 잘 돌아가는 것 같았다.

그때 우리 희망은 다시 사라졌다. 버려지는 열 차폐장치에서 나오는 반사파가 레이더를 혼란시켜 고도 측정에 중대한 오류를 일으킬 수 있음을 발견한 것이다. 안테나와 스위치 역시 문제를 잘 일으키는 것이 밝혀졌다. 문제는 끝이 없어 보였다. 우주선을 발사체에 탑재하기까지 불과 5개월이 남은 2007년 2월, 우리는 여전히 65가지나 되는 문제를 조사하고 있었다.

신뢰성 있는 레이더가 없으면 이 임무의 성공을 장담하기 어렵다. 나사 검토 위원회는 이 상황을 면밀히 살펴본 다음 우리가 새로운 문제점을 해결하지 못하는 데 우려를 표했다. 그러나 한편으로 문제점의 심각성은 줄어들고 있었다. 그해 6월 우리는 남은 문제들은 받아들일 만한 수준이라고 검토 위원회와 나사 관리자들을 설득하는 데 성공했다. 하지만 우리는 여전히 도박을 하고 있었다. 발사 시까지 계속 문제가 나온다면, 체계 안에 대체 얼마만한 문제가 숨어 있는지 알 길이 없었다.

불사조, 하늘을 날다

2007년 8월 우리는 케네디 우주센터에서 최종 시험을 하고, 우주선을 델타 II

발사체에 탑재할 준비를 했다. 그때 잊고 싶은 사건이 일어났다. 리프트 크레인이 우주선을 39미터 높이의 로켓 위로 들어 올릴 때, 큰 벼락이 내리쳤다. 그리고 안전 규정상 기술자들은 조립 타워에서 대피할 수밖에 없었다. 우주선은 예민한 전자 장비를 제대로 보호받지 못한 채 지상 18미터 높이에 매달려 무시무시한 여름의 폭풍우를 고스란히 맞을 수밖에 없었다.

폭풍이 지나간 후 우리는 우주선을 조립동 안으로 들여와 손상 부위가 있는지 필사적으로 점검했다. 기적적으로 우주선에는 아무 이상이 없었다.

8월 4일 아침 마지막 카운트다운이 시작되자, 필자는 통제실에서 나왔다. 발사를 직접 보기 위해서였다. 시각은 오전 5시 15분이었다. 여전히 별들이 잘 보였다. 동쪽에서 밝게 빛나는 화성이 매혹적이었다. 갑자기 태양이 떠오를 때처럼 건물들이 빛나기 시작했다. 그리고 로켓은 하늘로 날았다. 잠시 동안 주변은 책을 읽고 색채가 보일 만큼 밝아졌다. 30초 후 발사음이 전달되었다. 발사 후폭풍이 만들어낸 압력에 필자의 가슴이 쪼그라들었다. 다 사용된 6대의 고체 연료 로켓이 사출되어, 마치 폭죽처럼 대서양으로 떨어졌다. 남은 3대의 로켓이 점화되었다. 피닉스는 성공적으로 발사되었다. 그제야 필자는 평생 가장 오래 숨을 참았음을 느꼈다.

발사는 2분 내에 완료되었다. 그리고 어두운 하늘에는 로켓이 남긴 수증기 구름만이 남았다. 우리는 과자와 커피를 먹으러 통제실로 들어갔다. 필자는 머핀을 들고 다시 야외로 일출을 보러 나왔다. 뭔가 보기 드문 일이 하늘에서 벌어지고 있었다. 그것이 무엇인지 이해하는 데는 시간이 좀 걸렸다. 고체 연료 로켓이 남긴 수증기 구름이 성층권의 바람에 휘말려 소용돌이치면서 태양 빛을 받아 빛나고 있었다. 그 모습은 필자의 뇌리에 선명하게 각인되었다. 그 수증기 구름은 마치 불사조를 닮은 모습이었기 때문이었다. 중국 그림 속 불사조의 부리와 날개 그리고 몸 뒤로 뻗어 나와 머리 위로 물결치며 솟아오른 꼬리의 모습이 하늘에 있었다. 구름을 보고 그만치 놀랐던 적은 없었다. 이는 우리의 화성 탐사가 성공할 거라는 길조일까? 벅차오르는 감정에 가슴이 타오르고 목이 메어왔다. 머핀 따위는 잊어버렸다.

끔찍한 착륙

수개월 후 JPL과 록히드마틴의 엔지니어 팀은 복잡한 착륙 기동을 준비하고 있었다. 피닉스 우주선은 6억 킬로미터를 비행해 이제 화성 중력의 영향을 받기 시작했다. 모든 시간표는 초 단위로 계산되었다. 오디세이와 화성 정찰 궤도선은 피닉스가 보내 오는 신호를 실시간으로 중계할 수 있도록 이미 궤도를 조정한 상태였다. 그러나 워낙 거리가 먼 탓에 이 신호가 지구에 도착하는 데는 15분이 걸렸다. 모든 것이 다 준비되어 있었고 계획은 완벽하게 집행 중이었다. 그런데 왜 필자는 걱정이 되어 토할 것 같은 기분이었을까?

화성 착륙은 지구나 달에 착륙하는 것보다 더욱 복잡하다. 우주선은 5번이나 모습을 바꿔야 한다. 우선 행성간 순항 우주선의 모습이었다가, 순항단을 떼어버리면 시속 약 2만 킬로미터 속도로 화성 대기권에 돌입할 때의 마찰열을 견딜 수 있는 대기권 돌입체의 모습을 한다. 시속 1,500킬로미터로 감속한 우주선은 후방 외피에서 낙하산을 전개한다. 대기가 희박하므로 낙하산을 전개해봤자 속도를 시속 150킬로미터까지밖에 감속할 수 없다. 안전하게 착륙하기엔 너무 빠른 속도다. 1킬로미터 고도에서 착륙선은 낙하산과 보호용 후방 외피를 분리하고 자유 낙하를 시작한다. 12개의 추력기가 우주선의 속도를 사람이 좀 빠르게 걷는 정도로 최종 감속한다. 그리고 마침내 착지한다. 이때 받는 충격은 특별 설계된 착륙 스트러츠가 흡수한다. 마지막으로 태양전지를 전개하면 과학 장비로 지면 탐사 임무를 할 준비가 갖추어진다. 이 모든 과정이 7분 만에 진행된다.

JPL의 230호동 통제실에서 이 과정을 지켜보던 필자는 착륙선이 화성 지면으로부터 1킬로미터 고도까지 내려가자 숨을 멈췄다. 우리 모두가 문제 많은 레이더 그리고 화성 극지 착륙선의 손실을 알았기에, 통제실 안의 긴장감은 더해갔다. 추력기는 강하 속도를 시속 10킬로미터로, 측방 속도는 초속 1미터 미만으로 줄이면서 착륙선의 갑판을 지면과 평행하게 유지해야 했다. 사전 모임 때 임무 관리자인 조 권은 "추력기 하나에만 이상이 생겨도 나머지 11개가 착륙선을 '추락 장소까지 안전하게' 보내줄 수 있을 것"이라는 식으로 농담을 했다. 그런 블랙 유머는 더 이상 재미있게 느껴지지 않았다. 운명의 시간이 다가왔다.

엔지니어 한 명이 레이더가 측정한 고도를 읽기 시작했다. 1,000미터, 800미터, 600미터. 너무 빠르게 떨어지고 있었다. 이만한 속도에서는 안전을 보장할 수 없다. 그러나 피닉스의 고도가 100미터 미만으로 떨어졌을 때 상황은 바뀌었다. 이제 고도는 90미터, 80미터, 75미터 식으로 천천히 줄어들었다. 착지 속도에 도달한 것이다. 얼마 안 있어 화성 표면에서 발신한 신호가 들어왔고, 통제실 안은 환호성으로 가득 찼다.

화성 궤도를 돌던 오디세이가 착륙선 상공으로 오기까지는 그로부터 2시간이 걸렸는데, 그 시간은 마치 영원처럼 길게 느껴졌다. 그러나 적어도 피닉스가 태양전지를 제대로 전개하고 첫 사진을 촬영한 것은 확인했다. 우리가 처음 본 화성 북극의 풍경은 마술처럼 신비로웠다. 다각형의 형태들과 작은 돌들이 지평선까지 늘어서 있었다. 6년이라는 준비 끝에 과학 임무가 비로소 시작된 것이었다.

구름 때문에 망칠 뻔

우리 팀은 과학자 35명, 엔지니어 50명, 학생 20명으로 구성되었다. 우리는 밤낮 없이 움직이기 시작했다. 효율을 높이기 위해 24시간 40분인 화성의 1일에 2교대 근무하는 방식으로 일했다. 우리는 화성일에 맞춰 살았고 정상적인 지구 시간을 잊기 시작했다. 다들 계속되는 시차증후군을 앓았다.

로봇 팔이 땅을 파기도 전에, 우리는 예기치 못한 즐거운 발견을 처음으로 해냈다. 뒤쪽 발 패드의 위치를 확인하기 위해 로봇 팔을 우주선 아래쪽으로 겨누었다. 이때 로봇 팔에 장착된 카메라는 추력기가 마른 흙을 5센티미터 정도 파낸 것을 발견했다. 패인 흙 속에 뭔가 밝게 빛나는 것이 있었다. 얼음일 가능성이 컸다. 로봇 팔이 거기까지 닿지는 않았으므로 추가 조사를 할 수는 없었다. 그러나 땅을 파기 시작하면 나올 결과에 대한 기대는 커졌다.

로봇 팔이 흙을 파내기 시작하면서 밝은 색의 층이 드러났다. 이 층의 작은 조각들이 3~4화성일 만에 사라지는 것을 보았다. 물 얼음이 승화되어 사라지는 듯 보였지만, 확실히 알려면 열 및 발생 가스 분석기(Thermal and Evolved-Gas Analyzer, TEGA)의 분석 결과가 나와야 했다. 물 얼음이 아니라, 얼어붙은 이산화탄소일 수도 있었다. 그렇다면 영하 30도의 온도에서 더욱 빨리 사라져야 했다. TEGA는 이 물질이 물 얼음임을 밝혀냈다. 화성의 지하 물 얼음을 처음으로 확인하여, 오디세이의 측정 결과가 타당함을 확인한 순간이었다.

빙상이 드러나자, 필자는 착륙선 주변의 모든 지역 그리고 아마도 화성의 양극 또한 그동안 생각해왔던 건조한 사막 같은 지형이 아니라, 그 깊이를 알 수 없는 엄청난 얼음이 있는 곳임을 알게 되었다. 이 얼음이 녹은 적이 있는지 알기 위해 착륙선은 3대의 과학 장비를 사용해 토양을 분석한다. 첫 번째로 TEGA는 질량 분석계에 연결된 8개의 작은 오븐을 사용해, 표본을 가열했을 때 나오는 가스의 성분을 측정한다. 두 번째 장비 습식 화학 실험실(Wet Chemistry Lab, WCL)은 지구에서 가져온 물을 토양 표본에 첨가해 용액 속으로 퍼지는 이온을 분석한다. 세 번째 장비는 현미경이다. 우리는 각각 토양의 광물학적 및 화학적 구성을 밝혀 줄 TEGA와 WCL 간의 시너지 효과를 기대했다.

가장 우선순위가 높은 임무는 토양의 화학 성분을 연구해 물의 흔적을 찾아내는 일이었다. 물론 물뿐 아니라 유기체의 생존을 위한 영양분과 에너지

웜도 찾아야 했다. 우리는 또한 표토에서부터 얼음과 토양이 만나는 지점까지 토양의 수직 구조를 파악하려 시도했다. 로봇 팔은 표본을 확보해 우주선 갑판의 분석 포트에 넣었다. 원리상으로 이 작업은 아이가 흙을 퍼서 양동이에 집어넣는 것만큼이나 간단하다. 그러나 무려 3억 킬로미터 떨어진 매리너를 무선조종해 같은 작업을 하기는 결코 간단하지 않다. 투손(Tucson)* 운영 본부의 실험 시설에는 또 하나의 로봇 팔과 카메라, 표본 포트가 있다. 우리는 이를 사용해 준비했다. 모든 명령어는 시험을 거친 후에야 화성으로 전달되었다. 그러나 이 실험 시설에서도 화성의 바람과 토양이라는 두 가지 특성은 재현할 수 없었다.

* 화성 거주 가능성을 실험하기 위해 만든 인공 생태계 실험실이 있는 미국 애리조나 주 투손 사막.

화성의 토양은 얼어붙은 것처럼 보였다. 우리가 연습했던 애리조나의 점도 낮은 흙과는 달랐다. 때문에 로봇 팔의 끝에 달린 삽은 끈적끈적한 흙덩어리로 가득 찼다. 표본 포트에는 잡석을 걸러내는 망이 있다. 하지만 이 망은 흙덩어리가 들어가지 못하게 막는 데도 매우 효과적이었다. 로봇 팔은 TEGA 주입구의 망으로 토양 표본을 밀어 넣는 데는 성공했으나 단 한 알의 흙 알갱이도 망을 통과해 오븐으로 가지 못했다. 이 장비에는 망을 진동시키는 장치도 있었다. 그러나 4화성일 동안 망을 흔들어야 충분한 토양을 오븐 위에 올려놓을 수 있었다. 그동안 흙에 약하게 들러붙어 있던 수분은 모두 승화해버리고 말았다.

시간이 지나 우리는 화성의 바람과 끈적끈적한 흙을 제대로 다루는 법을 알아냈다. 장소와 깊이를 달리하여 획득한 채굴 지대의 토양 표본을 분석할 수 있게 되었다. 그러나 많은 표본은 주입구로 들어가지 못했다. 화성의 강풍이 표본을 날려버렸기 때문이다.

화성에서의 가장 적합한 채굴 방법을 독학으로 배우는 사이, 기상 감지기는 기상 데이터를 축적하고 있었다. 캐나다우주기구에서 준 라이다(lidar)를 사용해 대기 속 먼지는 물론 지상의 안개 깊이와 물 얼음 구름의 높이도 측정할 수 있었다. 이 장비는 표면 온도와 기압도 기록할 수 있다. 우리는 이들 장비를 사용해 얼음층의 위쪽에서 권계면에* 이르는 화성의 환경을 관찰할 수 있었다. 이를 상공 궤도선들의 관측 결과와 합치면 완벽한 그림을 얻을 수 있다.

* 대류권 계면, 대류권과 성층권 사이의 경계면.

아스파라거스를 키우기에도 좋은 곳

가장 놀라운 발견은 화성 토양에서 예기치 못한 두 물질이 나온 것이다. 탄산칼슘(5퍼센트 농도)과 과염소산염(0.5퍼센트 농도)이 그것이다. 이들 물질은 화성에서의 생명체 탐구에 매우 중요한 의미를 지닌다.

탄산칼슘은 대기 중의 이산화탄소가 액체 상태의 물속에 녹으면서 탄산을 만들어낼 때 생긴다. 탄산은 토양에서 칼슘을 침출시켜 탄산염을 만들어낸다. 탄산염은 지구에서는 아주 흔한 물질이다. 자연 상태의 탄산염은 석회암이나 백악 등으로 불리우며, 위산과다로 쓰린 속을 진정하는 데 쓰인다. WCL이 측정한 페하(pH) 농도는 7.7로 약염기성이다. 탄산칼슘으로 중화된 지구 바다와 거의 비슷한 농도다.

행성과학자들은 수십 년 동안 화성에서 탄산염을 찾아왔다. 화성의 수많은 협곡, 강 같은 지형, 마른 호수 바닥 등을 볼 때 분명 화성에 과거에는 물이 있었을 것이다. 그렇다면 화성 대기 농도도 예전에는 훨씬 높았을지도 모른다. 그 이산화탄소는 어딘가로 다 갔을 것이다. 탄산칼슘 암석이야말로 가장 의심스러운 장소다. 피닉스는 탄산칼슘이 화성 토양의 성분임을 처음으로 입증했다. 궤도선들도 탄산칼슘으로 이루어진 외떨어진 노두를 발견하기는 했지만, 다른 유형의 탄산염이 더 흔한 듯하다.

탄산칼슘은 그 자체만으로도 흥미롭지만, 피닉스 착륙지가 가까운 과거에는 습했다는 증거도 제시해준다. 그렇다면 왜 지금 흙이 끈끈하게 얼어붙은 상태인지도 설명이 된다. 광물이 시멘트 역할을 했던 것이다.

피닉스 착륙지의 염기성 토양은 다른 착륙선들의 토양과는 상당히 다르다. 수분과 기압을 높이면 이 토양에서 아스파라거스를 키울 수도 있다. 반면 오퍼튜니티 로버가 이동한 지역은 황산염 혼합물이 풍부한 산성 토양이었다. 이는 생명이 살아가기에 부적합한, 더욱 오래된 화학 성분이다.

과염소산염의 경우, 지구에서 이 화학물질은 암모니움 과염소산염의 형태로 대량생산되어 고체 연료 로켓의 산화제로 쓰인다. 피닉스를 발사한 델타 II 로켓도 9대의 고체 연료 로켓 엔진을 달았다. 과염소산염의 농도가 25피피비(ppb)를 넘어가면 위험하다고 간주된다. 장래 화성을 찾을 우주비행사들은 이곳의 토양이 건강에 좋지 않다는 점을 주의해야 할 것이다.

인간에게 해로운 것은 미생물에게는 일용할 양식이다. 자연적으로도 소량의 과염소산염이 생겨나는데, 이는 극히 건조한 사막에서는 축적된다. 다른 곳에서는 물 때문에 과염소산염이 축적되지 못하고 쓸려 가버린다. 칠레의 아타카마 사막은 비가 10년 만에 한 번꼴로 올 만큼 건조해 과염소산염이 잘 축적된다. 사막 박테리아는 과염소산염과 질산염을 섭취해 에너지원으로 사용한다. 그렇다면 화성에서도 그렇지 않을까?

최근의 화성 기후 모델은 화성 궤도 역학 및 자전축 기울기(궤도면과 자전축 간의 각도)의 큰 흔들림까지 감안해 지난 1000만 년 동안 화성의 기후 변동을 추측했다. 극지방에 가해지는 태양열이 강해지면 현재의 냉각기도 오랫동안 이어졌던 온난기로 변할 수 있다. 그러면 여름 기후는 극관의 승화점 이상으로 높아진다. 그러면 극지에서 얼음이 사라지고, 적도 인근의 대형 화산에 얼음이 생겨 거대한 빙하를 이룬다. 이 시점에서 극지는 따뜻해진다. 아마도 탄산칼슘은 이 따스하고 습했던 시기에 형성된 것 같다.

우리 관측 결과 미생물 생태계의 작동 방식이 드러났다. 라이다는 화성의 여름이 저물고 태양의 고도가 낮아지던 날 이른 아침 우주선 주위에 눈이 오는 것을 감지했다. 증발하는 눈에서 나오는 수증기는 먼지 알갱이를 감싼다. 이러한 과정을 흡착이라고 한다. 흡착된 수분은 매우 얇은 물의 층과 같은 작용을 한다. 따뜻한 시기에는 이 층이 두터워져 다른 먼지 알갱이를 연결해줄 정도가 된다. 이는 작은 미생물에게는 퐁당 빠질 수 있을만큼 거대한 바다다.

피닉스가 관측한 영양분과 산화제가 있으면 과염소산염을 먹는 미생물에게 에너지를 공급할 수 있다. 그러나 화성의 춥고 건조한 시기를 수백만 년이나 견뎌내려면 동면 능력도 필요할 것이다.

과염소산염의 속성 중에는 생명체와 관련된 것이 또 있다. 농도를 높이면 물의 어는점을 섭씨 영하 70도로 낮출 수 있다. 그러면 기후가 차가워져도 미생물들은 살아남을 공간을 찾을 수 있다. 어찌되었건 과염소산염의 발견은 화성 연구 학계 전체를 흥분시켰다.

화성 극지에는 생명이 살 수 있는가?

과염소산염의 존재는 지난 35년 동안 수수께끼였다. 바이킹 탐사선이 토양을 오븐에서 가열하여 분석 실험을 할 때 염화메틸이 검출되었다. 바이킹 임무 과학자들은 이것이 화성 고유의 것인지, 탐사선 발사 전 사용했던 세척제에 의한 것인지 구분할 수 없었다. 이 실험은 화성 고유의 유기물질을 검출하는 데 실패했다.

과염소산염은 다른 해석을 제시한다. 멕시코의 국립 자치 대학 연구자들은 아타카마 사막의 화성과 유사한 토양에서 과염소산염이 있을 때와 없을 때로 조건을 나누어 실험을 진행했다. 이때 나온 가스는 바이킹의 실험 결과와 같았다. 과염소산염에서 산소가 배출되어 유기질을 연소시키고, 이 과정에서 염화메틸이 배출되었던 것이다. 과염소산염을 함유한 토양은 상당한 양(1ppb 이상)의 유기물질을 함유할 수 있다. 그러나 이 유기물질은 바이킹 탐사선 때는 발견되지 않았다. 오븐의 온도가 섭씨 300도 이상으로 올라갔을 때 TEGA가 토양에서 이산화탄소를 검출한 것도 이러한 해석을 뒷받침한다. 이는 토양 속 유기물질이 과염소산염에 의해 산화했을 때 가능하다.

화성에서의 생명체 발견 가능성이 이만큼 커진 때는 없다. 그러나 그것은 오직 피닉스 탐사선의 데이터에만 의존한다. 이제 화성과학 실험선은 화성의 생명 존재 가능성에 대한 또 다른 증거를 제시해줄 수 있을 것이다. 피닉스 탐사선의 결과는 환경적 증거만을 제시했다. 그러나 화성과학 실험선의 분석 장비는 토양을 가열하지 않고도 유기물의 징후를 알아낼 수 있다. 유도체화 기법을 사용했기 때문이다. 화성 토양에 특수 화학 용액을 첨가하면 유기물 분자가 증발해 질량 분석계에 감지된다.

화성 극지에 겨울이 찾아와 차가운 어둠이 내릴 때까지 피닉스는 5개월 동안의 임무를 화려하게 수행했다. 피닉스의 신호는 2008년 5월에 끊겼다. 과학 연구에서 낙관주의는 직업상의 위험 요소다. 이듬해 화성 북극에 봄이 찾아오자 필자와 동료들은 피닉스 착륙선이 다시 살아나기를 기대했지만 그런 일은 없었다. 마지막 궤도선 사진에는 강처럼 생긴 긴 균열 속에 누워 있는 피닉스의 모습이 보였다. 울퉁불퉁한 지면 위를 레이스처럼 수놓은 드라이아이스 속에, 부서진 태양전지가 묻혀 있었다. 피닉스는 이제 더 이상 화성과학의 최전선이 아니라, 화성 풍경의 일부분이 되었다.

2-8 우주의 스카이크레인 : 화성의 밧줄 묘기

조지 머서

자동차 광고를 보면 도저히 자동차가 갈 수 없을 만한 곳에 자동차가 놓인 모습을 종종 볼 수 있다. 절벽이라든지, 암석으로 된 기둥 위라든지, 사막 한가운데 같은 곳 말이다. 그러나 나사는 그 어떤 자동차 광고보다도 대단한 일을 하려 한다. 나사는 2010년에 미니 쿠페를 화성에 보낼 계획이다. 정확히 말하면 미니 쿠페만 한 크기와 중량의 로버를 보낸다. 그 구체적 방법 역시 우주비행 역사상 전례가 없다. 대기권 돌입용 캡슐을 초음속 전익기처럼* 사용해 착륙 지점까지 날아간 다음, 지상 상공을 활공하며 기다란 밧줄에 로버를 달아 내리겠다는 것이다. 또 다른 로버 제작자인 유럽우주기구의 조지 바고는 말한다. "나사의 시스템은 멋집니다."

*꼬리 날개가 없고 날개 속에 승무원을 수용하는 설비를 만들어서 날개만 있고 동체가 없는 것처럼 보이는 항공기.

엔지니어들은 이 대담하고 논란의 여지가 있는 방식을 통해 15억 달러짜리 화성과학 실험선(MSL)을 화성에 보내려고 한다. 이 로버는 현재 화성에서 활동 중인 고카트만** 한 스피릿 및 오퍼튜니티 로버의 4배가 넘는 무게다. 로버를 감싸는 캡슐은 폭이 4.5미터로, 아폴로 임무 때의 사령선(3.9미터)보다도 크다. 대기권 돌입, 강하, 착륙 절차의 설계 팀장인 제트 추진 연구소의 아담 스텔처는 말한다. "가장 큰 대기권 돌입용 열 차폐장치를 사용해

**엔진과 프레임, 1인승 좌석을 갖춘, 어린이가 타고 노는 소형 자동차.

야 할 것입니다."

스피릿과 오퍼튜니티가 낙하산을 분리하고 착지했을 때는 대형 에어백을 통해 충격을 흡수했다. MSL이 이런 에어백을 사용할 경우 아주 커야 하므로 이것을 실으면 다른 탑재물을 실을 수 없다. 착륙지에 착지할 때도 나름의 문제가 있다. 다리가 달린 착륙선은 넘어질 위험이 크다. 그렇다고 역분사 로켓을 너무 오래 사용하면 상당한 크기의 크레이터를 만들면서 엄청난 먼지가 발생할 것이다. 역분사 로켓 엔진은 적절한 시기에 꺼져야 한다. 그러려면 지극히 민감한 착지 감지기를 사용해야 한다. 나사 조사관들은 감지기가 엔진을 너무 빨리 끈 탓에 지난 1999년 화성 극지 착륙선이 추락했다고 의심하고 있다.

MSL 계획은 이러한 문제점들을 우회하는 것처럼 보인다. 로버의 모선은 기본적으로 대형 제트팩이다. 지면에 접근하면 제트팩이 점화되면서 20미터 상공에서 제자리비행을 하고, 7.5미터 길이의 케블라* 케이블에 로버를 매달아 내린 다음 사람이 걷는 정도의 속도로 하강한다. 로버가 흔들리면 모선은 이를 상쇄하기 위해 움직인다. 착지 감지기는 필요 없다. 모선은 위치를 유지하기 위한 로켓 추력이 가장 덜 필요할 때 로버를 분리할 것이기 때문이다. 폭발물이 케이블을 절단하면 모선은 동력이 꺼지고 수백 미터를 더 날아가 추락할 것이다. 이 시스템의 이름은 스카이크레인(Skycrane)이다. 영감을 준 시코르스키의 화물 헬리콥터 이름에서 따온 것이다.

*방탄 조끼, 익스트림 스포츠 등에 쓰이는 강력한 고기능성 섬유 소재.

2-8

나사 화성 프로그램의 수석 엔지니어이자 지난 로버 임무에서 마법사와도 같은 뛰어난 기술을 선보인 제트 추진 연구소의 롭 매닝은 말한다. "물론 이 방식이 위험하다고 생각하는 사람도 있습니다." 아직 스카이크레인 시스템을 우주에서 시험해본 적은 없다. 그리고 지구는 중력과 대기 밀도가 화성과 크게 차이가 나므로 지구에서도 본격적인 실험은 불가능하다. 그러나 이전의 스피릿, 오퍼튜니티, 바이킹 등의 다른 화성 임무도 착륙 실험 없이 해냈다. 이제 성공은 엔지니어의 모델링이 얼마나 정교하고 실감나는지에 달려 있다.

MSL 임무만 위태로운 것이 아니다. 무거운 탑재물을 화성 표면에 안전하게 내려놓는 방법이 없으면 표본을 지구로 가져오는 더욱 야심찬 계획도 이룰 수 없다. 바고는 말한다. "앞으로 임무를 하나씩 해나갈수록, 모두가 원하는 큰 임무를 이룰 방법들도 조금씩 보일 것입니다."

착륙 절차

MSL의 혁신적인 착륙 절차에는 고속 공중 기동 및 로버를 로프에 매달아 내리는 스카이크레인 시스템이 포함되어 있다.

일러스트레이션 Don Foley

2-9 임무를 수행하는 사람들

데이비드 아펠

오전 8시, 나사 제트 추진 연구소의 회의실에서는 화성 오퍼튜니티 로버 팀이 아침 과학 회의를 하러 모인다. 오늘은 로버 임무가 시작된 지 149화성일째 되는 날이다. 팀은 로버가 수행할 임무의 분 단위 계획을 짜고 있다. 오늘은 암석 마모 도구(Rock Abrasion Tool, RAT)로 여러 암석을 시추할 것이다. 스티븐 W. 스퀴어스는 로버가 딛고 있는 암석에 대해 이렇게 말한다. "이 암석이 붉은색인지 아닌지를 알아내고 싶습니다."

48세의 코넬 대학 천문학 교수인 스퀴어스는 170명으로 구성된 화성 탐사팀의 주 연구관이다. 그는 오퍼튜니티와 스피릿 로버의 모든 과학 활동에 책임을 진다. 선임 연구원 존 그로칭거는 그를 가리켜 번철 위의 벼룩이라고 부른다. 손 안 대는 것이 없다는 뜻이다.

2004년 6월 말, 오퍼튜니티 팀은 중대한 결정을 앞두었다. 착륙 장소인 메리디아니 플라눔 인근의 깊이 20미터짜리 구멍인 인듀어런스(Endurance) 크레이터 속으로 들어가느냐 마느냐를 결정해야 했다. 팀원들은 수 주 동안 이 크레이터를 봐왔다. 그러나 우선 오퍼튜니티가 눈앞에 버티고 있는 각도 25도, 깊이 30센티미터의 내리막 경사를 극복할 수 있는지부터 알아야 했다. 로버의 설계 한계를 약간 초과하는 것이었다. 그러나 모든 팀원들은 로버가 해내기를 바랐다.

오전 10시, 통과 가능성 회의에서 오퍼튜니티 임무 관리자 맷 월리스는 이렇게 농담했다. "몬스터 트럭 컨벤션에 오신 것을 환영합니다." JPL 화성 야드(yard)의 테스트용 로버는 이 경사를 성공리에 오르락내리락했다. 약간의 미끄러짐과 앞바퀴 들림만이 문제였다. 약간의 토론 끝에 엔지니어링 팀은 강행하기로 결정하고, 오퍼튜니티를 내리막으로 전진시켰다. 오퍼튜니티가 되돌아오지 못할 경우를 대비해 여러 RAT 구멍을 팔 거라고 스퀴어스는 말한다.

나사는 원래 하던 방식에서 벗어나 화성 로버의 과학 임무 일체를 일개인에게 맡겼다. 그리고 다른 많은 책임 연구자와는 달리, 스퀴어스는 로버의 설계와 엔지니어링 경력이 아주 많았다. 그는 로버 장착 파노라믹 카메라를 개발한 지난 1987년부터 로버 제작에 여러 방식으로 참여해왔다. 지난 1992년에는 열 방출을 측정하고 암석의 철과 기타 화학물질을 특정하기 위해 RAT 및 분광계를 조립했다. 이후 그는 수년 동안 로버 프로젝트에 관한 제안서를 썼다. 나사가 스퀴어스와 그의 팀을 선택한 것은 1997년이었다. 그리고 화성 탐사 로버(Mars Exploration Rover, MER) 프로젝트는 2000년 7월에 완성되었다.(본문 2-5장 참조)

스피릿 및 오퍼튜니티 착륙선은 나사가 만든 것 중 가장 복잡한 로봇이다. 이들은 매우 멋지게 작동해 원래 정해졌던 수명의 2배 이상을 움직였다. 로버의 수명을 정하는 요소는 기계 고장(스피릿은 바퀴 하나의 상태가 안 좋은 채로 주행 중이다)을 제외하면 태양전지 위에 쌓이는 먼지다. 이렇게 되면 전력을 생산할 수 없기 때문이다. 두 로버의 전력 손실은 1화성일당 0.15퍼센트로, 1997년 화성에 착륙한 마스 패스파인더의 0.18퍼센트보다 약간 적다. 현재 화성은 겨울에 접어들고 있으므로, 태양전지 어레이가 배터리를 충전하는 데 드는 시간도 길어지고 있다. 이 때문에 로버의 휴면 시간도 늘어날 가능성이 높다. 그러나 로버가 겨울나기에 성공할 가능성은 있다.

화성 로버는 지구와 빛의 속도로도 20분이 걸리는 위치에 있다. 조종간을 사용한 실시간 통제를 하기엔 너무 먼 거리다. 따라서 코드 업로드가 끝나면 다음 코드 업로드를 하기 전에 1화성일 동안의 움직임이 프로그래밍된다. 오후에 스퀴어스는 컴퓨터 기술자들과 함께 작업했다. 이들 컴퓨터 기술자들은 합의한 그날 전략을 바퀴와 로봇 팔의 임무 수행을 위한 움직임으로 번역한다. 이는 로버의 움직임을 매우 꼼꼼하고 자세하게 제어하는 코드로서, 로버가 착륙한 지난 2004년 1월 이후 스퀴어스가 매일같이 해오는 힘든 공학적 작업이다. 그러나 로버가 예상 밖의 움직임을 보일 때도 있다. 작은 문제점들이 생기는 것이다. 예를 들어 오퍼튜니티는 가열 장치 스위치가 열린 채로 고착되어 있었고, 스피릿은 착륙지에서 나온 직후 소프트웨어 문제가 생겼다.

어떤 문제도 그동안의 과학적 성취보다 중요하지는 않다. 두 로버의 파노라믹 카메라 개발을 맡은 수석 과학자이며 코넬 대학 시절 스퀴어스의 가까운 친구였던 짐 벨은 말한다. "스티브가 없이는 로버가 이만큼 성공하지 못했으리라고 보는 게 합당합니다. 아니, 이런 로버들이 만들어질 일도 없었겠지요." 그는 스퀴어스를 향후 임무의 모범 사례를 제시한 인물로 여긴다. 벨은 말한다. "이런 일을 하는 과학자는 최고의 과학자여야 할 뿐 아니라, 과학 장비 설계에 미친 사람이어야 합니다."

가장 중요한 발견은 메리디아니 플라눔에서 대량의 물의 징후를 찾은 것이다. 예를 들면 오퍼튜니티가 황산염과 적철석 결핵체를 발견한 일도 그것이다. 적철석 결핵체는 철을 함유한 작은 회색의 둥근 덩어리로 과학자들은 이를 가리켜 '블루베리'로 부른다. 그리고 스퀴어스도 놀랐듯이, 크레이터 내에 흩어진 돌 파편은 붉은 벽돌 같은 붉은색이었다. 적철석이 부서졌을 때 나오는 전형적인 색상이다. 암석 속의 황산염과 적철석은 물에 의해 생긴다. 따라서 오퍼튜니티의 행동 지역은 과거 소금물로 이루어진 바다의 바닷가였을 수 있다. 단 액체 상태의 물이 과거 얼마 전까지, 얼마나 오랫동안 이곳에 있었는지 알려주는 자료는 아직 없다. 스퀴어스는 이 점을 지적한다. "우리는 메리디아니가 과거 생명이 존재할 수 있던 환경이었다는 증거를 찾지 못했습니다. 그러나 우리는 이 놀라운 지질학적 퇴적물(황산염과 적철석 결핵체)을 얻었습니다. 이 속에는 과거에 유기화합물이 있었는지, 생명체가 있었는지를 알려주는 증거가 잘 보존되어 있습니다."

로버가 스스로 생명의 흔적을 찾아낼 가능성은 적다. 로버의 작업은 언젠가 로봇 또는 인간이 실시할 표본 회수 임무의 밑거름이 될 것이다. 스퀴어스는 화성 유인 탐사 임무의 열렬한 후원자다. "저는 화성 로봇 탐사 임무의 열성 팬입니다. 저는 그것을 위해 살아왔습니다. 그러나 가장 좋고 설득력 있고 영감을 불러일으키는 것은 유인 탐사 임무라고 굳게 믿습니다."

일각에서는 나사가 여러 차례 로봇 임무를 성공시켰으므로 비용이 많이 드는 유인 임무는 불필요하다고 주장한다. 스퀴어스는 거기에 동의하지 않는다. “이 두 로버의 성공을 유인 화성 탐사 임무가 필요 없다는 뜻으로 생각하는 분들이 계십니다. 그런 분들은 중요한 점을 완전히 놓치고 있다고 생각합니다. 저는 우리 로버를 인간의 대체물이 아닌, 인간보다 먼저 화성을 디딘 선배로 생각합니다. 이들이 먼저 화성 표면을 디딘 덕택에 그곳의 환경이 어떤지, 그곳에서 돌아다니고 건물을 세우고 우주선을 발사하고 그 외 이런저런 일들을 하기 위해 무엇이 필요한지 알 수 있는 것입니다.” 스퀴어스와 MER 팀은 메리디아니 플라눔에 유인 기지 터를 알아보고 있다. 이는 좋은 출발점이 될 것이다.

3

미래 예측

3-1 화성에 가는 이유

글렌 조페트

수백 년에 걸쳐 탐험가들은 목숨을 걸고 미지의 세계에 발을 내디뎠다. 동기는 경제적인 것부터 국가적인 것에 이르기까지 다양했다. 크리스토퍼 콜럼버스는 동양과의 더 좋은 교역로를 찾아 스페인의 국익을 증진하고자 서쪽으로 향했다. 루이스와 클라크 탐험대는 미국이 구입한 루이지애나에 무엇이 있는지 거친 자연을 헤치며 탐사했다. 아폴로 우주비행사들은 냉전 기간 중 크게 발전한 첨단 기술의 산물인 로켓에 몸을 싣고 달로 향했다.

물론 이러한 탐사에는 상업적·정치적·군사적 함의가 모두 섞여 있지만, 탐험가들은 모두 중대한 과학적 성취를 이루었다. 그 이전에 어떤 과학자도 가보지 못한 곳에 갔기 때문이다. 루이스와 클라크 탐험대는 미국 서부의 동식물 표본은 물론, 설명문과 그림을 가지고 귀환했다. 그 대부분은 미국 이주민들이 처음 보는 생소한 것이었다. 아폴로 프로그램을 통해서도 달에 대한 좋은 데이터를 대량으로 확보했다. 휴스턴에 있는 달·행성과학 연구소의 지질학자이자 상근 과학자인 폴 D. 스푸디스는 말한다. "달의 지질 역사 전반에 대한 기본적 지식은 마지막 세 번의 아폴로 임무에서 얻은 것입니다."

이제 인류의 다음 개척지로 화성이 떠오르고 있다. 화성 탐사가 가져다줄 단기적인 경제적 이익이 얼마가 될지는 불확실하다. 그리고 냉전은 빠르게 잊혀가고 있으며 대형 우주 개발 사업에서의 국제 협력이 나날이 강조된다. 때문에 인류가 화성을 탐사하려면 경제적·국가적 이유가 아닌 다른 이유가 필요하다. 과학은 오랫동안 탐험의 여러 이유 중 하나였다. 그 과학이 결국 탐험의 주된 이유 자리를 차지할 수 있을까?

이 질문은 결국 또 다른 질문들을 몰고 온다. 인간만이 실시할 수 있는 화성 실험이 있을까? 그러한 실험이 있다면, 그 실험이 제공할 시각은 사람을 화성에 보내는 비용만 한 가치가 있는 것일까?

화성이 과학에서 차지하는 지분이 이만큼 커진 적은 없다. 과거 화성에 충분한 양의 액체 상태 물이 안정적으로 존재했다는 확실한 증거가 나왔다. 그리고 화성을 떠나 지구에 온 운석에 박테리아 화석이 있다는 주장에 대한 논쟁이 지속되면서, 과거 화성에 생명이 존재했는지 그리고 지금도 존재하는지의 문제가 부각되고 있다. 이 문제에 대한 확답이 나온다면, 연구자들은 지구와는 판이한 환경을 가진 행성에서도 생명이 탄생하는 데 필요한 복잡한 화학물질을 만들어낼 수 있다는 귀중한 데이터를 얻는 셈이다. 지구와 화성에서 각각 별도의 과정을 통해 생명이 탄생했다는 것이 밝혀진다면, 과학의 가장 어려운 수수께끼, 즉 "우주 전체에 생명이 존재하는가?"라는 의문을 푸는 데 필요한 확실한 단서를 처음으로 얻을 수 있다.

작가이자 항공우주공학자인 로버트 주브린은 작년(1999년) 가을 매사추세츠 공과대학(MIT)에서 열린 학회에서 말했다. "외계에서 생명체를 발견한다면, 지구 아닌 다른 어떤 곳에서도 생명이 탄생할 수 있음을 입증하게 될 것입니다. 이는 매우 중요한 철학적 문제입니다. 화성은 이 문제에 답하기 위한 로

제타석입니다.”

액체 상태의 물에 관한 확실한 증거

인간을 화성에 보낸다는 발상에 매료되는 사람들은 꾸준히 있어왔다. 유인 화성 탐사가 가능해진 것도 그 이유 중 하나다. 미국은 유인 화성 탐사에 필요한 돈과 기초 기술을 갖고 있다. 더욱 중요한 사실은, 먼 과거 화성의 환경에 대한 최근의 발견 때문에 인간을 화성에 보내야 하는 분명한 과학적 이유가 생겼다는 점이다. 바로 생명의 증거를 찾는 일이다.

화성에 과거 액체 상태의 물이 안정적으로 존재했다는 이론을 뒷받침한 것은 마스 글로벌 서베이어 탐사선의 관측 결과다. 작년(1999년) 이 탐사선이 촬영한 수로는 물이 수천 년은 아니어도 최소 수백 년 동안 흐르면서 땅을 깊이 깎아내 만든 모습이었다. 마스 글로벌 서베이어 이후 마스 패스파인더 탐사선도 중요한 발견을 해냈다. 1997년 7월에 착륙한 이 탐사선은 나사가 ‘더욱 저렴하고 빠르고 뛰어난’ 로봇 우주탐사의 기치를 걸고 만들어낸 첫 탐사선이었다. 나사는 이러한 전략 아래 탐사 임무의 빈도는 늘리고, 비용과 목표는 낮추는 방향으로 움직였다.

마스 패스파인더는 이 전략의 타당성을 입증해주는 사례로 칭송받았다. 그러나 그 칭송은 오래가지 않았다. 이후 단가 1억 2500만 달러짜리 화성 기후 궤도선과 단가 1억 6500만 달러짜리 화성 극지 착륙선이 연달아 실패하면서, 비교적 간단한 로봇 임무조차도 얼마나 잘못될 수 있는지가 드러났다.

이러한 실패는 사람을 화성에 보내는 데는 더 오랜 기다림이 필요하다는 것을 의미한다. 현재 나사에게는 사람을 화성에 보내야 하는 의무가 공식적으로는 없다. 그러나 현재 나사가 기획하는 로봇 탐사선들은 향후의 유인 임무를 준비하기 위한 과학 실험을 실시할 것이다. 마스 패스파인더의 성공 이후 나사 내부에서는 2020년경 유인 임무를 실시하자는 비공식 논의도 있었다. 현재 이러한 계획이 실현될 가능성은 매우 높다.

화성에서의 화석 사냥

유인 화성 탐사 옹호론자들은 최근의 차질에도 아랑곳하지 않고, 논란 많은 운석 발견과 마스 글로벌 서베이어의 놀라운 탐사 결과를 이용해 전문가들이 화성에서 어떤 발견과 성취를 거둘 수 있을지 생각하고 있다. 예를 들어 주브린은 말한다. "화성 생명체 존재 문제의 해결을 진지하게 생각한다면, 그리고 생명체가 현존하는지 여부뿐 아니라 과거에 어떻게 진화했는지까지 알아내려면 사람을 보내야 합니다." 그는 자신의 주장을 뒷받침하기 위해 이런 지적도 한다. "고대 생명체의 화석 증거를 수집하려면, 장거리의 거친 지형을 돌파하고 곡괭이로 땅을 파고 암석을 부수고 화석이 있는 이판암을 한 겹 한 겹 조심스럽게 벗겨내고 먼지를 제거해야 합니다. 로봇 로버는 이런 작업을 할 수 없죠."

화성의 환경이 아무리 가혹하더라도, 화성 생명체에 대한 철저한 수색은 인간이 가서 해낼 수밖에 없다고 일부 전문가들은 생각한다. 나사 에임스 연구센터의 연구원인 파스칼 리는 화성 생명체는 숨어 있으며 미생물일 가능성이 높다면서 이렇게 말한다. "그런 생명체를 발견하려면 광대한 영역을 조사해야 합니다. 뛰어난 기동성과 적응성이 필요합니다." 로봇은 먼 미래가 되어야 그런 능력을 갖출 수 있을 거라고 리는 인정한다. 그리고 그런 로봇에게만 화성의 생명 탐사를 맡겼다가는 비현실적으로 오랜 시간이 걸릴 것이다. 수백 년까지는 아니더라도 수십 년은 족히 걸릴 거라고 그는 생각한다.

화성의 생명 탐사라는 과학적 목표를 로봇으로만 시도하려면 인간을 투입했을 때보다 더 많은 횟수의 임무를 편성해야 하고, 그만큼 발사 횟수도 늘어날 것이다. 발사 횟수가 늘어나면 시간이 더 많이 걸린다. 지구에서 화성으로 갈 수 있는 적절한 시기는 제한이 있기 때문이다. 행성 배열이 최적화되어 지구에서 화성까지 1년 이내에 갈 수 있는 그런 시기는 지구 시간으로 26개월마다 한 번밖에 없다. 그러면 프로그램 하나를 진행하는 데도 수십 년이 걸릴 수 있다는 얘긴데, 그런 프로그램이 국민 그리고 국민이 선출한 관료의 흥미를 계속 얻을 수 있을지에 대해서는 회의적으로 보는 사람들이 많다. 스푸디스는 이렇게 묻는다. "부정적 결과만 계속 나온다면 누가 연속 화성 탐사 임무를 지지하겠습니까?"

인간이 화성에 직접 가서 철저한 생명체 탐사를 실시해야 하는 이유는 또 있다. 화성에 생명체가 있을 경우, 지하 깊은 곳에 있을 가능성이 높기 때문이다. 화성 대기에는 강력한 산화제(아마도 과산화수소)가 소량이나마 들어 있다. 그 결과 화성 토양의 상층부에는 유기물질이 없다. 따라서 화성의 미생물 수

색은 대개 생명체나 유기물질이 산화제 및 지독하게 높은 자외선으로부터 안전한 깊은 땅속을 파 들어가는 것을 전제로 삼는다.

향후 발사될 탐사선들은 암석을 수 센티미터 깊이로 시추하거나 토양을 수 미터 파헤칠 수 있는 로봇공학 조립체를 장비하게 될 것이다. 그러나 이렇게 얕은 깊이에서 별 발견이 없다면, 연구자들은 지하 수백 미터, 어쩌면 1~2킬로미터 깊이까지 파 들어가 표본을 확보해야 화성에 생명체가 있는지 없는지 알 수 있다. 캘리포니아 주 패서디나에 있는 제트 추진 연구소의 우주와 지구과학 프로그램 부장인 찰스 엘라치는 말한다. “이만한 깊이를 시추해 표본을 확보하려면 사람을 보내야 합니다.”

유인 화성 탐사가 행성과학을 발전시키지 못한다고 주장하는 연구자들도 있다. 논쟁의 핵심은 유인 임무와 로봇 임무 간의 비용 효율성 비교일 터다. 문제는 여러 주요인에 대해 알려진 바가 별로 없다는 것이다. 그리고 그 주요인에 관한 분석은 상당 부분이 임의 추정에 의존한다.

앞으로 5~10년 후 로봇의 능력이 얼마나 발전할지도 예측하기 어렵다. 나사의 ‘더욱 저렴하고 빠르고 뛰어난’ 패러다임 아래 만들어져 다른 행성에 보내질 탐사선에 적용될 로봇 기술은 화성의 얼어붙은 거친 환경에서 화석을 탐사할 수준은커녕, 크로켓 게임을 할 수준에도 못 미친다. 나사가 그동안 화성에서 보여준 로버 체계의 능력은 너무나도 제한적이다. 마스 패스파인더에 실려 화성에 간 소저너 로버는 패스파인더의 통신이 끊기기 전까지 착륙지에서 불과 106미터를 움직였을 뿐이다. 그리고 가장 뛰어난 로봇 제어용 인공

지능의 지능 수준조차도 사실 바퀴벌레만도 못하다.

원격현장감을* 활용하면 지구에 있는 인간 조종사의 눈과 귀, 사지를 통해 로봇 로버의 감지기와 매니퓰레이터를** 조종할 수 있다. 이는 처음에는 꽤 매력적 대안으로 여겨졌다. 그러나 유감스럽게도 화성과의 전파 수발신은 최대 40분이 걸린다. 스푸디스는 말한다. "원격현장감은 사용할 수 없습니다. 아무리 잘해봤자 감독형 원격조종 로봇공학 비슷한 것 정도밖에 사용할 수 없을 거예요. 그것만으로는 중요한 과학 현장을 탐사하기에 충분하다고 보지 않습니다."

*공간적으로 떨어져 있는 장소 또는 가상의 장소를 신체적으로 경험하는 것.

**인간의 팔과 유사한 동작을 제공하는 기계적인 로봇 팔 장치.

유인 화성 탐사는 많은 돈이 든다는 것은 모두가 동의하는 사실이다. 현재 나사의 추산에 따르면 유인 화성 탐사의 비용 총액은 계산에 따라서 최소 200억 달러(화성 탐사 옹호론자 주브린이 작성한 시나리오에 기초한 것)에서부터 최대 550억 달러에까지 이른다. 한편 미국 의회는 코소보 분쟁 참전 예산으로 240억 달러를 책정한 바 있다.

물론 유인 화성 탐사는 비싸다. 그러나 비용 효율성도 뛰어나다고 주브린은 주장한다. 그도 화성에 사람을 보내 지질학적 표본을 획득하고 이를 지구로 가져오는 비용은 같은 작업을 로봇으로 하는 것에 비해 10배는 비싸다고 인정한다. 그러나 그의 계산에 따르면 유인 임무는 로봇에 비해 1만 배나 더 많은 면적을 탐사할 수 있으며, 지구로 가져올 수 있는 표본의 양도 100배나 된다.

한편 제트 추진 연구소의 전 수석 과학자이자 글로벌 서베이어 임무의 프로젝트 과학자인 아든 앨비는 나사의 태양계 탐사 위원회가 지난 1986년에 실시한 연구를 언급했다. 이 연구에서는 1회의 로봇 임무만으로도 아폴로 15호가 달에서 실시한 지질학 표본 채취를 모두 수행할 수 있다고 결론 내렸다. 아폴로 15호 임무의 어느 날, 우주비행사 데이비드 R. 스콧과 제임스 B. 어윈은 로버를 타고 11.2킬로미터 거리를 주행하면서, 5개소를 들러 표본을 채취했다. 이들은 45개의 암석과 17개의 토양 표본, 잘 싸인 8개의 '토양핵'을 채취했다. 연구에 따르면 1대의 로봇 로버로도 이만한 성과를 충분히 거둘 수 있다는 것이다. 다만 시간이 155일 걸리지만 말이다. 게다가 이 155일의 시간 중 대부분 기간을 로버는 멈춰 서 있다. 지구의 전문가들이 심사숙고 끝에 다음 움직임을 결정하는 동안 말이다. 실제 표본 채취에 걸리는 시간은 70일이다. 그리고 이 70일 동안 로버가 움직이는 시간은 불과 31시간이다. 현재 캘리포니아 공과대학 대학원 학장인 앨비는 말한다. "비용과 효과를 따져본다면, 유인 탐사 임무를 지지하기는 어려울 것입니다."

화성에서의 협력

화성은 면적이 방대하고 놀라운 지질학적 특성을 지녔지만, 기후는 인간에게 매우 적대적이다. 이러한 화성을 정복하려면 인간과 기계가 협력하는 수밖에 없다. 예를 들어 나사의 리는 캐나다령 북극권의 데본 섬에 있는 호턴 충돌 대화구(Haughton impact crater) 관련 프로젝트를 이끌고 있다. 세계에서 제일 큰 무인도에 있는 이 차가운 오지의 사막에서, 그는 동료들과 함께 이곳과 화성 간의 묘한 유사점을 연구하면서 미래의 화성 탐사자들이 사용할 수 있는 절차와 기술을 개발하고 있다.

리와 동료들은 유용하고 대표성 높은 표본을 수색하면서 수백 킬로미터를 움직여 무수한 노두를 올랐다. 그는 이렇게 보고한다. "표준적인 노두 같은 것은 없습니다. 우리가 가본 노두 중에 특화되지 않은 로버가 오를 수 있는 것은 거의 없습니다."

그는 계속한다. "탐사와 발견은 매우 반복적인 절차입니다. 인간의 적응력과 기동성이 있어야 적절한 시간 내에 이 반복적 절차를 완수할 가능성이 있습니다."

리는 여전히 "제정신이 박힌 사람이라면 인간만으로 진행되는 화성 탐사를 구상할 수 없을 것"이라고 주장한다. 그는 인간이 하기엔 너무 지루하거나 힘든 일을 대신해줄 반자율 로봇이 필요하다고 설명한다. 예를 들면 항공 정찰이나 장기 현장 탐사를 위한 보급창, 은닉처와 대피소 건설, 지질학자들이 획득한 대량의 표본 운반과 관리 등이 그것이다.

화성 표본 회수 임무에 쓰이는 로버를 제작하는 프로젝트의 주 연구자인 스티븐 W. 스퀴어스 역시 인간과 로봇의 상호 보완적 역할 수행을 구상하고 있다. 그는 15년 전 여러 남극 호수에 대한 지질학·퇴적학·생물학·화학 연구 프로젝트에 참가하면서 시각을 통합하였다. 얼음 아래의 환경은 차갑고 인간에게 적대적이며 인간 세계와 멀리 떨어져 있다. 화성과 비슷하다. 연구팀은 데이터를 확보하기 위해 무인잠수정(remotely operated vehicles, ROV)과 스쿠버를 모두 사용했다.

스퀴어스는 이렇게 보고했다. "가장 효과적인 방법은 ROV를 먼저 내려 보내 일차적 질문에 대한 답을 찾는 것입니다. 그다음 진정으로 원하는 바가 무엇인지 알고 나면 사람을 내려 보내야 합니다." 그는 화성 표면 아래에서 생명을 탐사할 때의 일차적 질문들은 다음과 같을 거라고 덧붙인다. "어디를 얼마나 깊게 시추해야 하는가? 화성 지각의 상태는 어떠한가? 화성에는 지하수가 있는가? 그렇다면 정확히 어디에 있는가?" 현재 코넬 대학의 천문학 교수인 스퀴어스는 이러한 의문에 답하려면 더 많은 로봇 화성 탐사 임무가 필요하다고 지적한다.

일부 과학자들은 유인 화성 탐사 임무의 과학적 타당성을 열성적으로 주장한다. 그러나 유인 화성 탐사에는 과학적 타당성 이외에 다른 타당성도 분명 필요할 것이다. 만약 유인 화성 탐사 프로젝트를 자국 단독으로 떠맡으려는 나라가 둘 이상이 된다면, 다른 이유가 없는 한 그동안 대탐험을 이끌어 온 가장 믿음직한 동기였던 국가주의가 타당한 근거가 될 확률은 낮다.

현재보다 더욱 정치 및 경제적으로 안정된 러시아를 포함한 산업화된 국가들이 화성에 감으로써 자국의 명예를 드높이려 할 수도 있다. 그리고 기업 활동이 갈수록 세계화되면서 우주탐사는 새로운 유형의 국가주의를 통해 이득을 얻을 수 있다. 다국적 기업들은 세계무대에서 스스로를 차별화하기 위해 화성 임무에 자본과 기술을 투자하고 대신 광고 효과를 얻으려 들 것이다. 또는 신기술, 방송권, 기타 수익성 높은 부산물을 요구할 수도 있다.

올림픽 선수부터 세계 일주 기구 조종사에 이르기까지 여러 도전자들은 기업으로부터 엄청난 후원을 얻고 있다. 이러한 후원 금액은 550억 달러나 되는 유인 화성 탐사 예산에 비하면 별 것이 아니다. 그러나 역사에 지울 수 없는 기록을 남기기 위해서라면 550억 달러도 별 것 아닌 금액으로 여겨질 날이 올지도 모르겠다.

3-2 화성에 가는 방법

조지 머서, 마크 앨퍼트

화성에 가는 것은 큰일이다. 화성은 지구와 가장 가까울 때에도 지구와의 거리가 8000만 킬로미터나 된다. 왕복 여행에는 수년이 걸린다. 그러나 과학자와 공학자는 유인 화성 탐사에 따르는 주요 기술적 문제점을 해결할 수 있다고 말한다. 그렇다면 가장 큰 문제는 바로 엄청난 비용이다.

화성 탐사 비용을 좌우하는 것은 결국 우주선의 질량이다. 우주선이 가벼울수록 연료를 덜 먹는다. 연료비야말로 우주비행에서 가장 큰 금액을 잡아먹는 항목이다. 화성 탐사 임무의 역사는 안전 및 과학 탐구를 크게 해치지 않는 선에서 우주선의 무게를 줄인 역사라고 해도 과언이 아니다. 1952년 로켓 공학 선각자인 베르너 폰 브라운은 재래식 화학 로켓 엔진으로 추진되며 발사 중량이 3만 7,200톤인 우주선의 대군을 구상했다. 이런 우주선들을 지구 궤도상에 올리는 데만 해도 수천 억 달러는 가볍게 날아갈 것이다. 이후 기획자들은 더욱 효율이 좋은 원자력 로켓이나 전자기력 로켓 등을 사용한다거나, 우주비행사의 수 또는 중복성 수준을 줄인다거나, 화성 현지에서 연료를 생산하는 방식으로 보다 경제적인 화성 탐사를 구상해왔다.

현재 가장 가벼운 임무는 화성 다이렉트 계획(Mars Direct project)이다. 예상 비용은 10년에 걸친 시작 비용 200억 달러, 그리고 임무 1회당 20억 달러가 추가된다. 나사의 독자적 계획인 설계 참조 임무는 화성 다이렉트 계획에서 많은 발상을 가져왔지만 더 많은 안전 대책과 늘어난 승무원 수(4명이던 것이 6명으로 늘어났다) 때문에 비용이 두 배나 되었다.

가장 최근의 나사 계획에서는 3가지의 우주선이 필요하다. 우선 무인 화물 착륙선이다. 무인 화물 착륙선은 상승용 발사체와 추진제 공장을 화성 표면에 내려놓는다. 두 번째는 공거주구 착륙선(unoccupied habitat Lander)이다. 이것은 화성 궤도를 돈다. 마지막으로 승무원 이송용 우주선(crew transfer vehicle, CTV)이 있다. 무인 화물 착륙선과 공거주구 착륙선이 화성에 도착 성공하고, 첫 발사 후 26개월이 지나 지구와 화성 간의 정렬이 최적화된 때 발사된다. CTV는 우주비행사를 싣고 화성에 가서 공거주구 착륙선과 상봉한다. 우주비행사들은 공거주구 착륙선으로 옮겨 탄 다음 화성에 착륙, 500일간 체류하고 나서 상승용 발사체를 타고 이륙한다. 그동안 궤도를 돌던 CTV는 상승용 발사체와 상봉, 우주비행사들을 싣고 지구로 복귀한다. 26개월마다 이들 우주선 트리오가 화성으로 가서, 영구 거주구를 만들기 위한 생활 기반 시설을 건설할 것이다.

이러한 계획의 예상 비용은 국제 우주정거장이나 아폴로 프로그램보다도 싸다. 그러나 나사는 예상 비용을 지키는 데는 재능이 없기로 유명하다. 이 때문에 '마스 소사이어티(Mars Society)'나 '미국 우주 학회(National Space Society)' 등의 화성 팬들은 우주 개발 계획을 실행하는 다른 방식을 제시해 왔다.

그중 가장 진전된 계획은 '씽크마스(ThinkMars)'의 것이다. '씽크마스'는 매사추세츠 공과대학과 하버드 경영대학의 학생들이 모여 만든 단체다. 이들은 화성 프로젝트를 관리하는 영리단체를 만들 것을 제안하고 있다. 이 영리단체는 계약을 통해 여러 민간 기업과 나사 연구센터에 다양한 임무를 부여할 것이다. 이로써 미국을 비롯한 여러 나라 정부들은 더욱 저렴한 가격에 화성 우주선의 객석이나 화물칸을 차지할 수 있다. 영리단체이기에 판촉 기회와 미디어 권리를 판매하고 기술적 부산물에 대한 라이선스를 얻음으로써, 이것이 가능하다고 본다.

연구자들에 따르면 유인 화성 탐사는 기술적으로 타당하다. 이제 남은 것은 비용을 부담할 납세자, 정치가, 기업인을 설득하는 일이다.

발사와 조립

우주선을 저지구궤도(고도 200~500킬로미터)에 발사하는 것이야말로 모든 유인 화성 탐사 임무 제안서의 중요한 첫걸음이다. 다만 현존하는 추진 기술을 사용한 유인 우주선은 화성까지 가는 데 엄청난 양의 추진제를 사용하므로, 그만큼 무거워지는 것이 근본적 문제다. 최소 130톤, 심하면 그 2배까지도 무게가 나갈 것이다. 현존하는 발사체 중 이만한 무게를 궤도에 올릴 수 있는 것은 없다. 우주왕복선과 대형 발사체(타이탄 4B 등)도 최대 탑재량은 25톤이 안 된다. 더구나 오늘날의 발사 비용은 톤당 2000만 달러에 달한다. 때문에 화성 우주선의 발사 비용은 엄청나게 비싸질 수 있다.

항공우주 기업들은 더욱 비용 효율성이 뛰어난 델타4(Delta4) 같은 로켓과 재사용이 가능한 벤처스타(VentureStar) 같은 발사체를 개발하고 있다. 그러나 이들 중에도 탑재량이 130톤인 것은 없다. 아폴로 계획 시대의 새턴5(Saturn5) 로켓이라면 가능하다. 구(舊)소련의 에네르기아(Energia) 로켓도 가능하다. 그러나 이들 두 로켓의 생산을 재개하는 것은 비현실적이다. 따라서 화성 우주선은 여러 토막으로 분해되어 발사된 다음 궤도상에서 조립되는 것이 가장 현실적이다. 조립 방식은 지상에서 통제 가능한 도킹 기동을 사용하는 편이 좋다. 국제 우주정거장에서 우주선을 조립하는 것은 비효율적일 수 있다. 국제 우주정거장의 궤도 기울기가 51.6도이기 때문이다. 반면 플로리다주 케이프커내버럴의 발사 시설은 28.5도 기울기가 가능하므로 가장 발사가 용이하다. 화성 우주선이 완성되면 승무원은 우주왕복선으로 탑승할 수 있다.

조립을 간소화하려면 발사 횟수와 궤도상 상봉 횟수를 최소화해야 한다. 앨라배마 주 헌츠빌에 위치한 나사 마셜 우주비행 센터의 엔지니어들은 '매그넘(Magnum)'이라는 이름의 로켓을 설계했다. 이 로켓은 궤도상에 80톤의 탑재물을 올릴 수 있다. 두 번만 발사하면 130톤의 화성 우주선도 올릴 수 있는 것이다. '매그넘'은 우주왕복선과 같은 발사대 및 고체 연료 부스터를 사용할 수 있도록 설계했다. 우주왕복선의 부스터에는 러시아가 설계한 RD-120 엔진 3대를 지닌 신형 2단 로켓이 장착된다. 매그넘은 길이 28미터의 탑재물을 실을 수 있으며, 로켓 상단의 외피는 화성 우주선의 열 차폐장치도 겸한다.

매그넘은 기존의 부스터와 발사대를 사용하므로, 가격이 비교적 저렴하다. 개발비 20억 달러, 발사비는 톤당 200만 달러 선이다. 우주왕복선에 비하면

10분의 1 수준으로 저렴하다. 더구나 우주공학자 로버트 주브린이 제안한 '아레스(Ares)' 안에서처럼 우주왕복선의 구성품을 사용하여 더욱 강력한 발사체를 만드는 것도 가능하다. '아레스'는 고추력 상단 엔진을 사용해 유인 우주선을 화성까지 곧장 날려 보낼 수 있다.

— 추진 체계

어떤 추진 체계를 사용하여 지구 궤도에서 화성까지 유인 우주선을 보낼 것인가? 기획자들은 여러 방법을 생각하고 있다. 각 방법마다 저마다 장단점이 있다. 근본적으로 추력과 연비는 서로 반비례 관계임을 염두에 둬야 한다. 고추력 체계는 토끼와도 같다. 빠르게 가속되지만 연비가 나쁘다. 저추력 체계는 거북이와 같다. 가속은 느리지만 연비가 좋다. 동일 임무 내에서도 단계에 따라 두 체계를 혼용할 수 있다. 고추력 로켓은 우주비행사들을 신속히 수송하는 데에, 저추력 로켓은 화물 또는 빈 우주선을 느리게 움직이는 데 사용될 수 있는 것이다.

화학 방식

이제까지 발사된 거의 모든 우주선은 화학 로켓 엔진을 사용했다. 이 엔진은 수소와 산소를 연소시킬 때 나오는 팽창 가스를 사용해 추력을 얻는다. 검증된 기술이며 다른 대부분 방식들보다 큰 추력을 얻을 수 있으나 연비는 나쁘다. 화학 로켓으로 유인 우주선을 화성까지 보내려면 엄청난 양의 연료가 필요하다. 어떤 설계안에 따르면 무게 233톤, 액체산소와 액체수소 무게 166톤의 로켓이 나오기도 했다. 이 로켓은 RL-10 엔진(많은 미국 로켓에 사용된 유서 깊은 엔진이다) 7개를 3단으로 배치한다. 제1단은 우주선을 지구 주위 고타원궤도로 올린다. 제2단은 우주선을 화성행 코스로 날려 보낸다. 제3단은 임무를 마친 우주선을 지구로 복귀시킨다. 각 단은 몇 분씩만 점화된 다음 분리된다.

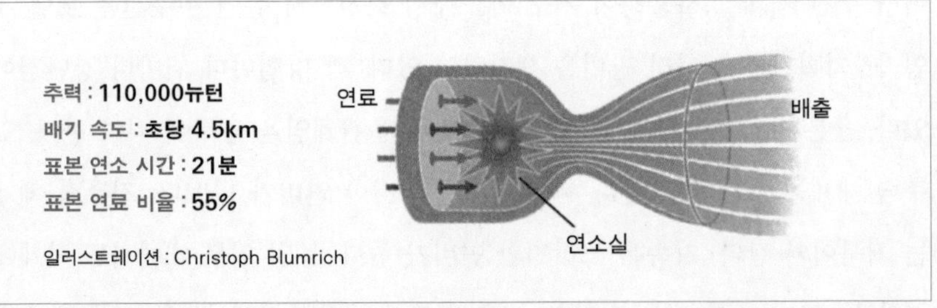

일러스트레이션 : Christoph Blumrich

열핵 방식

미국 정부는 1960년대 로버/네르바(NERVA) 프로그램에 사용할 열핵 로켓 엔진을 만들어 지상 실험까지 했다. 이 엔진은 액체수소를 고체 노심 원자로 속으로 뿜어 추력을 얻는다. 이때 액체수소는 섭씨 2,500도 이상으로 가열되어 고속으로 로켓 노즐을 통해 분출된다. 열핵 방식은 연료 1킬로그램당 가속도가 가장 뛰어난 화학 로켓의 두 배에 달한다. 원자로는 우주선의 발전용으로도 사용될 수 있다. 중량 170톤, 열핵 로켓 3대, 액체수소 탑재량 90톤의 우주선이라면 화성까지 불과 6~7개월 만에 갈 수 있다. 그러나 우주에서 원자로를 사용하는 데 따르는 국민적 반대는 큰 장애물이다. 물론 다른 여러 추진 체계에도 공통적인 문제이기는 하다. 나사는 10년 가까이 우주 원자로 연구에 예산을 지급하지 않고 있다.

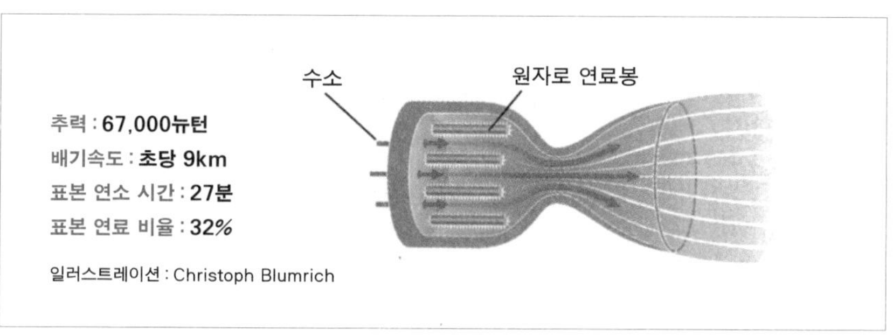

일러스트레이션 : Christoph Blumrich

이온 방식

지난 1950년대에 처음 개발된 이온 추진 방식은 열 대신 전기장을 사용해 추진제를 분출하는 여러 기술 중 하나다. 세슘이나 제논 등의 기체형 연료가 연소실 안으로 흘러들어가 텔레비전 스크린이나 컴퓨터 모니터에 달린 것과 비슷한 전자총에 의해 이온화된다. 한 쌍의 금속 격자에 걸린 전압이 양으로 대전된 이온을 끌어당기면 이 이온이 격자를 통과해 우주로 나간다. 한편 엔진 후방의 음극은 이온 빔에 전자를 쏟아 부어 우주선이 음전하를 축적하지 못하게 한다. 불과 1년 전(1999년) 딥 스페이스(Deep Space) 1호 탐사선은 이 시스템의 행성간 실험을 첫 실시했다. 태양에너지 2.5킬로와트를 소비할 때마다 0.1뉴턴의 추력을 낸다. 작지만 꾸준하게 낼 수 있다. 그러나 입자를 가속 통과시키는 격자를 유인 화성 탐사가 가능한 메가와트급으로 키울 수는 없다. 또한 대형 이온 드라이브는 원자로에서 동력을 얻어야 한다. 100킬로와트 이상의 출력을 내는 태양전지는 나오기 어렵기 때문이다.

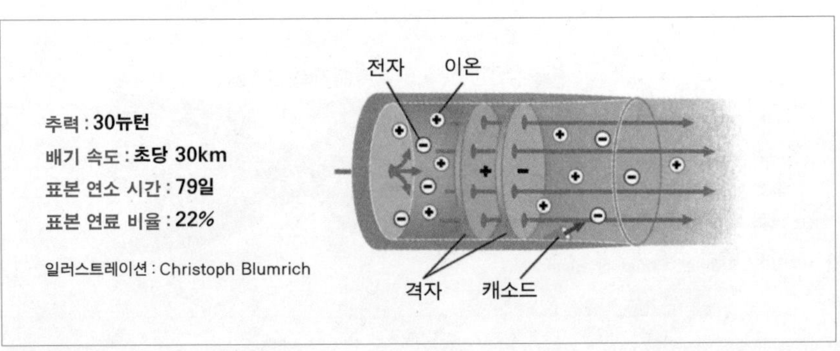

홀 효과

이온 드라이브와 마찬가지로 홀 효과 추력기 역시 전기장을 사용하여 양으로 대전된 입자(보통 제논)를 가속화한다. 차이점은 추력기가 전기장을 만드는 방식이다. 여러 개의 자석으로 이루어진 링이 방사상의 자장을 만든다. 이 자장은 전자들이 자석 링 주변을 돌게 한다. 이 움직임은 축 방향 전기장을 만든다. 이 시스템의 장점은 격자가 필요 없다는 것이다. 때문에 이온 드라이브보다 더욱 큰 규모로 만들기 쉽다. 연비는 안 좋지만 제2추력단을 붙이면 개선할 수 있다. 홀 효과 추력기는 지난 1970년대 초반 구소련의 위성에 사용된

적이 있다. 최근에는 미국에서 이 기술을 더욱 개량했다. 미국과 러시아가 합작으로 만든 최신모델은 5킬로와트의 전력을 사용해 0.2뉴턴의 추력을 낼 수 있다.

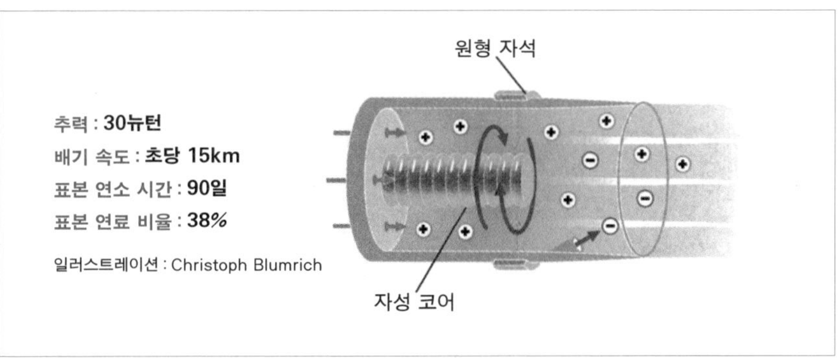

일러스트레이션 : Christoph Blumrich

자기 플라스마 동력

자기 플라스마 동력(Magnetoplasmadynamic, MPD) 로켓은 대전된 입자를 전자장이 아닌 자장으로 가속시킨다. 이 기기는 양극이 형성한 통로를 지나는데, 이 통로 한가운데는 막대기처럼 생긴 음극이 있다. 두 전극 사이에 전압이 걸리면 추진제를 이온화한다. 이로써 강력한 전류가 가스 속으로 방사상으로 흘러 음극으로 돌아온다. 음극의 전류는 원형 자장을 만든다. 이 자장은 가스 속의 전류와 상호작용하여 입자를 양쪽에 수직인 방향, 즉 축 방향으로 가속시킨다. 연비를 높이기 위해 연료로는 아르곤, 리튬, 수소 등을 쓸 수 있다. 나사는 수십 년 동안 MPD에 간헐적으로 관심을 보이다가 작년(1999년)에 연구를 재개했다. 프린스턴 대학은 물론 러시아, 일본, 독일의 연구소 등과 공동 연구를 통해 2밀리초 펄스의 전류가 나오는 1메가와트급 프로토타입을 만들었다.

추력 : **100뉴턴**
배기 속도 : **초당 20~100km**
표본 연소 시간 : **21~25일**
표본 연료 비율 : **6.7~31%**
일러스트레이션 : Christoph Blumrich

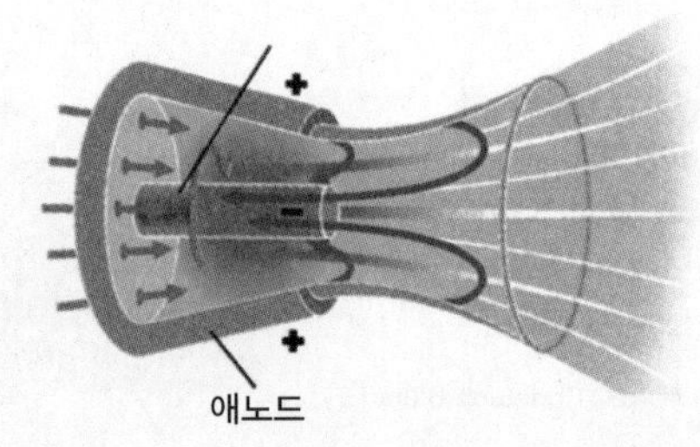

펄스 유도 추력기

펄스 유도 추력기(PIT)는 나사가 재평가 중인 또 다른 기술이다. 이 기기는 MPD와 마찬가지로 신속하게 진행되는 일련의 동작을 통해 수직 전기장 및 자기장을 만든다. 노즐이 가스(보통 아르곤)를 한 번 뿜어내면 이 가스가 약 1미터 폭의 평면 코일 전선 위로 퍼진다. 그러면 대량의 축전기가 전류 펄스를 약 10마이크로초 정도 코일로 내보낸다. 이 펄스로 인해 생긴 방사상의 자장이 가스 내에 원형 전기장을 유도해 만들고 이온화한 다음 입자들이 전류 펄스와 정확히 반대 방향으로 돌게 한다. 이들의 움직임이 자기장과 수직 방향이기 때문에, 이 입자들은 우주로 배출된다. 다른 전자장 동력 장치와는 달리 PIT는 잘 마모되는 전극이 필요 없다. 그리고 펄스 속도를 올리면 추력을 높일 수 있다. 1메가와트 시스템은 초당 200회의 펄스를 일으킬 수 있다.

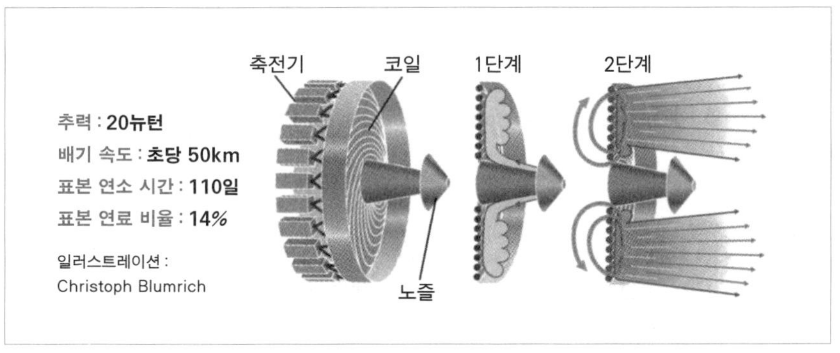

바시미르

바시미르(Vasimr)는 가변 비추력 자기 플라스마 로켓(Variable Specific Impulse Magnetoplasma Rocket)의 줄임말이다. 이 로켓은 고추력 체계와 저추력 체계 간의 간극을 메꿔준다. 추진제로는 보통 수소가 사용된다. 추진제는 전파를 사용해 이온화된 다음 자장 속 중앙 연소실로 옮겨진다. 여기서 입자는 특정 자연 주파수에 따라 자장 선 주변을 나선 운동한다. 동일한 주파수의 전파를 입자에 쪼여 입자의 온도를 1000만 도까지 높인다. 자력 노즐이 나선 운동을 축 운동으로 바꾸어 추력을 생성한다. 조종사는 가열 정도 및 자력 흡입 장치를 조절하여 배기 속도를 제어할 수 있다. 이 원리는 자동차 변속기와 비슷하다. 흡입 장치를 닫으면 고단 기어가 들어가는 것과 같다. 배출되는 입자의 수를 줄여 추력을 줄이지만 온도는 높게 유지해 배기 속도를 유지한다. 흡입 장치를 열면 저단 기어가 들어가는 것과 같다. 추력은 높지만 연비는 낮아진다. 우주선이 지구 궤도를 벗어나 행성간 순항으로 들어갈 때는 저단 기어와 제트 엔진 재연소 장치를 사용한다. 나사는 2004년 10킬로와트 엔진의 시험비행을 실시할 예정이다. 화성 유인 탐사에는 10메가와트급 엔진이 필요하다.

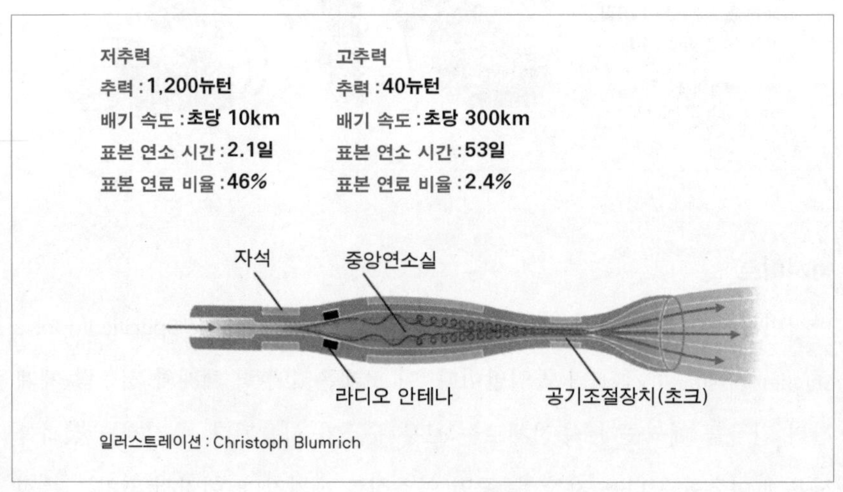

일러스트레이션 : Christoph Blumrich

태양 돛

공상과학 작품에서도 자주 나오는 태양 돛은 추력과 연비 사이에서 연비 쪽으로 극단적 선택을 했다. 태양 돛은 태양빛의 미약한(그러나 공짜인!) 압력에 떠밀려 움직인다. 지구에서 화성까지 1년 안에 25톤의 화물을 운반하려면 적어도 4제곱킬로미터 면적의 태양 돛이 필요하다. 소재의 무게는 1제곱킬로미터당 1그램이 넘어서는 안 된다. 탄소섬유는 이만한 물성을 거의 충족한다. 다음 과제는 이 크고 연약한 구조물을 안전하게 펴는 일이다. 지난 1993년 러시아 우주 레가타 컨소시엄은 300제곱미터짜리 즈나미야 우주 반사경을 전개한 바 있지만, 작년(1999년)에 실시한 두 번째 시험에서는 얽혔다. 나사는 최근 자석식 돛으로 태양광선이 아닌 태양풍(태양에서 나오는 대전 입자)을 받아 움직인다는 유사한 아이디어에 예산을 지급하였다.

— 어떤 항로로 갈 것인가?

합 클래스

고추력 로켓이라면 호만 전이(Hohmann transfer)를 사용할 때 화성까지 가장 적은 연료로 갈 수 있다. 호만 전이는 지구 궤도와 화성 궤도를 살짝 스치며 지나가는 타원형 궤도다. 따라서 두 행성의 궤도 운동을 이용할 수 있다. 우주선은 화성이 지구 앞 45도 각도에 있을 때(26개월마다 한 번씩 돌아온다) 발사된다. 우주선은 태양계 바깥쪽으로 나아가 화성이 태양을 사이에 두고 지구와 정확히 반대 위치에 있을 때 화성에 도착한다. 이러한 행성 배열을 천문학자들은 '합(conjunction)'이라고 부른다. 돌아올 때면 우주비행사들은 화성이 지구 앞 75도 각도에 올 때까지 기다렸다가 태양계 안쪽으로 호를 그리며 나아가 지구와 만난다.

편도로 움직일 때마다 두 번의 속도 조절이 필요하다. 지구 표면에서 출발할 때는 속도를 초속 11.5킬로미터를 내야 지구 중력을 벗어나 전이 궤도로 들어갈 수 있다. 만약 저지구궤도에서 출발한다면 우주선이 이미 빠르게 움직이는 상태이므로 엔진은 초속 3.5킬로미터를 더 내면 된다. 만약 달 궤도에서 출발할 경우에는 엔진이 내야 할 속도가 더 적어진다. 바로 이 때문에 과거에는 달을 화성 탐사의 유력한 전초 기지로 여기기도 했다. 그러나 요즘 임무 제안 대부분은 달 궤도를 불필요하고 낭비가 심한 우회로로 여겨 사용하지 않는다. 화성에 가면 역분사 로켓과 에어 브레이크를 사용해 우주선의 속도를 줄여야 한다. 화성 궤도 진입할 때는 1초에 초속 2킬로미터씩 줄이고, 착륙할 때는 초속 5.5킬로미터까지 줄여야 한다. 지구로 되돌아올 때는 이 과정을 역순으로 진행한다.

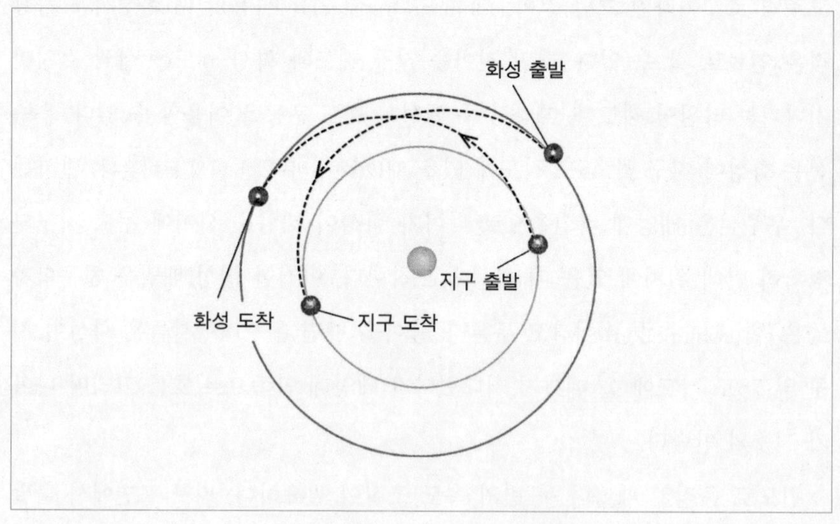

화성에 갔다 오는 데는 보통 2년 반이 좀 넘는 시간이 걸린다. 편도로 260일씩, 그리고 화성 체류 기간이 460일이다. 그러나 실제로는 행성 궤도가 타원형이고 기울어져 있으므로 최적의 여행 기간은 이보다 길거나 짧을 수 있다. 화성 다이렉트나 나사 참조 임무처럼 각광받는 계획은 합 클래스 임무를 선호하되 상당한 양의 추가 연료를 사용하여 여행 기간을 줄인다. 신중한 기획을 통해 엔진이 고장 나더라도 우주선은 지구로 돌아올 수 있다(아폴로 13호 때처럼).

충 클래스

나사의 기획자들은 여행 기간을 줄이기 위해 '충(opposition)' 클래스 궤적도

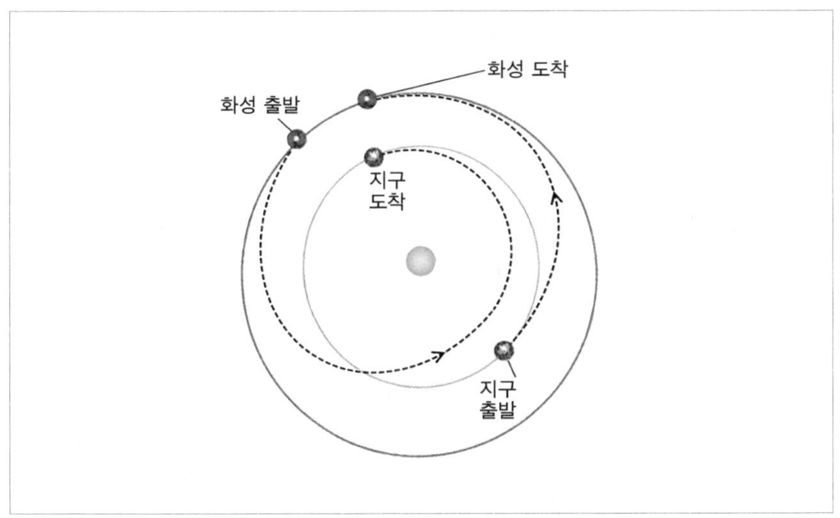

예부터 검토해왔다. 충이란 지구와 화성이 가장 가까워지는 상태를 의미하는 천문학 용어다. 이 계획에서는 임무 중 충 시기가 있다. 이 코스에는 가속해야 하는 때가 더 많다. 이 코스는 보통 1년 반의 시간이 걸린다. 지구에서 화성까지 220일, 화성에서 30일 체류, 화성에서 지구까지 290일이 걸린다. 지구로 복귀할 때는 태양을 향해 발사되어 금성을 거쳐 뒤편으로 지구로 접근한다. 화성행 편도 여행 기간이 더 길도록 일정을 뒤집을 수도 있다. 이러한 궤적을 좋아하지 않는 사람도 많다. 이동 기간은 긴데 화성 체류 기간이 짧기 때문이다. 그러나 초강력 원자력 로켓을 사용하거나 우주선이 멈추지 않고 화성과 지구 사이를 계속 왕복하는 방식의 사이클러(cycler) 계획을 사용해 이동 기간을 줄일 수도 있다.

저추력

이온 드라이브 같은 저추력 로켓은 연료를 절약할 수 있지만 너무 약하므로 한 번에 지구 중력권을 이탈할 수 없다. 서서히 궤도를 확장해 지구 중력권을 이탈해야 한다. 마치 지그재그 길을 통해 산을 오르는 자동차처럼 말이다. 탈출 속도에 도달하려면 1년은 걸릴 수도 있다. 하지만 지구를 둘러싼 밴앨런대(Van Allen radiation belts)에 승무원을 노출시키기에는 너무 긴 시간이다. 한 가지 발상은 화물 운송에만 저추력 로켓을 사용하는 것이다. 또 탈출 지점까지 빈 우주선을 나르는 데도 사용할 수 있다. 이 빈 우주선은 우주왕복선과 비슷한 우주택시와 만나 우주비행사들을 태운 다음, 또 다른 로켓 엔진을 작동해 화성으로 향한다. 이 두 번째 로켓은 고추력이든 저추력이든 다 좋다. 어떤 분석에 따르면 저추력 PIT의 경우 40일간 점화하면 관성으로 85일간 항해가 가능하며, 화성에 도착한 후 20일간 다시 점화하는 방식으로 움직일 수 있다고 한다.

바시미르 엔진은 또 다른 선택지를 제시한다. 저단 기어(높은 추력과 낮은 연비)로 시작하면 30일 만에 지구 궤도를 이탈할 수 있다. 그리고 추진제를 남겨두면 우주비행사들을 방사능으로부터 방호하는 효과도 있다. 지구 궤도 이탈 후 성간 순항에는 85일이 걸린다. 전반기에는 로켓의 기어 단수를 올리고, 중간 지점에서부터는 기어 단수를 낮춰 감속을 시작한다. 화성에 도착하면 우주선의 일부가 떨어져 나가 화성 표면에 착륙한다. 귀환용 모듈을 포함한 나머

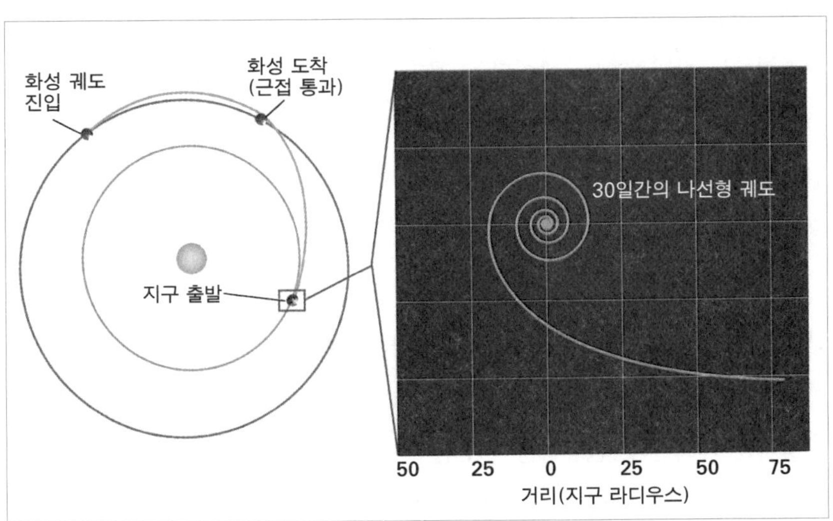

지 부분은 화성을 지나쳐, 감속을 계속해 131일 후면 화성 궤도에 진입한다.

행성간 순항

화성으로 가는 여행에서 우주선의 생명 유지 체계만큼 승무원 안전에 중요한 것은 없다. 휴스턴 소재 나사 존슨 우주센터의 연구자들은 이미 현재 사용되는 체계의 효율과 신뢰성을 향상하는 작업을 시작했다. 자원한 피험자들이 공기와 물 순환의 신기술을 검증하기 위해 설계된 기밀실 안에서 최대 3개월을 생활한다. 이 실험은 물리적·화학적 재생 장치 외에도 생물학적 재생 장치 역시 시연한다. 예를 들어 우주비행사의 대변으로 비료를 만든 다음 이 비료로 밀을 키워 우주비행사들에게 산소와 빵을 제공하는 것이다.

과학자들은 무중력 상태에서 장기 생활하는 데 따르는 건강상의 부작용을 최소화하는 방법도 연구 중이다. 지구 궤도에서 수개월간 생활한 우주비행사들의 골밀도는 크게 낮아지며, 그 외에도 여러 건강상의 문제를 겪는다. 행성간 순항 중 우주선을 느리게 회전시키는 일도 위축 증상을 막는 방법이다. 사용하는 로켓 단과 같은 균형추에 밧줄 혹은 구조물로 승무원들이 탄 캡슐을 연결해 회전시키는 계획이 여럿 있다. 340미터 길이의 회전 암(arm)을 따라 1분에 1바퀴씩 회전하면 화성 표면과 같은 0.38G의 중력을 만들어낼 수 있다. 이 속도를 두 배로 높이면 회전 암의 크기를 4분의 1로 줄일 수 있다. 그러나 전향력은 약해진다. 전향력은 우주선 안을 이동하는 우주비행사들을 흔드는 힘이다. 다만 임무 기획자들은 비행 중에 우주선을 회전시킨다는 발상에 그리 큰 관심이 없다. 그러면 우주선의 기동과 통신 절차가 복잡해지기 때문이다. 의료 연구자들은 대신 운동 처방, 식이 요법, 원심분리기 의자 등의 대안을 검토 중이다.

또 다른 문제는 방사능이다. 우주비행사들은 두 종류의 방사능에 노출된다. 첫 번째는 우주선(cosmic rays)이다. 우주선은 끊임없이 우주 속을 떠도는 고에너지 이온이다. 두 번째는 태양 플레어(solar flares)다. 태양 플레어는 태양에서 주기적으로 방출되는 강력한 양성자의 흐름이다. 우주선은 태양 플레어보다 더 에너지가 세기 때문에 막기가 어렵다. 우주에 나간 우주비행사는 1년에 75렘(rems)의 방사능을 받는다. 6센티미터 두께의 알루미늄 벽을 갖춘 우주선에 탑승한 우주비행사가 받는 방사능은 이보다 20퍼센트가 적다. 차폐벽을 그 이상 늘려봤자 방사능 차폐 효과는 크게 늘어나지 않으며, 화성 표면의 우주비행사도 이만큼의 방사능은 받는다. 그러나 방사능 전문가들에 따르면, 이 정도의 방사능을 받는다고 해서 30년 이내에 암으로 사망할 확률은 몇 퍼센트포인트 차이밖에 안 난다고 한다. 항산화제를 투여하면 이러한 위험을 어느 정도 줄일 수 있을 것이다.

태양 플레어 방사능이 이보다 더욱 위험하다. 예기치 않게 폭발하는 데다가 단 한 번만으로도 피부에 4,000렘, 내장에 200렘이 피폭된다. 이런 큰 규모의 태양 플레어 폭풍은 11년 간격으로 돌아오는 태양 활동 주기의 최고점을 전후해 벌어질 수 있다. 그리고 이보다 더 작지만 그래도 파괴력 있는 태양 플레어 폭풍은 매 2년마다 한 번씩 발생한다. 저지구궤도의 우주비행사들은 지구 자장의 보호를 받는다. 지구 자장은 지구로 오는 양성자를 잡아 가두거나 굴절시킨다. 그러나 달이나 화성으로 가는 우주비행사는 지구 자장의 보호를 받을 수 없다. 다행히도 이 입자들은 쉽게 막을 수 있다. 폴리우레탄이나 물 등 수소가 풍부한 소재로 차폐장치를 만드는 것이 가장 좋다. 무거운 원자일수록 효과는 떨어진다. 양성자 충돌로 인해 원자의 중성자가 떨어져 나와 위험한 방사능 대량 방출을 일으킬 수 있기 때문이다. 10센티미터 두께의 물벽은 방사선량을 20렘 줄인다. 임무 기획자들은 화성행 우주선의 침실을 물주머니로 둘러싸는 방식으로 태양 플레어 차폐장치를 만드는 것을 제안한다. 태양 관측 위성이 우주비행사들에게 태양 플레어가 임박할 때 경고를 보낼 것이다.

하강과 상승

화성에 유인 우주선을 착륙시키는 것은 달에 아폴로 우주선을 착륙시키는 것보다 훨씬 더 어렵다. 화성은 달과는 달리 대기가 있으며, 중력도 달의 두 배나 된다. 더구나 화성 착륙선은 달 착륙선보다 훨씬 더 클 수밖에 없다. 우주비행사들이 화성 표면에서 500일간 생활하기 위한 거주구를 싣고 있기 때문이다.

현재(2000년)까지 화성에 착륙 성공한 로봇 탐사선은 1976년 착륙한 바이킹 1호와 2호, 1997년 착륙한 마스 패스파인더 등 총 3대뿐이다. 이 3대는 모두 열 차폐장치, 낙하산, 역분사 로켓을 사용하며 하강했다. 패스파인더는 에

어백도 사용해 착지 당시 충격을 흡수했다. 유인 착륙선 역시 기본적으로는 이와 비슷한 절차를 통해 착륙할 것이다. 그러나 그 기하학적 구조는 다르다. 로봇 탐사선은 접시 모양의 열 차폐장치 위에 놓여 통제되지 않은 상태로 화성 대기권에 재돌입한다. 마치 쓰레기통 뚜껑을 타고 스키 슬로프를 미끄러져 내려가는 어린 아이처럼 말이다. 반면 유인 우주선은 하강 중 정밀 유도를 받아야 한다. 먼저 착륙한 무인 화물선 매우 가까이에 착륙해야 하기 때문이다.

나사의 현재 계획에 따르면 착륙선을 총알 모양으로 만들고, 그 겉에 열 차폐장치 역할을 하는 외피를 씌우려 한다. 그리고 유인 착륙선보다 이 무인 착륙선을 먼저 보낼 계획이다. 무인 착륙선은 화성 대기의 공기 저항에 의해 궤도에 들어가게 된다. 이 무인 착륙선은 우주비행사들이 승무원 이송용 우주선을 타고 도착할 때까지 궤도에 머무른다. 우주비행사들이 무인 착륙선에 옮겨타면 우주왕복선과 비슷한 방식으로 선체 앞머리를 들고 하강한다. 조종사는 우주선을 좌 또는 우로 움직여 착륙 장소로 향할 수 있다. 낙하산이 강하 속도를 낮추고 역분사 로켓도 점화되어 조종사는 우주선을 제 위치에 착륙시킬 수 있다.

500일간의 탐사 기간이 끝나면 우주비행사들은 상승용 우주선에 탑승, 화성 표면을 떠나 승무원 이송용 우주선과 궤도에서 다시 만난다. 그리고 이 승무원 이송용 우주선으로 갈아탄 우주비행사들은 지구로 향한다. 첫 화성 유인 탐사 임무 때는 연료를 가득 실은 상승용 우주선이 거주구 착륙선에 연결될 것이다. 그러나 후속 임무에서는 상승용 우주선은 미리 화성 현재에 전개되어 있고, 화성에서 자체 생산한 로켓 연료를 사용할 것이다. 대형차만 한 연료 제조기로 지구에서 가져온 액체수소를 화성 대기 속 이산화탄소와 혼합할 수 있다. 그리고 일련의 화학반응을 거쳐 액체메탄과 액체수소 추진제뿐 아니라 우주비행사가 사용할 물과 공기도 만들 수 있다. 이러한 생산 기술은 현재 2001년과 2003년에 발사될 예정인 마스 글로벌 서베이어 로봇 착륙선에서 실험될 것이다. 2003년 서베이어 임무에는 화성에서 제조한 메탄 그리고 산소를 이용해 소형 로켓을 시험 점화하는 내용도 있다.

— 화성의 환경

과연 어떤 모습인가?

화성에 간 우주비행사들은 우주선에서 내리자마자 별세계를 마주하게 될 것이다. 걸을 때마다 지구보다 훨씬 미약한 중력을 절감하게 될 것이다. 발걸음을 내딛는 일은 진자의 흔들림과도 같다. 그 박자는 중력의 크기와 연관되어 있다. 때문에 화성에서는 지구에 비해 칼로리를 반만 소비하고도 지구보다 60퍼센트나 빠르게 걸을 수 있다. 지구에서 걷는 정도의 힘만 있으면 화성에서는 달릴 수 있다.

화성 대기는 희박하다. 지구로 치면 고도 35킬로미터의 대기 밀도 수준이다. 또한 기온과 기압은 매우 신속하고 심하게 변한다. 그러나 기후는 어느 지역이나 대체로 비슷하다. 풍속이 시속 100킬로미터에 육박할 수도 있지만 그

힘은 비교적 미약하다. 이른 아침마다 우주비행사들은 안개와 성에와 성기고 푸른 구름을 볼 수 있다. 하늘의 색은 보는 시점과 시간에 따라 달라진다. 정오에 지평선 쪽 하늘을 보면 먼지 때문에 붉어진 하늘이 보인다. 일출 및 일몰 때 태양은 파랗게 보인다. 그 밖에 다른 하늘은 버터스카치* 색이다. 이렇게 하늘색이 달라 보이는 것은 빛 때문이다. 직사일광과 간접 조명 사이 비율의 변화에 따라 화성 표면의 암석 색깔도 시간에 따라 다르게 보인다.

*버터에 갈색 설탕을 섞어 조려 만든 당액.

화성은 질릴 정도로 평탄하다. 마스 패스파인더가 있는 유명한 트윈 픽스(Twin Peaks)의 높이도 불과 50미터밖에 안 되지만, 무려 1킬로미터 떨어진 곳에서조차 보일 정도다. 태양계에서 가장 높은 산인 올림퍼스 몬스(Olympus Mons) 같은 곳도 경사도가 몇 퍼센트밖에 되지 않는다. 발레스 마리네리스의 언저리야말로 지형이 매우 흥미로워지는 곳이다. 유타의 캐니언랜드(Canyonlands)와 유사한 곳으로 여겨진다.

화성의 지형이 이렇게 평평하므로 우주비행사들은 화성이 지구보다 작다는 사실을 잘 파악할 수 있다. 지평선까지의 거리는 행성 반지름의 제곱근에 비례한다. 화성에서 신장이 170센티미터인 두 사람은 최대 7킬로미터 거리에서 서로를 볼 수 있다. 지구에서 이론상의 지평선은 이보다 2.5킬로미터 더 멀리 있지만, 지형이 개입되므로 그 지평선을 쉽게 알아보기는 힘들다. 지평선이 가까이 있어 직접 무선 통신도 제한을 받는다. 게다가 화성에는 전리층도 없다. 우주비행사들은 통신 중계 위성이 필요할 것이다.

3-3

먼지

화성에 간 인간에게 가장 큰 문제는 미세 먼지일 것이다. 화성에는 지구와는 달리 미세 먼지를 씻어주는 액체 상태의 물이 없다. 때문에 화성은 평균 크기가 2미크론 정도인 미세 먼지로 뒤덮여 있다. 담배 연기 속 미세 입자의 크기와 비슷한 수준이다. 이러한 미세 먼지는 우주복, 헬멧 바이저, 전기 회로, 장비, 모터 등에 들러붙어 이상을 초래할 수 있다. 달 역시 미세 먼지가 많다. 달에 간 우주비행사들의 우주복도 미세 먼지를 불과 이틀밖에 못 막았고, 그 이후부터는 먼지가 새기 시작했다. 바이킹 착륙선의 분석에 따르면, 화성의 미세 먼지는 과산화수소 등 부식성이 강한 화학물질 뒤범벅일 가능성이 크다고 한다. 비록 그 농도가 낮더라도, 이런 물질들은 고무 기밀 부품을 서서히 부식시킬 수 있다. 나사는 차후 보낼 착륙선들을 통해 더욱 자세히 연구할 계획이다.

마스 패스파인더의 조사 결과처럼, 이 미세 먼지 중 극소량이라도 석영이 있다면 인체가 흡입할 때 건강에 큰 위협이 될 수 있다. 규소폐증이 일어나는 것이다. 규소폐증은 치료가 불가능한 폐병이며 매년 미국에서 수백 명의 광부와 건설 노동자들이 이 규소폐증 때문에 사망한다. 우주비행사들은 거주구의 미세 먼지를 없애기 위해 출입할 때마다 장비를 청소해야 한다. 이는 결코 쉽지 않다. 미세 먼지가 자화 및 대전되면 어디라도 들러붙을 수 있다. 그리고 물은 화성에서 매우 귀한 자원이므로 미세 먼지를 없애는 데 쓸 수 없다. 대신 대기 중의 이산화탄소를 응결해 만든 드라이아이스 눈으로 미세 먼지를 닦을 수 있을지도 모른다. 그리고 이중 우주복을 착용해 거주구에 들어갈 때면 겉옷은 거주구 밖의 특별 에어록에 보관하고 속옷만 입고 들어가는 방식을 택할 수도 있다.

또 다른 문제는 전력이다. 마스 패스파인더의 경우 태양전지의 출력은 3일마다 1퍼센트씩 떨어진다. 미세 먼지가 태양전지 위에 쌓이기 때문이다. 하늘을 뒤덮을 정도의 먼지 폭풍은 전력 생산량도 반토막 낸다. 이런 이유들 때문에 100킬로와트급 원자로가 필요할 수 있다.

행성 환경 보호

미생물이 우주비행사들에게 묻어가는 것은 어쩔 수 없다. 이러한 미생물들은 화성에서의 생명 탐사를 어렵게 만들 것이다. 또 역으로 화성의 미생물이 지구에 올 수도 있다. 대부분 과학자들은 화성의 미생물이 지구의 생물과는 너무 다르므로, 지구 생물에게 질병을 일으킬 확률은 낮다고 생각한다. 그러나 전 세계적인 생물학적 재난이 초래될 확률이 없지는 않다. 현재 나사는 로봇 표본 회수 임무를 위해 생물 격리 체계를 개발하고 있지만, 우주비행사를 제독할 수 있는 방식은 아직 없다. 아폴로 계획 때 사용한 검역 절차는 길고 복잡했으며 논란을 불러일으킨 데 비하면 허술했다. 그리고 검역에는 지독한 딜레마가 따를 수 있다. 만약 우주비행사들이 몸이 아프면 외계 질병에 의한 것일지도 모르니, 그들을 지구로 돌아오지 못하게 해야 하는가? 물론 그런 판단을 내릴 필요가 없는 편이 더 나을 터다. 지난 1992년 미국 국립 연구회의의

3-2

보고서에서는 우주비행사를 화성에 보내기 전에, 그곳에 현재 활동 또는 휴면 중인 생명체가 있는지를 반드시 확인해야 한다고 결론지었다. 최소한 우주비행사들은 화성의 어느 지역을 안전하게 탐사할 수 있는지 미리 알아야 하며, 화성 생명체와의 직접 접촉을 막기 위한 주의 사항을 알아두어야 한다.

3-3 화성 다이렉트 계획

로버트 주브린

존 F. 케네디 대통령은 지난 1962년, 그로부터 10년 내에 미국인을 달에 보내겠다는 목표를 제시하면서 이렇게 말했다. "저기 우주가 있습니다. 우리는 우주에 오를 것입니다." 그러나 아폴로 우주선이 달에 착륙한 이후 30년 동안 미국 우주 프로그램은 다음 목표를 일관성 있게 제시한 적이 없다. 그다음 목표는 무엇이 되어야 할 것인가? 그 답은 간단하다. 화성 유인 탐사와 정착이다.

우리는 이 목표를 이룰 능력이 이미 있다. 거대한 우주선이나 특이한 장비를 만들지 않아도 할 수 있다. 사실 인류가 화성에 가는 데 필요한 모든 기술은 이미 준비되어 있다. 사반세기 전 우주비행사를 달에 보낸 것과 같은 기술을 사용하여, 부스터 로켓으로 비교적 작은 우주선을 화성으로 쏘아 보낼 수 있다. 성공의 열쇠는 지구 표면을 가장 먼저 탐사했던 탐험가들이 사용한 전략 속에 숨어 있다. 여장을 가급적 줄이고 탐험하는 현지에 의존해서 생존하는 것이다. 앞으로 10년 내에 첫 유인 화성 임무가 진행될 수도 있을 것이다. 여기서는 현재 제안된 화성 다이렉트 계획의 구체적인 모습을 소개하고자 한다.

그리 멀지 않은 미래(아마도 빠르면 2005년), 아폴로 임무에 사용된 새턴 5호 로켓과 비슷한 성능을 지닌 대형 부스터 로켓이 플로리다 주 케이프커내버럴에서 발사된다. 지구 대기권 내에서 충분한 고도를 올라가면 로켓 상단은 다 사용한 부스터를 떼어내 버리고, 엔진을 작동해 사람이 타지 않은 45톤 무게의 탑재물을 화성행 궤도에 올린다.

이 탑재물의 이름은 지구 귀환 우주선(Earth Return Vehicle, ERV)이다. 그 이름에서도 알 수 있듯이, 우주비행사들을 화성에서 지구로 귀환시키기 위해 건조되었다. 그러나 이번 발사 때는 ERV 내에 사람이 타지 않는다. 대신 6톤의 액체수소 화물, 컴프레서 1세트, 자동화 화학 공정 장치, 중형 과학 탐사용 로버 몇 대, 메탄과 산소 혼합물로 움직이는 대형 로버와 그 로버에 탑재된 100킬로와트급 원자로 등이 실려 있다. 지구 귀환 때 사용할 ERV의 자체 메탄 산소 연료 탱크는 비어 있다.

발사 후 8개월 만에 화성에 도달한 ERV는 열 차폐장치와 화성 대기 간의 마찰을 이용해 감속한다. 이러한 기술을 공력 제동이라고 한다. ERV는 화성 주변 궤도에 들어선 후 낙하산과 역분사 로켓을 사용해 화성 표면에 착륙한다. 일단 착륙하고 나면 지구 임무 통제실의 과학자들은 대형 로버를 원격 조종해 ERV에서 하선시켜 수백 미터 떨어진 곳으로 몰고 간다. 그 후 임무 통제실에서는 원자로를 전개한다. 이 원자로가 생산한 전력은 컴프레서와 화학 처리 장치에 사용된다.

이 처리 장치 내에서 지구에서 가져온 수소가 화성 대기(95퍼센트가 이산화탄소인)와 반응해 물과 메탄(CH4)을 생산한다. 메탄화법이라는 이름의 이 공정을 사용하면 힘들여 액체수소를 장기 극저온 보관할 필요가 없다. 메탄은 액화시켜 저장하고 물 분자는 전기분해를 거쳐 수소와 산소로 나뉜다. 산소는 나중에 사용하기 위해 저장된다. 수소는 화학 처리 장치 내로 재순환되어 물과 메탄 생산에 또 사용된다.

메탄화법과 전기분해라는 이 두 반응은 산소 48톤, 메탄 24톤을 만든다. 이 두 물질은 우주비행사들의 지구 복귀 때 로켓 추진제로 사용될 것이다. 이 메탄과 산소 혼합물을 제대로 연소하려면 화성 대기 속 이산화탄소를 분해하여 산소 36톤을 더 얻어야 한다. 이 공정에는 10개월이 소요된다. 그리고 완료되면 총 108톤의 메탄 산소 추진제가 생성된다. 생산에 투입되었던 원 재료의 18배에 달하는 귀환용 추진제가 만들어지는 것이다.

지구 귀환에는 추진제 96톤이 필요하다. 나머지 12톤은 로버 운용에 사용된다. 그 외에도 산소를 더 생산해 우주비행사들의 호흡용, 그리고 물 생산용(지구에서 가져온 수소와 결합)으로 사용할 수 있다. 화성에서 산소와 물을 생산할 수 있다면 지구에서 생명 유지에 필요한 물자를 그만큼 덜 보급해 와도 된다.

이 첫 화성 교두보가 성공적으로 운용된다면, 2007년에 케이프커내버럴에서 두 대의 로켓을 더 발사해 화성에 보급품을 보낼 것이다. 한 대의 로켓에는 지난 2005년에 발사된 것과 같은 무인 상태의 ERV가 실려 있다. 그리고 또 한 대에는 남녀 혼성으로 편성된 4인조 우주비행사 팀과 3년간 먹을 식량이 실려 있다. 우주비행사들이 탄 로켓에는 여압실이* 달린 메탄 산소

*기압이 낮은 고도를 비행하는 기체에서, 지상 기압에 가깝게 공기의 압력을 높여 놓은 방.

추진식 로버도 있다. 우주비행사들은 이 로버를 사용해 선내 우주복만 입고도 장거리 탐사를 실시할 수 있다.

우주비행사들의 도착

여행 중 유인 모듈과 다 사용한 부스터 로켓 상단을 연결 사슬로 이어서 1분에 1바퀴씩 회전하면, 화성의 중력과 같은 인공 중력이 생성된다. 이러한 시스템을 통해 무중력 상태에서 일어날 수 있는 건강상의 악영향을 예방할 수 있다. 우주비행사들이 받는 방사능도 허용치 이내다. 100만 볼트 에너지를 띤 양성자를 지닌 태양 플레어 방사능도 물이나 식량으로 만든 12센티미터 두께의 방호벽으로 막을 수 있다. 우주선에 실린 자재를 사용하면 태양 폭풍 시 우주비행사를 방호할 식량 창고를 지을 수 있다. 우주비행사들이 받는 우주선 방사선량은 2년 반의 임무 기간 동안 50렘가량이다. 암에 걸릴 확률을 1퍼센트 높이는 정도다. 같은 기간 동안 흡연을 함으로서 감수해야 하는 위험과 비슷한 정도다.

화성에 도착하면 유인 우주선은 부스터와의 연결 사슬을 해제하고, 공력제동을 통해 감속한 후 지난 2005년에 개척한 교두보에 착륙한다. 교두보에는 비콘이* 있어 우주선이 정확한 위치에 착륙할 수 있게 해준다. 그러나 설령 일이 잘못되어 수십~수백 킬로미터 떨어진 곳에 착륙하더라도, 로버를 타고 제 위치를 찾아올 수 있다. 그리고 설령

*배나 비행기의 위치 확인을 돕고 안정 운행을 유도하는 무선 송신소.

교두보에서 수천 킬로미터 떨어진 곳에 착륙하는 만약의 경우, 유인 우주선과 함께 발사된 두 번째 ERV가 뒷감당을 해줄 것이다. 만약 이것마저 실패할지라도, 유인 우주선에는 충분한 식량이 실려 있으므로 2009년에 세 번째 ERV가 추가 보급품을 싣고 올 때까지 승무원들이 견딜 수 있다.

현재의 기술로 볼 때, 엉뚱한 곳에 착륙할 확률은 낮다. 따라서 우주비행사들이 계획대로 2005년 착륙지에 내린다고 가정하면, 두 번째 ERV는 그로부터 수백 킬로미터 떨어진 곳에 착륙할 것이다. 이 새 ERV는 이전 것과 마찬가지로 추진제를 만들기 시작한다. 이것은 2009년 임무를 위한 것이다. 2009년에는 또 다른 ERV가 화성에 세 번째 교두보를 개척하러 올 것이다.

따라서 화성 다이렉트 계획에서 미국과 그 협력 국가들은 한 해 걸러 한 번씩 2대의 대형 부스터 로켓을 발사하게 된다. 한 대의 로켓에는 화성에서 거주할 4명의 우주비행사가 타고, 다른 한 대의 로켓은 다음 임무를 실행할 새 장소를 준비한다. 따라서 평균 발사 횟수는 1년에 1회가 되는데, 이는 현재 미국의 우주왕복선 발사 회수의 15퍼센트밖에 되지 않는다. 화성 다이렉트 계획은 현지 생존 전략을 채용하므로 대형 우주선이 없이도 아폴로 계획과 비슷한 임무 난이도로 유인 화성 탐사를 실시할 수 있다.

화성으로 가는 남녀 우주비행사는 화성에서 1년 반을 체류하면서 지상 차량을 이용해 화성 표면을 심도 있게 조사하게 된다. 12톤의 지상 차량용 연료로 2만 4,000킬로미터 이상을 주행할 수 있다. 화성에 생명체가 과거에 또는 지금도 존재했는지를 알기 위한 심도 높은 조사를 실시하는 데 충분한 기동력이다. 이 조사는 생명이 지구에서만 태어났는지 혹은 우주 어느 곳에서나 태어날 수 있는지를 아는 데 핵심적 역할을 할 것이다.

궤도상에 남는 사람이 없으므로 우주비행사들은 화성 환경이 제공하는 자연 중력과 방사능 방호 혜택을 볼 수 있다. 그 결과 지구로 빨리 돌아올 필요가 없다. 기존 임무에서는 지구에 빨리 돌아와야 해서 모선이 궤도를 선회하고 작은 착륙조가 천체 표면에 착지하는 등 임무를 복잡하게 만들었지만 그럴 필요가 없다는 뜻이다. 화성 체류가 끝나면 우주비행사들은 ERV를 타고 직접 비행해서 돌아온다. 이러한 임무를 여러 차례 수행하면 화성 표면에는 작은 기지가 줄지어 생길 것이다. 그리고 이 기지들은 계속되는 유인 탐사와 정착을 위한 큰 관문이 될 것이다.

1990년, 마틴마리에타(현 록히드마틴)에서 함께 근무하던 필자와 데이비드 A. 베이커는 화성 다이렉트 계획의 초안을 나사에 처음 제출했다. 당시 나사는 이 계획이 너무 급진적이라 여겨 진지하게 검토해보지 않았다. 그러나 이후 나사의 전 탐사 부국장 마이클 그리핀 및 나사의 현(2000년) 국장 다니엘 S. 골딘의 지지에 힘입어 나사 존슨 우주센터의 화성 유인 임무 설계단은 우리의 계획을 재검토하기에 이른다.

화성협회

지난 1994년 나사 연구자들은 원판에 비해 두 배로 늘어난 화성 다이렉트 계획의 확장판에 기초해 이 계획의 예상 비용을 집계했다. 이들이 낸 값은 500

억 달러였다. 주의할 점은, 이들이 지난 1989년 궤도에서 조립해야 하는 대형 우주선에 기초한 재래식의 복잡한 유인 화성 탐사 임무에는 4000억 달러의 예산이 필요하다고 추산했다는 점이다. 필자는 이 임무 설계가 더욱 합리화된다면 총비용은 200억~300억대 달러까지 내려갈 수 있다고 생각한다. 이 비용을 10년간 나누어 지불한다면, 나사의 연간 예산 중 20퍼센트 또는 미국의 국방 예산 중 1퍼센트씩만 지출해도 된다. 신세계를 개척하기 위한 비용으로는 싸지 않은가.

화성협회는 무인 및 유인 탐사를 망라한 화성 탐사에 국민들의 지지를 얻고, 민간 예산을 통한 임무를 시작하기 위해 지난 1998년 창설되었다. 이 협회는 첫 민간사업으로, 캐나다 북극권 데본 섬의 호턴 운석 충돌 대화구에 화성 시뮬레이션 기지를 짓고 있다. 이곳은 지리적·기후적으로 화성과 비슷하여 나사 과학자들이 상당 기간 동안 관심을 보여왔다. 이 협회의 화성 극지 연구 스테이션(Mars Arctic Research Station, MARS)은 화성 극지에 대한 연구 범위를 크게 확장할 것이며, 유인 탐사 기법 및 시제품 장비(거주 모듈, 지상 이동 체계, 태양전지 체계, 특수 시추 장비)의 실험 장소가 되어줄 것이다. 현재 2000년 여름까지 데본 섬 MARS 기지의 가동을 시작한다는 것이 계획이다. 예산은 100만 달러가 필요하다.

이 협회가 이 프로젝트를 통해 신뢰성을 확보한 다음 더 많은 예산을 모으기를 바란다. 그렇게 된다면 화성협회는 나사나 다른 정부 기관과 예산을 분담하는 방식으로 화성 로봇 탐사 임무, 더 나아가서는 유인 탐사 임무에까지 예산을 지원할 수 있다. 그러나 정부에 투자의 필요성을 입증하는 것이야말로 화성에 인간을 보내는 가장 빠른 방법임이 분명하다. 따라서 화성협회는 정치인 및 기타 유력 인사를 상대로 한 교육 캠페인을 벌이고 있다.

언젠가는 화성에도 수백만 명의 사람이 살게 될 것이다. 그들은 어떤 언어를 쓰게 될까? 그들은 어떤 가치와 전통을 소중히 여기고 우주로 전파할까? 그들이 오늘날을 돌아볼 때, 화성 식민지를 만들기 위해 했던 우리 일 가운데 어떤 것을 중요하게 여길까? 오늘날 우리는 새로운 인류의 부모이자 창립자, 새로운 전통을 만드는 사람이 될 기회를 얻었다. 그로 인해 우리 이름은 역사책에 길이 남을 것이다. 이는 그 크기를 가늠할 수조차 없는 특권이다.

3-4 화성으로 가는 이 길

데이먼 란다우, 네이선 J. 스트레인지

2009년 10월, 소수의 로봇 우주탐사 전문가로 이루어진 어느 집단이 지구권을 벗어나 탐험을 떠나기로 결정하고, 사람들을 우주로 보내는 여러 방안을 생각해내기 시작했다. 그해 초, 당시 미국 대통령이던 버락 오바마가 설치한 최고 전문가 집단인 오거스틴 위원회가 우주왕복선 프로그램 및 그 유력한 후계 프로그램들을 검토한 후 "미국의 유인 우주비행 프로그램은 지속이 불가능해 보인다"라고 보고하자 우리는 활동에 박차를 가했다. 흥미로운 로봇 탐사 프로그램에 종사해 인간의 활동 범위를 수성에서부터 태양계 언저리까지 늘린 우리들은, 과연 나사가 직면한 정치적·예산적 문제에 맞서 우리가 기술적 해결책을 제시할 수 있을지 궁금했다.

아이디어는 풍부하다. 이온 엔진을 사용해 월면 기지의 구성품을 운반하는 안, 화성 위성 포보스(Phobos)의 로봇 로버에 광선을 쪼여 전력을 공급하는 안, 고출력 홀 효과 추력기를 국제 우주정거장(International Space Station, ISS)에 붙여 국제 우주정거장을 화성 순환 궤도에 올리는 안, 행성간 순항궤도상에 화학 로켓 부스터를 미리 올린 다음, 우주비행사들이 그 로켓을 타고 가는 안, 우주복 대신 영화 〈2001 스페이스 오디세이〉에 나오는 것 같은 탐사 포드를 사용하자는 안, 소행성에 우주비행사를 보내는 대신 매우 작은 소행성을 우주정거장의 우주비행사에게 끌고 오자는 안 등이 있다. 그중 가능성이 낮은 것들을 하나둘씩 없애보니, 이온 드라이브 또는 그 비슷한 기술을 사용한 전기 추진이야말로 소행성 및 화성 유인 탐사 시 발사 중량을 크게 줄일 수 있는 방법이라는 결론이 나왔다.

담배 연기가 없다는 것을 빼면 마치 1960년대 나사 같은 분위기였다. 우리는 할 수 있는 것만 이야기했으며, 할 수 없는 것에 대해서는 언급을 피했다. 초기 분석 이후 나사 제트 추진 연구소의 동료들과 점심식사 세미나를 하면서 가능한 안들을 융합하고 계산했다. 이후 봄과 여름에 걸쳐 우리는 다른 공학자와 과학자를 만나보았다. 그들은 우리 방식에 흥미가 있는 사람들로서 더 나은 아이디어를 전해주었다. 또한 나사 내외의 사람들이 진행하는 실험에 대해서도 알게 되었다. 실험 내용은 강력한 전기 추력기부터 경량 고효율 태양전지 어레이에 이르기까지 다양했다. 우리 토론은 양과 질 면에서 점점 성장했으며, 나사는 물론 항공우주 업계 전체에 창의적인 사고방식을 고무했다.

우리는 가장 유망한 안들과 검증된 전략을 결합하여, 이르면 2024년에 근지구소행성 2008 EV5에 우주비행사를 보낼 계획을 짜고 있다. 물론 이것은 화성 착륙을 위한 전초전이다. 이 계획은 나사의 현 예산에 맞춘 것으로, 전체 임무를 갈수록 커지는 여러 단계 속으로 나눔으로써 나사 측에 예산 사정에 맞춰 계획 추진을 빠르게 또는 느리게 진행할 수 있는 유연성을 부여한다. 간단히 말하자면, 로봇 과학 탐사 프로그램에서 교훈을 얻어, 유인 과학 탐사 프로그램을 재개하는 것이 목표인 셈이다.

작은 한 걸음을 거대한 도약으로

오거스틴 위원회의 보고서는 커다란 정치적 논쟁에 불을 붙였다. 논쟁 끝에 우주비행사들을 궤도에 올리는 임무 대부분을 민간 기업에 위임한다는 결론이 나왔다("Jump-Starting the Orbital Economy," by David H. Freedman; Scientific American, December 2010 참조). 나사는 이제 혁신 기술 개발을 통해 새로운 장소에서의 유인 탐사 실현에 전념할 수 있게 되었다. 그러나 아폴로 계획 때만큼의 정치적 지원과 예산이 없는 상태에서 나사는 어떻게 앞으로 나아갈 수 있을까?

기존 로봇 탐사는 점진적이었다. 갈수록 더욱 난이도 높은 임무를 수행할 수 있도록 기술을 개발하는 방식이다. 하나의 목표를 향해 모든 것을 건 개발 방식보다는 여러 기술 간의 새로운 조합을 통해 다양한 목표를 이룰 수 있었다. 분명 로봇 프로그램은 실수와 비효율이 존재한다. 어떤 것도 완벽할 수 없기 때문이다. 그러나 정치적 기류가 변하거나 기술 혁신이 지연된다고 해서 멈추는 법은 없다. 유인 프로그램 역시 이러한 전략을 채택할 수 있다. 아폴로 계획처럼 '거대한 도약'으로 시작할 필요는 없다. 여러 건의 작은 발걸음을 통해 앞으로 나아가 목적지에 도달할 수 있다.

일부 사람들은 우주에 인간을 전혀 보낼 필요가 없다는 점이야말로 로봇 탐사의 진짜 교훈이라고 생각한다. 과학 발견이 나사의 유일한 목표라면 로봇 탐사선은 비용이 싸고 덜 위험한 해결책이다. 그러나 나사의 임무는 과학 그 이상이다. 과학은 인간이 추구해나가야 할 여러 측면 중 하나에 불과하다. 과학 탐사에 많은 사람이 관심 있는 까닭은 일반 사람들도 언젠가는 우주를 직접 체험해보고 싶은 욕망을 지녔기 때문이다. 로봇 탐사선은 태양계 탐사의 첫 번째 물결일 뿐이다. 정부 예산으로 진행되는 유인 탐사 임무는 두 번째 물결이다. 세 번째 물결은 민간 기업들이 사업과 탐험의 기회를 찾아 우주 공간으로 진출하는 것이다. 우주정거장으로 날아가는 캡슐이라던가, 모하비 사막에서 발사되는 우주기 등 과거 나사가 개발한 기술들은 오늘날 상용 우주 개발 경쟁의 밑거름이 되었다("Blastoffs on a Budget," by Joan C. Horvath; Scientific American, April 2004 참조). 오늘날 나사는 인류를 더 멀리 보낼 기술을 개발할 수 있다.

표어는 유연성

우리가 권하는 코스를 지배하는 기본 원칙은 3가지다. 첫 번째 원칙은 유연한 항로다. 오거스틴 위원회가 지지하는 이 원칙은 오바마 대통령과 의회도 받아들였다. 이 전략은 과거 지구를 출발해 달과 화성을 거쳐 다른 다양한 목적지로 가던 항로를 대체했다. 우리는 라그랑주 점(Lagrangian points, 천체의 움직임과 중력이 균형을 이루는 지점)이나 근지구소행성 등 지구에서 가까운 곳에서부터 시작할 것이다.

이 유연한 항로를 사용하려면 새로운 우주선 기술이 필요하다. 그중에서도 눈여겨볼 것은 전기 추진이다. 우리는 태양전지로 작동하는 홀 효과 추력기(일종의 이온 드라이브)를 제안했다. 비슷한 추진 시스템이 우주선 돈(Dawn)에도 채택되었다. 우주선 돈은 거대 소행성 베스타(Vesta)에 갔고, 2015년에는 왜소 행성 세레스(Ceres)에도 갈 것이다. 기존의 화학 로켓은 강하지만 배기 가스를 일시적으로밖에 내뿜지 못한다. 그러나 전기 엔진은 약하지만 끊임없이 입자를 내뿜는다. 전기 엔진은 연비가 더욱 우수하며, 연료 사용량이 적다. 우주판 프리우스(Prius)라고* 생각하면 된다. 하지만 이렇게 연비가 좋은 대신 추력이 약하다. 때문에 일부 임무는 시간이 더 오래 걸릴 수도 있다. 전기 추진은 너무 느려서 유인 우주선에 쓸 수 없다는 오해가 널리 퍼져 있지만, 전기 추진의 약점을 상쇄할 방법은 얼마든지 있다. 우리의 첫 기획 단계에서 나온 아이디어 중에는 빵가루 궤적 같은 궤적의 주요 지점에서 화학 부스터와 로봇 전기 추진기를 사용하는 것이 있다. 일단 궤적이 주어지면 우주비행사들은 비행 중에 부스터를 설정 및 선택할 수 있다. 이런 방식으로 임무 중 화학 추진의 속도를 유지하면서 전기 추진의 연비를 잡을 수 있다.

*연비가 좋기로 유명한 자동차 모델.

전기 추진은 돈이 절약된다는 점이 가장 중요하다. 우주선에 많은 추진제를 실을 필요가 없기 때문에 발사시 총중량이 40~60퍼센트가 줄어든다. 우주 임무의 예산 규모를 가장 크게 좌우하는 것은 발사 중량이다. 따라서 발사 중량을 반으로 줄이면 예산도 그만큼 줄어든다.

많은 우주 팬들은 모든 사람이 화성에 가고 싶어 하는데 무엇 하러 소행성에 가야 하냐고 궁금해 한다. 하지만 소행성은 화성을 향한 점진적 접근에 가장 적합한 목표다. 지구와 화성 사이에는 수천 개의 소행성이 있다. 이들은 먼 우주로 나아가는 징검다리가 되어준다. 소행성은 중력이 약하므로 착륙하는 데에 달이나 화성보다 에너지가 덜 든다. 행성 표면에 착륙했다가 다시 발사될 수 있는 정밀한 우주선 없이 장기(6~18개월간)로 행성간 탐사를 하기는 어렵다. 우리가 볼 때 소행성 임무를 하면 지구에서 멀리 떨어진 우주를 탐사하는 데 따르는 가장 복잡하고 해결되지 않은 문제 해결에 집중할 수 있다. 그 문제란 우주비행사를 무중력과 우주선의 유해한 영향으로부터 보호하는 것이다. 나사가 먼 우주의 위험성을 처리하는 방법을 배우면, 화성 표면에서 임무를 수행할 우주선을 그만큼 더 잘 설계할 수 있다.

과학적으로 흥미로운 여러 소행성은 200킬로와트급 전기 추진 체계를 사용하면 6~18개월의 임무 기간을 통해 유인 탐사가 가능하다. 그리고 200킬로와트급 전기 추진 체계는 현재의 기술로 충분히 달성 가능하다. 국제 우주정거장은 260킬로와트급 태양전지 어레이를 지니고 있다. 이러한 소행성 탐사 임무가 먼 우주 장벽을 넘어 2~3년간의 항해 기간과 600킬로와트급 추진 체계를 갖추게 되면 화성 탐사에 필요한 조건도 마련된다.

우리 계획의 두 번째 기본 원칙은 지난 1960년대와는 달리 나사가 모든 부분에 대해 완전히 새로운 체계들을 개발해서는 안 된다는 점이다. 물론 무중력과 먼 우주 방사능 방호 등은 새로운 연구가 필요하다. 그러나 그 밖의 모든 요소는 기존의 우주비행 자산에서 파생한 것을 쓸 수 있다. 먼 우주 우주선을 만드는 데는 특화된 구성품이 그리 많이 필요치 않을 것이다. 예를 들어 구조물, 태양전지, 생명 유지 체계는 우주정거장에 사용되던 설계를 그대로 쓸 수 있다. 그리고 나사는 여러 민간 기업과 외국 우주기구의 전문가들과 협력할 수도 있다.

세 번째 기본 원칙은 구성품 하나가 문제를 일으키거나 조달이 지연되어도 프로그램 자체는 계속 진행할 수 있도록 프로그램을 설계하는 일이다. 이 원칙은 미국 의회가 채택한 우주 정책에서 가장 논란이 많은 부분에도 적용되어야 한다. 그 부분은 다름 아닌 우주비행사와 탐사선을 지구 표면에서 궤도로 실어 나를 발사체다. 의회는 나사에게 새로운 대형 로켓인 우주 발사 체계(Space Launch System, SLS)의 제작을 지시했다. 올(2011년) 9월에 발표된 바에 따르면, 나사는 SLS의 개발을 단계적으로 진행, 처음에는 아폴로 새턴 5호 로켓의 절반 정도의 성능으로 시작해 나중에는 새턴 5호의 성능을 완전히 따라잡을 계획이다. 첫 SLS 발사체와 오리온(Orion) 캡슐이 현재 개발 중이다. 이것으로 달 궤도와 라그랑주 점에 3주간 유인 탐사 여행을 할 수는 있지만, 새로운 시스템을 개발하지 않는 한 그 이상의 여행은 불가능하다.

다행히도 SLS가 완성될 때까지 기다리지 않아도 먼 우주여행을 할 수 있다. 달보다 더 멀리 가기 위해 필요한 생명 유지 체계와 전기 추진 체계의 개발을 통해 그 준비를 지금부터라도 진행할 수 있다. 새로운 로켓이 현재 개발 중이지만 이런 시스템을 우선적으로 개발한다면, 나사는 SLS의 세부 설계를 먼 우주 임무에 적합하게 개량할 수 있다. 이러한 구성품은 상업용 발사체 또는 외국 발사체에 맞게 설계될 수도 있으며, 궤도상의 국제 우주정거장이나 미르 우주정거장에서 조립이 가능하도록 설계될 수도 있다. 기존 로켓을 사용하면 먼 우주탐사를 위한 여세가 생겨난다. 주어진 선택지가 늘어나므로 나사도 갈수록 줄어드는 예산에도 불구하고 더 많은 탐사를 실시할 수 있다.

미션 : 2008 EV5

우리 계획에 따르면, 나사의 르네상스는 행성간 여행이 가능한 우주선, 즉 먼 우주 우주선 건조로부터 시작된다. 태양에너지로 작동되는 이온 드라이브가 큰 힘을 줄 것이다. 그리고 새로운 이동식 거주구는 지구 밖에서도 안전한 생활처가 되어줄 것이다. 가장 기본적인 먼 우주 우주선은 나사의 가장 작은 SLS 로켓 한 대를 발사해 저지구궤도에 들어선 두 모듈을 결합해 만들 것이다. 또는 상업용 발사체 3대를 사용해도 된다. 2대는 우주선 구성품 수송용, 나머지 1대는 보급품 수송용이다.

아이러니하게도 첫 항해는 가장 지루한 항해가 될 것이다. 이 우주선은 2년간 무인 상태 원격조종으로 저지구궤도에서 천천히 나선형을 그리며 벗어나 밴앨런대를 통과하고 고지구궤도까지 간다. 추진제는 덜 소모하지만 여행기간이 너무 길고, 우주선이 너무 큰 방사능에 노출된다. 아무튼 우주선이 지구 중력장의 맨 가장자리에 오면, 이제 조금만 힘을 주어 행성간 우주로 밀어내고 달 근접 비행 및 기타 기동을 실시해 효과적인 지구 중력권 탈출 궤도를 짤 수 있다. 그러면 지구에서 우주비행사들은 재래식 화학 부스터를 타고 이 우주선으로 갈아타러 온다.

시험비행을 할 때 우주비행사들은 이 우주선을 궤도로 몰고 가서 언제나 달의 남극 상공에 머물게 한다. 여기에서 다수의 로봇 탐사기를 조종하여 에이킨(Aitken) 분지의 언제나 어두운 크레이터에 있는 고대 얼음 퇴적물 성분을 조사할 것이다. 이러한 방식의 임무로 지구의 안전지대에서 불과 며칠 거리에서 장기 탐사를 진행할 수 있다. 우주비행사들이 지구로 돌아오면 이 먼 우주 우주선은 고지구궤도에 남아 연료 재보급 및 재정비를 받아 첫 소행성 임무를 떠날 준비를 한다.

우리는 이러한 임무의 다양한 변형을 조사했다. 달 바로 뒤에 있는 비교적 작은(폭 100미터 이내) 천체에 우주비행사를 착륙시키고, 6개월 이내에 지구로 귀환시키는 임무도 있다. 화성 가까이에 있는 더욱 큰(지름 1킬로미터 이상) 천체를 탐사하고 2년 이내에 돌아오는 임무도 있다. 하지만 쉬운 임무에만 집중하면 기술적 능력의 한계에 갇혀 탐사를 방해할 수도 있다. 역으로 어려운 임무에만 집중하면 너무 도달하기 힘든 목표를 설정해 의미 있는 탐사를 영구히 하지 못할 수도 있다. 우리의 임무 설계 기준선은 이 두 극단 사이에 있다. 2024년에 발사되어 소행성 2008 EV5에서 30일간을 체류하는 1년간의 왕복 임무가 될 것이다. 이 천체는 직경이 400미터 정도이며 많은 행성과학자들의 큰 관심을 끌고 있는 C형 탄소질 소행성이다. 태양계 형성 당시의 잔해일 가능성이 높으며, 따라서 지구 유기물질의 출처를 알 수 있다.

오베르트(Oberth) 효과라는 오래된 기법을 통해 지구 중력을 이용하면 이곳에 가장 효율적으로 갈 수 있다. 로봇 탐사선들이 보통 사용하는 궤도 투입 기동의 반대다. 이를 준비하는 임무 통제관들은 먼 우주 우주선에 고추력 화학 로켓 단을 장착해, 전기 추진 재보급 예인선을 사용해 지구에서 출발시킨다. 고추력 화학 로켓 단이 장착되고 승무원이 탑승하면, 먼 우주 우주선은 달 주변에서 출발해 지구 대기권 인근까지 자유 낙하해 와서 엄청난 속도를 낸다. 그다음 적절한 시점에 고추력 화학 로켓이 점화되고 우주선은 불과 몇 분 만에 지구 중력에서 벗어난다. 이러한 기동은 우주선이 근지구에서 최고 속도를 낼 때 효과가 가장 좋다. 우주선이 얻는 에너지의 양은 기존 비행 속도에 비례하기 때문이다. 이온 드라이브가 화학 엔진보다 연비가 좋긴 하지만 오베르트 효과는 거기서 예외다. 지구로부터의 중력 킥스타트를 최대로 이용하려면 엄청난 추력을 내야만 하고, 그만한 추력을 낼 수 있는 것은 고추력 로켓 말고는 없다. 이온 추진 나선 궤도와 화학 추진 오베르트 효과를 함께 사용하면 화학 추진 로켓만 사용할 때에 비해 지구 중력권을 탈출하는 데 드는 연료의 양을 40퍼센트나 줄일 수 있다.

우주비행사들이 지구를 떠나면 홀 효과 추력기가 작동되어 목적지까지 우주선을 지속적으로 추진해준다. 이온 드라이브는 계속적인 추력을 제공해주므로 유연성이 있다. 임무 기획자들은 임무 단계 중 어느 곳에서 고장이 발생하더라도 유연한 임무 취소 궤적을 짤 수 있다. 일본의 로봇 소행성 탐사선 '하야부사(はやぶさ)' 호도 이온 드라이브를 사용했기에 여러 문제가 발생해도 회복이 가능했다. 만약 기술 문제나 예산 문제 때문에 소행성 2008 EV5에 제때 먼 우주 우주선을 보내지 못하면 또 다른 표적을 고르면 된다. 그와 마찬가지로 기술적 문제에 직면하면 해결책을 급조할 수 있다. 예를 들어 먼 우주에

서 고성능 추진제를 저장하기가 너무 어렵다면, 대신 저성능 추진제를 사용하고 임무도 그에 맞게 고치는 것이다. 이 임무에서 바꿀 수 없는 것은 없다.

포드의 장점

우리 계획에서 우주비행사들은 소행성에서 한 달 동안 머무르면서 탐사를 한다. 이들은 우주복을 입고 활동하는 것이 아니라, 먼 우주 잠수정에서 얻은 교훈을 활용해 탐사 포드 속에서 탐사한다. 우주복은 근본적으로 큰 풍선이다. 때문에 우주복을 입은 우주비행사는 사소한 움직임조차 기압에 맞서 싸워야 한다. 따라서 우주 유영은 힘든 일이고, 할 수 있는 일도 제한적이다. 로봇 팔이 달린 탐사 포드는 이런 문제가 없을 뿐 아니라, 탐사 중 식사와 수면도 가능하다. 따라서 우주비행사는 포드 안에서 며칠 동안 나오지 않고 견딜 수도 있다. 나사는 이미 우주탐사 차량(Space Exploration Vehicle, SEV)을 개발하고 있다. 이 차량은 소행성 위에서 탐사 포드로 사용할 수 있다. 같은 설계를 가지고 달과 화성 탐사용 로버로 사용할 수도 있다.

우주비행사들은 전면적 조사를 실시하면서 보기 드문 광물 노두 또는 태양계 초창기 모습을 알려주는 표본이 나오는 기타 유망한 장소들을 찾을 것이다. 나사는 인디애나 존스와 미스터 스코트(〈스타 트렉〉 주인공)를 섞어 놓은 것 같은 인재를 화성에 보내고자 한다. 즉 먼지 속에 숨은 귀중한 표본을 찾을 수 있는 과학적 지식과, 그 과정에서 발생할 수 있는 문제를 해결하는 데 필요한 공학적 지식을 모두 지녀야 하는 것이다.

3-4

체류 기간이 끝나면 이온 드라이브가 소행성에 있던 먼 우주 우주선을 밀어내어, 지구로 돌아오는 6개월간의 여정이 시작된다. 지구에 도착하기 며칠 전 우주비행사들은 캡슐로 옮겨 탄 다음 모선과 분리되어 지구 대기권에 돌입한다. 빈 먼 우주 우주선은 태양 주변 궤도에 남는다. 이 우주선은 지구에 근접 비행을 하면서 지구-달 체계에 맞춰 이온 드라이브 추력기를 계속 작동해 에너지를 낮춘다. 그리고 1년 후에 지구로 돌아오면 달 근접 비행을 해서 고지구궤도에 재돌입, 다음 임무를 준비한다. 이 우주선의 이온 드라이브와 거주 모듈은 여러 차례 재사용이 가능하다.

1년짜리 소행성 임무를 여러 차례 하고 나면 생명 유지 체계와 방사능 차폐장치가 점진적 발전을 이루어 화성에 가는 길도 열릴 것이다. 첫 화성 임무는 화성 착륙 임무가 되지 않을 수도 있다. 대신 두 위성인 포보스와 데이모스(Deimos)를 탐사할 가능성이 높다. 이러한 탐사는 기본적으로 기간이 2년 반으로 늘어난 소행성 왕복 임무라고 보면 된다. 얼핏 생각하면 화성으로 가는 길을 다 닦아놓고 착륙하지 않는 일은 바보처럼 느껴진다. 그러나 화성 착륙은 임무를 엄청나게 복잡하게 만들 뿐이다. 화성의 위성부터 가면 행성간 우주여행에 익숙해진 후에 화성 착륙, 화성 표면 탐사, 이륙을 시도할 수 있다.

공학자들은 이미 화성 표면 임무의 유연성을 극대화하고 비용을 최소화하는 여러 방법을 고안해냈다. 가장 설득력 있는 안은 화성 표면에 거주구와 탐사 체계를 먼저 배치하여 우주비행사들이 도착하자마자 기반으로 삼을 수 있도록 하는 것이다. 이러한 장비들은 느린 이온 우주선으로도 운반할 수 있다. 이 장비들은 화성 표면에서 직접 추진제를 생산할 수 있다. 대기 중의 이산화탄소를 증류해 이를 지구에서 가져온 수소와 혼합해 메탄과 산소를 발생하는 방법도 있고, 영구동토에서 얻은 물을 전기분해해 수소와 산소로 만드는 방법도 있다. 빈 귀환 로켓을 화성에 보내 화성 현지에서 연료를 공급받게 한다면, 임무 기획자들은 지구에서 발사해야 하는 발사체의 중량을 크게 줄일 수 있다.

지구와 화성 사이 상대운동으로 인해 우주비행사들은 지구와 화성이 다시 정렬될 때까지 1.5지구년을 화성에서 보낼 수 있다. 화성 표면을 정찰할 수 있는 충분한 시간이 있는 셈이다. 화성 체류 기간이 끝나면 현지에서 만든 연료를 넣은 발사체에 탑승한 다음에 이륙, 화성 궤도에 진입한 다음 소행성 탐사 임무를 통해 개발된 먼 우주 우주선과 다시 만나 지구로 돌아온다. 이 우주선은 순회 궤도에 배치되어 중력 반동 추진을 이용해 자체 추진력을 사용할 필요 없이 지구와 화성을 오갈 수도 있다.

발전된 소재를 사용해도 화성 착륙선과 귀환용 로켓은 엄청나게 무거울 것이다. 이들을 우주로 보내는 데는 현재 계획된 SLS 중 제일 큰 것이 필요할 터다. 하지만 최초의 먼 우주 임무는 최초의 SLS 또는 현재 보유한 발사체를 사용해 발사한 작은 부품들을 조립하는 일로도 가능하다. 우리가 추천하는 점진적 접근 방식을 사용하면 프로그램의 탄력을 증대하고 나사가 방사능 차폐 등의 매우 어려운 문제를 해결하는 데 전력을 집중할 수 있다.

나사는 행성간 우주로 나아가는 새로운 우주선을 획득할 최적의 기회를 한

세대 만에 얻었다. 우주탐사의 가장 큰 장애물은 기술이 아니라, 최소한 자원으로 최대한 효과를 거두는 방법을 알아내는 일이다. 나사가 점진적으로 기술을 발전시켜 임무 목표를 점점 상향해 나간다면, 40년 만에 유인 우주비행은 저지구궤도를 벗어나 가장 뜨거운 시대를 맞을 것이다. 유연한 계획을 통해 나사는 떠돌이별들 사이를 떠돌 길을 찾아낼 수 있을 것이다.

3-5 달에서 화성까지

해리슨 H. 슈미트

콜로라도 주 그랜드캐니언의 벽보다 높은 산들이 길고 좁은 타우루스리트로우(Taurus-Littrow) 계곡을 내려다보고 있다. 지구에서 경험하는 태양빛보다 훨씬 더 밝은 태양빛이 크레이터가 뚫린 계곡 바닥과 산의 급경사 사면을 비춘다. 그곳의 밝음은 칠흑같이 어두운 하늘과 극명한 대조를 이룬다. 나는 동료 승무원 유진 서넌과 함께 40억여 년 전 만들어진 이 계곡을 탐사했다. 또한 이 계곡에 쌓인, 계곡 자체보다는 살짝 나이가 적은 화산암과 화산재도 탐사했다. 1972년의 어느 사흘 동안, 아폴로 계획의 마지막 임무에 참가해서 말이다. 그 임무는 지질학자가 다른 천체에 대해 직접 실시한, 처음이자 현재까지는 유일한 연구였다. 현재 미국, 유럽연합, 러시아, 기타 국제 파트너들은 아마도 2033년까지 우주비행사를 화성에 보내 같은 임무를 수행할 것을 고려하고 있다. 화성에 처음 가는 지질학자에게는 어떤 점이 새롭고 어떤 점이 익숙할까?

아폴로 임무에 대한 기록 대부분은 최초로 달성한 바와 기술적 성취를 주로 다룬다. 그러나 우리처럼 직접 참가한 사람은 첨단 기술과는 별 상관이 없는 인간적 측면도 기억한다. 직접 걸어서 달의 지형을 답사하고, 지질학 망치로 달의 돌을 떼어내고, 외계 환경에서 월석을 나르고 방향을 파악하던 일들 말이다. 지질학자라면 우리 승무원들이 적용했던 현장 탐사의 원칙과 기술을

3-5

누구나 알고 있다. 그 원칙은 변하지 않았다. 탐사 목표는 지질 환경의 구조와 상대적 연대 그리고 변화상을 문서와 그래프로 나타내어, 그 기원 및 언젠가는 문명을 위해 쓰일 수 있는 자원상에 대해 추론하는 일이다. 지구를 떠나 다른 천체에서 탐사를 한다고 해서 탐사 기획과 집행, 즉 표본 수집과 문서화에 관한 원칙은 변하지 않는다. 그리고 같은 곳을 다시 탐사할 가능성이 낮을 경우 이러한 원칙은 더욱 엄격하게 적용된다. 특히 탐사의 과학적이며 인문적인 가치를 온전히 절감하는 데 필요한 인간의 손길과 경험, 창의력은 절대 변할 수 없는 부분이다.

인류는 새로운 곳을 탐사하기 위해 과거의 탐사 경험을 축적해야 한다. 지질학자들은 지구에서도 같은 일을 200년 넘게 해왔다. 새로운 곳에서는 예전에 간 곳과 어떤 점이 같고 어떤 점이 다른지를 끊임없이 자문해야 한다. 화성의 지질학적 특성, 접근성, 탐사 전략, 최적 승무원 구성은 아폴로 때와는 어떻게 달라야 할까?

달 현장에서

지구의 지질학적 특징은 여러 요인이 지극히 복잡하게 작용한 산물이다. 지각, 마그마, 물, 대기의 상호작용, 멀어졌다 충돌하기를 반복하는 해양판과 대륙, 우주에서 날아온 물체의 충돌, 인간을 포함한 동식물의 영향 등이 존재한다. 달의 경우 지난 40억 년 동안 가해진 영향은 대부분 외부적인 것이다. 외부 물체의 충돌, 태양풍을 이루는 에너지 입자 등으로 한정해 볼 수 있다.

달에는 대기가 없으므로 달 표면의 물질은 우주의 극 진공 상태에 바로 노출된다. 유성과 혜성은 먼지 알갱이만큼 작은 것이라도 대기의 방해 없이 초당 수십 킬로미터 속도로 날아와서 달 표면을 직격, 암석과 그 잔해 그리고 유리와 먼지에 영향을 준다. 이러한 과정을 통해 달 표면의 흙이 만들어졌다. 달 표토라고도 불리는, 일부가 유리질인 이 부서진 흙은 대부분의 오래된 화산류 지형과 충격으로 인해 생성된 지형에 수 미터 두께로 쌓여 있다. 따라서 달 현장 탐사에 나서는 지질학자는 X선 투시 장치를 갖추어야 한다. 필자는 큰 바위들이 만나는 곳을 알아보기 위해, 충격에 의한 표토의 완만한 형성과 확산이 암석들의 광물·색상·질감의 대비를 넓히고 약화시킨 모습을 시각화해야 했다.

예를 들어 타우루스리트로우 계곡에서 필자는 색이 짙고 알갱이가 고운 현무암류와, 그보다 먼저 만들어진 회색의 암석 파편(흔히 말하는 충격각력암)이 만나는 곳을 탐사했다. 이 접점은 형성될 때는 두 종류 암석이 돌연히 만났을 터이므로 매우 선명했을 것이다. 그러나 무려 38억 년 동안 우주에 노출되어 온 탓에 그 흔적은 수백 미터에 걸쳐 지워져버렸다. 다른 곳에서 먼지 산사태 퇴적층과 짙은 색 표토의 접점은 산사태가 일어난 지 1억 년에 걸쳐 수십 미터만 퍼졌을 뿐이다. 접점의 모습이 활발하게 변한 과정을 이해함으로서 필자는 그 원래 위치를 알 수 있었다. 이와 마찬가지로 지구의 지질학자 역시 지면의 침식이 암석 간 접점이나 구조를 희미하게 만들거나 덮어버린 방식을 알아낼 수 있어야 한다.

3-5

달 표면에 노출된 바위의 여러 암석 유형을 현장에서 식별하려면 끊임없는 미소 운석의 충돌이 가하는 영향을 알아야 한다. 매우 빠르게 날아오는 입자가 표면에 충돌하면 국소적인 고온의 플라스마를 형성해 충돌 지점의 바위를 녹인다. 이렇게 나온 플라스마와 녹은 바위는 근처의 표면에 다시 퇴적된다. 그 과정에서 매우 작은 철 입자를 함유한 갈색의 얇은 유리질 녹청이 바위 전체를 뒤덮는다. 지구의 지질학자가 지구의 건조 지대에 노출된 암석들의 사막칠을 살펴봐야 하듯이, 필자 역시 이 녹청을 살피고 그 이면에 숨은 것을 해석한 다음에야 망치로 바위를 깨어 떼어낼 수 있었다.

작은 충돌로 인해 생긴 구덩이는 다양한 색의 유리질을 함유한 달의 녹청에 흔적을 남긴다. 이는 충돌을 당한 광물의 다양한 화학적 성분을 반영한다. 백색광물(화산암의 주성분인 사장석 장석 등)에 형성된 구덩이는 광물 알갱이에 매우 선명한 거미줄 모양의 금을 만들고, 이로부터 밝은 회색의 유리와 눈에 띄는 흰색 점이 생긴다. 철이나 마그네슘이 많은 광물이 충돌을 당할 경우 녹색 유리질이 생긴다. 필자는 이런 과정을 알고 있어서 보기만 해도 암석의 성분을 알 수 있었다.

탐험가들이 화성에서 찾게 될 것은?

과학자들은 화성에서도 지구와 달의 지질에 영향을 미친 요소들을 볼 수 있으리라고 기대한다. 화성의 크기는 지구와 달의 중간 정도이기 때문이다. 실제로도 화성에 대한 지질학적 지식이 늘어가면서 그 점이 증명되고 있다. 화성 궤도선과 바이킹 착륙선이 처음으로 사진을 촬영한 이래, 화성의 지질학적 특징은 내외적 영향에 의해 만들어졌음이 밝혀졌다.

화성은 달과 달리 희박한 대기가 존재한다. 화성 지표면의 기압은 지구 해발 기압의 1퍼센트다. 대기의 존재로 인해 탐험가들이 화성 지하의 암석을 식별·분석·이해하기 위한 지질학적 평가 항목도 달라졌다. 대기는 충돌할 때 직경 30미터 이하의 크레이터를 만드는 작은 운석과 혜성을 걸러준다. 때문에 화성 표면은 달과는 달리 크레이터 범벅이 아니다. 대신 화성 표면에서 주로 이동하는 물질은 바람에 날리는 먼지다. 이 먼지의 출처는 다양하다. 바람에 침식된 암석, 산사태, 외계 물체의 충돌, 화학 작용 등이다. 이 먼지들은 부드러운 모래언덕도 형성하는데 탐험가들이 가서는 안 될 곳이다. 지구의 평야나 산 고개에 쌓인 깊은 눈 더미 같은 곳이기 때문이다. 실제로 스피릿, 오퍼튜니티 로버도 이런 곳에 빠진 적이 있다.

대기가 걸러주는 효과에도 불구하고 화성 표면과 표면 바로 아래 노출된 지하에는 외계 천체의 충돌로 인한 지질학적 특성이 풍부하다. 화성에 처음 가는 지질학자들은 암석에 나타난 분출물, 균열, 충격으로 인한 변형 등의 수수께끼를 풀어야 한다. 그리고 모든 암석이 충격과 연관된 것도 아니다. 많은 균열 계곡 및 다른 지역 전반에 걸쳐 층을 이룬 암석들은 퇴적층 또는 화산층의 특징을 띤다. 충격으로 인해 생성된 표토는 지속적으로 보이지 않으며, 땅속 기반암층의 노두 중 다수는 일반적 방식의 지질학적 검사와 표본 채취가 가능할 것이다.

3-5

달에는 물이 없지만, 화성에서는 액체 상태의 물이 지형을 바꾸고 새로운 광물을 만들었다. 달에서 얻은 표본을 실험실에서 조사한 결과, 물을 함유한 광물은 없었다. 그러나 화성 광물에 대한 궤도선 감지기와 로봇 착륙선의 분석 결과, 물을 포함한 여러 점토와 물에 의해 만들어졌을지도 모르는 황산염이 발견되었다. 더구나 달의 암석에는 산화되지 않은 철이 들어 있는 데 반해, 화성에는 산화철(=적철석, Fe_2O_3)이 대량으로 퇴적되어 있었다. 이는 액체 상태의 물이 영향을 미쳤다는 또 다른 증거다. 화성에 가는 지질학자는 달에서보다 훨씬 다양한 광물을 해석할 준비를 해야 한다. 물은 광물을 나르기도 하고, 계곡을 만들기도 한다. 그리고 외부 충격에 의해 지하의 얼음이 녹아 진흙의 흐름을 만들어내기도 한 듯하다.

요약하자면 화성 표토는 보통 진흙의 흐름과 범람으로 인해 발생한 충격 분출물과 잔해 그리고 그 사이에 바람을 타고 끼어들어온 먼지들로 이루어졌다. 극지에는 최근 피닉스 착륙선이 밝혀내었듯이 물 얼음과 이산화탄소 얼음 및 성에도 있다. 달의 표토는 이만큼 복잡하지가 않다.

이렇듯 달과 차이가 나기 때문에, 화성의 현장 지질학자들은 새로운 문제에 직면한다. X선 투시 장치는 계속 써야 한다. 그러나 바람의 영향, 중력, 물이 운반해 온 물질이 있는 지구에서와 유사한 장비 또한 유용하다. 탐사의 다른 부분은 달보다는 훨씬 쉬울 것이다. 화성에서 찍은 사진을 보면 바람에 실려 온 고운 먼지가 여러 암석 표면에 녹청과 유사한 얇은 막을 씌웠지만, 바람이 자주 암석 표면을 청소해주므로 이 먼지 막은 암석과 광물을 식별하는 데 큰 장애는 되지 않을 것이다.

달 탐사와 비슷한 또 다른 점은 시각의 왜곡이다. 인간의 두뇌는 진공 상태나 공기가 희박한 상태에서는 거리를 실제보다 짧게 보는 경향이 있다. 지구의 사막이나 산악의 맑은 공기 속에서도 사람들은 같은 현상을 경험한다. 집, 나무, 수풀, 전신주 같은 익숙한 물체가 없으면 문제는 더욱 악화된다. 닐 암스트롱은 아폴로 11호에서 내리자마자 이런 문제를 처음 인식했다. 필자는 자신의 그림자 실제 길이와 어림짐작한 길이 간의 차이를 비교해, 눈대중한 거리를 50퍼센트쯤 늘려 잡음으로써 이 문제를 해결하는 방법을 알아냈다.

표면의 먼지도 착시를 일으킨다. 달에서는 태양으로부터 시선을 돌릴 때마다 먼지가 강력한 후방 산란을 일으킨다. 밝고 산란되는 부분처럼 보이는 이것을 반대 효과라고 한다. 지구에서도 눈밭 위 자신의 그림자를 볼 때나, 숲 또는 논밭 위를 나는 비행기 그림자를 볼 때 체험할 수 있다. 화성에 가는 우주비행사들 역시 같은 경험을 할 것이다. 후방 산란은 그림자 속으로 빛을 어느 정도 끌어들인다. 또한 태양 쪽을 보았을 때 보이는 그림자도 다른 지형에서 산란되는 소량의 빛을 받아 빛이 난다. 우리는 사진을 찍을 때마다 카메라의 F 넘버 표시 조리개를 태양선에 맞춰 일일이 조절해야 했다. 앞으로의 탐사에서는 카메라와 비디오 시스템이 빛 조건에 맞게 자동적으로 조절되어야 할 것이다.

3-5

접근의 어려움

필자 개인적으로는 달에서 지내기가 매우 편했다. 그렇게 말할 수 있는 이유는 동기 부여가 잘 되었고 고도의 훈련을 받았으며 지구의 지원팀을 철저히 신뢰했기 때문이다. 그러나 달은 지구에서 3일 반만 가면 되는 거리다. 화성은 기존의 화학 로켓을 사용할 경우 아무리 빨리 가도 8~9개월이 걸린다. 퓨전 로켓이나 전기 추진 로켓은 우주선을 지속적으로 가속 및 감속함으로써 항해 기간을 단축할 수 있다. 그러나 이런 추진 기관으로도 화성까지는 수개월이 족히 걸린다.(본문 3-2장 참조) 이렇게 긴 시간 동안 격리되어 생활하려면, 화성에 가는 우주비행사들은 달에 갔던 우주비행사들보다 더욱 뛰어난 자생력이 필요할 터다.

필자는 심리적 문제는 크게 중요하지 않다고 본다. 물론 며칠 간의 여행에 비해 최소 몇 달 간의 여행을 하다보면 심리적으로 문제를 겪는 인원도 있을 것이다. 그러나 지구에서 탐험했던 사람들은 이보다 더 심한 문제도 극복해냈다. 과거의 탐험가들은 화성에 갈 우주비행사들과 비슷한 시간 동안 고향을 떠나 있었다. 그리고 과거에는 고향과 통신할 수단도 없었다. 화성 우주비행사들의 동기 부여 및 훈련 정도, 팀 내 신뢰도와 생존 본능은 아폴로 우주비행사들과 거의 비슷할 것이다. 모두가 우주선 운용과 정비, 과학 임무, 체력 단련, 장래 임무를 위한 시뮬레이션 훈련, 탐사 계획 갱신, 기타 여러 임무로 지극히 분주할 것이다. 과거의 우주비행 역사를 돌이켜 보면, 우주비행사에게 휴식 시간을 주는 일이야말로 가장 큰 심리적 문제를 유발할지도 모른다. 지상의 임무 기획자들은 이 점을 명심해야 한다.

여압 우주복은 달에서와 마찬가지로 화성의 탐사 효율을 제한할 것이다. 물론 타우루스리트로우 탐사 때 사용했던 아폴로 7LB(A7LB) 우주복 덕택에 우리는 적대적 환경에서도 엄청난 양의 현장 작업을 할 수 있었다. 이 우주복 내에는 0.26킬로그램힘(kgf)/제곱센티미터의 기압이 가해졌다. 지구 해면 기압의 4분의 1 정도다. 필자는 이 우주복을 입고 크로스컨트리 스키 걸음걸이에 시속 9.6킬로미터 속도로 수 킬로미터 구간에 걸쳐 오래달리기를 할 수 있었다. 우리는 도구를 가지고 업무를 분담해 표본을 획득하고 문서화 및 사진 작업을 한 후 표본을 포장하는 일을 상당한 속도로 해냈다. 18시간의 탐사 시간 도중 우리는 암석과 표토 총 113킬로그램을 획득했다. 우주복의 팔·다리·허리의 동작 적응성이 더 뛰어났으면 싶었지만, A7LB는 임무에 충분히 쓸모를 다한 장비였다.

정말 쓸모없었던 것은 우주복의 장갑이었다. 아무리 호의적인 시각으로 봐도 손에 엄청난 피로와 통증을 유발했다. 달에 다시 사람을 보내고 화성에 사람을 보낼 때에는 더욱 발전된 장갑을 지급해야 할 것이다. 손가락 부분의 유연성이 떨어지는 탓에 30분만 작업을 해도 팔 아랫부분이 피곤해졌다. 마치 테니스공을 계속 붙들고 있는 기분이었다. 하지만 8시간 동안 휴식을 취하자 근육통은 사라졌다. 지구보다 중력이 약한 달에서는 혈액 순환이 더욱 원활해지는 덕분이다. 그러나 우주복을 입고 한 번에 8~9시간 가까이 드는 작업을 세 번 하고 나니, 장갑 때문에 손에 찰과상을 입고 손톱에도 문제가 생겼다.

그래서야 앞으로 몇 번이나 더 작업할 수 있을지 장담하기 어려웠다.

우주복 기술이 발전해 사람 손에 잘 맞는 우주복 장갑은 물론, 크로스컨트리 스키복같이 편안한 우주복이 나올 수도 있을 것이다. 로봇을 사전 답사에 사용하는 일도 생각해볼 만하다. 또한 국제 우주정거장을 건설했던 우주비행사들 체험을 통해, 계속적으로 손에 힘을 줘야 하는 상황에 맞는 체력 단련 기술도 확보했다. 다른 새로운 절차와 장비들도 탐험의 효율을 크게 높여줄 것이다.

승무원 구성

초기 아폴로 계획 당시는 정치적으로 긴급한 상황이었고, 또 시험비행의 성격도 있었기에 기획과 개발 단계에서 경험 많은 현장 지질학자를 우주비행사로 선발할 여지가 크지 않았다. 나사는 아폴로 계획 우주비행사의 대부분을 직업 시험비행 조종사나 군 조종사 출신 중에서 선발했으며, 조종사 자격증이 있는 현장 지질학자는 필자 단 한 사람뿐이었다. 모든 아폴로 우주비행사들은 비행에 필요한 장비와 방법에 정통하고, 충분한 경험과 자신감을 갖춘 사람들이었다. 현장 지질학자를 '승객'으로 태울 여유는 없었다.

앞으로 10년 정도 후 컨스텔레이션 프로그램(Constellation Program)을 통해 달에 다시 사람을 보낼 때면 이런 상황은 바뀌어야 할 것이다. 달에 가는 모든 임무 팀에는 직업적인 현장 탐험가들이 배속되어야 한다. 그래야 화성 탐사를 위한 전례를 세울 수 있다. 아폴로 계획 후반의 여러 임무에서처럼, 모든 우주비행사와 임무 지원 팀원은 현실적인 지질학적 문제에 대해 가급적 충분한 현장 교육을 받아야 한다. 초기 탐사 임무 팀의 승무원 수는 4명이 적절해 보인다. 아폴로 계획 당시 달착륙선 승무원과 마찬가지로 2명은 현장 탐사원과 시스템 엔지니어 교차 교육을 받은 전문 조종사로 편성하고, 1명은 조종사와 시스템 엔지니어와 현장 생물학자 교차 교육을 받은 전문 현장 지질학자, 나머지 1명은 의사 및 현장 지질학자 교차 교육을 받은 전문 현장 생물학자로 편성하는 것이다.

이렇게 교차 교육을 실시하면 일개인 임무가 아닌 협업을 통해 성공을 도모할 수 있다. 모든 화성 탐사 우주비행사들은 다른 사람의 주특기에 대해서도 준비를 갖추어 팀의 통합성을 높이는 것은 물론, 계층적 지휘 구조에 완벽히 적응해야 한다. 역사를 돌이켜보면 고립된 상황에서 사리 판단이 분명하고 경험 많은 지도자가 지휘하는 소규모 탐사대가 대단한 성공을 거두어낸 적이 꽤 많다.

화성 탐사는 여러 모로 달 탐사와는 다를 것이다. 우선 항해 기간이 며칠이 아니라 몇 개월이다. 때문에 승무원은 항해 기간 내내 착륙 등 여러 비행 절차를 훈련해야 한다. 아폴로 임무에서는 지상의 시뮬레이터에서 착륙 연습을 했고, 최종 리허설은 실제 발사가 1주일도 안 남은 시기에 실시했다. 그러나 화성 탐사는 발사에서 착륙까지의 시간 간격이 9개월이나 된다. 항해 중 훈련을 하지 않고 가기에는 너무 긴 시간이다.

두 번째로 지구의 지상 통제사들은 긴 통신 지연 때문에 기존 임무 통제 기능을 사용할 수 없을 것이다. 발신한 통신을 수신하는 데 최대 22분이 걸리니 말이다. 때문에 지상 통제사들은 승무원과의 실시간 대화가 필요 없는 업무를 처리하게 될 것이다. 데이터 분석 및 합성, 주간 계획, 시스템 및 소모품 상황 관리 및 분석, 정비 유지 계획, 시나리오 전개 등이 그것이다. 실시간 임무 통제 기능은 우주비행사들이 직접 실시할 것이다. 예를 들어 임무에 2명이 필요하다면 1명은 화성 표면에 착륙해서 업무를 보고, 나머지 1명은 화성 궤도를 도는 궤도선에서 전진 임무 통제 센터 역할을 맡는 식으로 말이다. 그리고 먼저 화성 표면에 착륙했던 사람이 궤도로 돌아오면, 나머지 사람이 다른 착륙지에 가서 탐사를 할 것이다.

이만한 자율성은 전례가 있다. 아폴로 계획 때도 발사 전 사진을 사용해 달 탐사 계획을 짰지만, 나사는 예기치 못한 표적이 나타날 경우 대응할 권한 상당 부분을 우주비행사들에게 주었다. 예를 들어 아폴로 17호의 두 번째 탐사 후반부에 필자는 쇼티(Shorty) 크레이터 주변부에서 오렌지색 화산성 유리질을 발견했다. 그러나 당시는 그 자리에서 머물 시간이 30분밖에 남지 않았다. 유진과 필자는 임무 통제소의 제안을 기다리지 않고, 그 퇴적물의 기록과 사진 촬영 그리고 표본 확보를 실시했다. 우리는 통제사들과 이를 상의할 시간은 없었지만, 무엇을 해야 하는지는 바로 알아챘다. 화성 탐사 우주비행사들도 언제나 이런 방식대로 움직여야 한다. 지구의 임무 통제소는 상황이 터진 후 수십 분은 지나서야 알아차릴 테니 말이다.

아폴로 계획과의 세 번째 차이점은 화성 탐사 임무의 비용과 역사적 중요성을 감안하건대 이 임무의 철학은 철저히 성공 지향적일 수밖에 없다는 것이다. 도중에 뭔가가 잘못되더라도 우주비행사들은 임무를 계속해 모든 주요 목표를 달성해야 한다. 예를 들어 우주선은 착륙선 한 대를 사용할 수 없을 경우에 대비해 두 대를 싣고 가는 것이 이상적이다. 그리고 화성 대기권 돌입·하강·착륙 단계에서 시스템 또는 소프트웨어 문제가 발생할 경우, 착륙선을 궤도에 머물게 했던 아폴로 계획과는 달리 화성 탐사 계획 때는 어떻게든 착륙을 시키고 봐야 한다. 일단 착륙선을 안착시키고 나면 지구와의 협의 아래 문제를 해결할 수 있다.

오늘날 젊은이들은 조부모 세대와 부모 세대가 허락한다면 화성을 탐사할 기회와 특권을 얻을 것이다. 그러나 화성 탐사는 쉽지 않을 터다. 가치가 있는 모든 일이 그렇듯이 위험부담이 따른다. 새로운 지식이 가져다주는 값어치도 크고, 여기서 우주탐사를 그만두는 데 따르는 대가 역시 크다. 더 이상 화성 탐사를 연기하면 미국은 다른 나라 우주 탐험가들에게 뒤처지고 말 것이다. 더구나 다른 천체에 대한 탐사 및 정착 방법을 점진적으로 배우지 않으면 태양계 내를 돌아다니는 소행성이나 혜성에 의해 인류가 멸망할 가능성을 떨쳐버릴 수 없다. 호기심, 역사의 교훈, 인류의 자기 보존 본능은 우리가 계속 앞으로 나갈 것을 요구하고 있다.

3-6 화성 위성을 통한 화성 여행

S. 프레드 싱어

아폴로 우주선이 처음 달에 착륙한 지도 30년이 지났다. 이후 유인 우주탐사와 무인 우주탐사를 지지하는 양측 사이 논쟁은 지금까지 그리 크게 변한 것이 없다. 그러나 로봇 위성을 연구하는 우주과학자들 중 필자를 포함한 다수는 유인 우주비행을 반대하던 쪽에서 좀 더 온건한 입장으로 점차 바뀌었다. 특별한 상황이라면 인간을 우주에 보내는 일은 결코 값비싼 쇼가 아니라, 로봇을 보내는 것에 비해 훨씬 비용 효율성이 뛰어난 선택이 될 수 있다. 화성 탐사도 그 특별한 상황 중 하나다.

유인 화성 탐사의 가장 큰 이점은 통신 지연 없이 실시간으로 탐사가 가능하고, 흥미로운 결과가 나올 때 새로운 실험을 할 수 있다는 점이다. 로봇은 완전 자율화를 위한 수십 년에 걸친 연구에도 불구하고, 아직 지휘 체계 내에 사람이 있어야 관리가 가능하다. 그러나 이런 의문은 든다. 우주비행사는 어디에 있어야 하는가? 흔히 화성 표면에 있어야 한다고 즉답하기 쉽지만, 그것이 늘 가장 효과적이라는 법은 없다. 1981년에 열린 첫 화성 관계 회의(Case for Mars)에서는 더욱 도발적인 답들이 나왔다. 그중에는 화성의 위성인 포보스와 데이모스가 비교적 저렴한 교두보 역할을 할 수 있다는 주장도 있었다.

현재의 대부분 임무 시나리오로는 우주선 두 척이 필요하다. 첫 번째 우주선은 추진제와 기타 중장비(예비 모듈과 재돌입체 등)를 화성 표면 또는 근처에 가져다 놓는다. 항해 기간이 중요하지 않으므로, 전기 추진 및 중력 보조 절차를 사용해 비용을 줄일 수 있다. 하지만 우주비행사를 나를 두 번째 우주선에서는 얘기가 달라진다. 이 우주선은 지구의 밴앨런대를 빠르게 통과해야 한다. 그리고 보급품을 절약하기 위해 화성까지 최단 시간 내에 가야 한다. 가까운 장래라면 타당한 대안이 화학 로켓 말고는 없다.

여러 임무 계획마다 가장 말이 달라지는 부분은 승무원이 탑승한 우주선과 화물을 탑재한 우주선이 화성에서 만난 후의 이야기다. 난이도와 비용이 낮은 것부터 높은 순서대로 6개의 가능한 시나리오를 늘어놓아 보겠다. (1) 초기 아폴로 계획처럼 화성 근접 비행을 하고 지구로 바로 복귀 (2) 화성 궤도선을 사용해 화성 인근에서 더 오래 체류 (3) 원형 적도 궤도에 들어가 화성의 두 위성 중 하나(그중에서도 데이모스를 선호)에 착륙하는 포보스 데이모스(Ph-D) 임무 (4) 화성 지면에 단기 체류하는 하이브리드 임무(Ph-D-플러스) (5) 화성 표면에서 하이브리드 임무보다 더 긴 시간을 체류하면서 정식 과학 임무를 실시하는 본격 화성 착륙 임무 (6) 화성 표면에 영구 거주구를 건설하고 계속 생활하는 장기 임무다.

최초의 유인 화성 탐사 임무는 야심에 찬 것이어야 한다. 어찌되었건 간에 모험은 사람의 흥미를 자극하니 말이다. 그러나 너무 야심 가득하면 예산이 안 나올 수 있다. 따라서 야심의 크기를 조절하는 것이야말로 가장 어려운 부분이다. 앞서 소개한 6개 임무 중 (3) Ph-D와 (4) Ph-D-플러스 임무는 비용 효율성이 가장 잘 맞고 가장 큰 과학적 이익을 가져올 것이다.

3-6

데이모스는 화성 연구에 매우 적합한 기지가 될 것이다. 데이모스에서 우주비행사들은 화성 전역 표면에 대기 탐사선, 지하 침투자, 로버를 투입 및 통제할 수 있다. 데이모스의 궤도는 동기 궤도에 가까우므로 한 번에 40시간 정도 로버와 직접 교신이 가능하다. 포보스는 화성과 더 가깝기는 하지만 공전 주기가 더 빠르므로 이런 장점이 없다. 그러나 포보스와 데이모스 중 어느 위성에서도 화성 생명체로 지구를 오염시킬 걱정 없이 표본을 분석할 수는 있다.

또한 진공 상태를 접하기 쉬우므로 질량 분석계나 전자 현미경 등의 실험 장비를 운용하기에도 좋다. 데이모스는 중력이 작아서 우주선을 데이모스의 다른 곳으로 이동해 태양 폭풍과 운석으로부터 숨기도 쉽다. 또한 이들 화성 위성들은 그 자체만으로도 탐사할 가치가 충분하다. 표본을 획득하면 이들 위성이 어떻게 만들어졌는지 알 수 있다.

반면 화성 표면에 기지를 짓는 안은 약점이 많다. 기지와 멀리 떨어진 곳에 전개된 로버는 여전히 원격으로 조종해야 하는데, 그러려면 위성 중계 체계가 필요하다. 그곳에서 기지로 표본을 회수하기도 어렵다. 야간이나 먼지 폭풍 시기에 기지에 전력을 공급하려면 거대한 비상 배터리나 원자력 발전기가 있어야 한다.

화성 위성을 발진기지 삼아 화성 표면에 한 번만 탐사 임무를 실시해도, 착륙선 임무의 과학적·모험적 장점 대부분을 취할 수 있다. 본격적 착륙선이 아니라 작은 왕복선 하나면 충분하며, 그 편이 총비용도 절약할 수 있다. 화성 위성이라는 궤도상 기지에서 왕복선을 타고 발진하는 우주비행사들은 착륙 지점을 더욱 유연하게 고를 수 있다. 그러나 대형 화성 착륙선에 우주비행사들이 타고 착륙할 경우, 안전한 착륙이 가능하면서 지구로 복귀가 쉬운 곳을 골라야 하므로 착륙지 선정이 까다로워질 수밖에 없다.

더 먼 미래에는 화성 위성들은 연결 사슬을 사용해 화성 표면과 교통하는 정거장 역할을 할 것이다. 데이모스의 과학자들은 기상 양상 변화나 극관 용해 등 대규모 기후학 실험을 안전하게 할 수 있을 것이다. 그럼으로써 화성 테라포밍(terraforming)* 기술이나 지구 기후 변화 완화 기술도 실험할 수 있을 것이다.

*외계 행성의 환경을 지구와 같이 인간이 살 수 있도록 장기적으로 바꾸겠다는 계획.

여러 임무 시나리오의 비용과 이익은 아직 초기 단계인 현재 분석하기 어렵다. 그러나 몇 년 전 회의 중 화성 전문가들을 상대로 필자가 진행한 여론조사에서는 가장 많은 사람들이 Ph-D-플러스 계획을 순이익이 제일 높은 초기 임무로 꼽았다. 이 임무는 저렴하고도 신속한 방식으로 과학 전 분야에 이익을 가져다줄 것이며, 궁극적으로는 화성 표면에 기지와 식민지를 건설할 토대를 제공해줄 것이다.

3-7 테라포밍으로 화성을 생명으로 뒤덮어라

크리스토퍼 P. 매케이

40억 년 전 화성은 따스하고 물이 많은 행성이었다. 어쩌면 생명체도 살았을지 모른다. 화성 궤도에 보낸 우주선들은 협곡과 침수로 인해 생긴 계곡을 촬영했다. 이러한 지형은 한때 이 행성 표면에 액체 상태의 물이 흘렀다는 증거다. 그러나 오늘날의 화성은 대기가 희박하고 차갑고 건조한 사막 같은 곳이다. 생명의 존재에 필수적인 액체 상태의 물이 없다보니, 인류가 기존에 알고 있는 생명체는 화성에서 살 수 없다.

지금(1999년)으로부터 20여 년 전 화성에 간 매리너와 바이킹 탐사선은 화성 표면에서 생명의 흔적을 발견하지 못했다. 그러나 화성 표면에는 생명체에 필요한 모든 화학 성분들이 있었다. 이러한 탐사 결과를 본 나사 에임스 연구센터의 모리스 애버너, 로버트 D. 매컬로이 두 생물학자는 과연 화성 환경을 지구 생물이 살기 좋게 개조할 수 있을지를 숙고하기 시작했다. 이후 여러 과학자가 여러 기후 모델과 환경 이론을 통해 그것이 가능할 수도 있다는 결론을 냈다. 현존하는 기술로도 화성 기후를 생명이 살기에 적합하게 바꿀 수 있다. 이러한 실험을 통해 생물권의 발전과 진화를 매우 큰 규모로 조사해볼 수도 있다. 그리고 지구 이외의 곳에 생명을 확산하고 연구할 수도 있다.

왜 화성인가?

화성의 주요 물리적 속성은 지구와 유사한 부분이 많다. 두 행성 모두 하루의 길이가 24시간 전후다. 이는 태양빛을 이용해 광합성을 하는 식물에게 중요한 요소다. 화성에는 계절의 변화도 있다. 자전축이 지구와 비슷한 정도로 기울어졌기 때문이다. 화성은 태양과의 거리가 지구보다 멀다. 때문에 1화성년의 길이는 1지구년의 거의 두 배나 된다. 그러나 식물은 이 정도 차이라면 적응할 수 있을 것이다. 지구와 화성 간의 변할 수 없는 또 하나의 차이는 중력이다. 화성 중력은 지구의 3분의 1밖에 안 된다. 이렇게 적은 중력에 생물체가 적응할 수 있을지는 미지수다. 그러나 미생물과 식물 그리고 일부 동물은 이 정도 중력에 잘 적응할 가능성이 높다.

우리 태양계의 다른 행성과 위성 중에도 금성, 타이탄, 유로파 등은 생명이 존재할 수 있는 장소로 여겨진다. 그러나 이런 천체들에는 생명의 존재에 불리한 기초 물리적 매개변수가 존재한다. 토성의 위성인 타이탄과 목성의 위성인 유로파는 태양에서 너무 멀다. 금성은 태양에서 너무 가깝다. 그리고 대기 밀도가 너무 높아 생명이 살기에는 너무 덥다. 더구나 금성의 자전 속도는 너무 느리므로 1금성일은 지구 시간으로 4개월 가까이 된다. 때문에 식물이 살기가 어렵다. 그리고 현재 인류의 기술로는 이러한 물리적 매개변수를 개조할 능력이 없다.

화성은 현재 너무 춥고 건조하며, 대기 밀도도 희박해 생명이 살기 어렵다. 그러나 이러한 매개변수들은 상호 연관되어 있다. 그리고 이 세 가지는 인간의 개입과 생물학적 변화를 통해 바꿀 수 있다. 핵심은 이산화탄소다. 화성을 더욱 밀도 높은 이산화탄소 대기로 감싸서, 표면 기압을 지구의 1~2배쯤으로 높인다면 화성의 기온은 물의 어는점 이상으로 높아진다. 이 대기에 질소를 첨가하면 식물과 미생물이 신진대사를 할 수 있다. 그리고 이산화탄소를 광화학 분해하여 약간의 산소를 만들어내면, 원초적이지만 효과적인 오존층이 생성되어 다시 살아난 식물들을 보호할 수 있다. 이 이산화탄소 대기는 식물과 미생물의 생존은 돕지만 동물의 생존에 필요한 만큼의 산소는 없다.

인간들이 화성에서 생존하려면 호흡 가능한 공기를 다른 곳에서 가져가야 하겠지만, 이산화탄소가 풍부해진 화성 대기는 현재보다 더 살기 좋은 곳이 될 것이다. 화성의 기온과 기압이 높아지면 거추장스러운 우주복이나 압력 돔이 필요 없다. 자연스러운 식물의 생장으로 화성 표면에서 농장과 숲을 조성할 수 있으며, 여기서 이주자나 방문자를 위한 식량을 생산할 수 있다.

화성에서 동물과 인간의 생존이 가능하려면, 대기를 더욱 더 지구와 비슷하게 바꿔야 한다. 지구 대기 대부분은 질소로 이루어졌으며, 산소 농도는 약 20퍼센트, 이산화탄소 농도는 1퍼센트 미만이다. 이렇게 지구와 유사하게 산소가 풍부한 대기를 생성하는 '테라포밍' 기술은 화성 대기 농도를 높이는 기술보다 더욱 어려울 것이다. 그러나 화성에 생명이 살게 하려면 우선 이산화탄소가 풍부한 밀도 높은 대기부터 만드는 것이 논리적이다. 요크 대학의 생물학자 로버트 헤인즈는 이 방법을 에코포이에시스(ecopoiesis)라고 부른다.

화성은 생명이 살 수 있는 환경을 만들기 위해 반드시 필요한 휘발성 물질,

즉 이산화탄소와 질소 그리고 물을 지니고 있는가? 이러한 원자재를 지구에서 수송해 가는 것은 비실용적이다. 예를 들어 화성 대기를 호흡 가능한 수준으로 개조하는 데 드는 질소의 양은 1경(10의 16승) 톤 이상에 달한다. 그러나 우주왕복선은 저지구궤도까지 25톤을 수송할 수 있을 뿐이다. 그러므로 화성에 충분한 양의 질소가 없다면, 적어도 가까운 미래에는 부족한 질소를 화성까지 가져갈 방법이 없다.

유감스럽게도 화성 지하에 이런 필수 성분들이 얼마나 많이 매장되었는지는 아직 알지 못한다. 물론 화성의 희박한 대기에 약간의 이산화탄소와 질소, 수증기가 있다는 것은 알고 있다. 그러나 한때 화성에는 지금보다는 훨씬 밀도 높은 대기가 있었을 것이다. 연구자들은 여러 방법을 사용해 초기 화성 대기에 포함된 이산화탄소와 질소, 수분의 함량을 알아내고자 했다. 이러한 방법에는 질소 동위원소의 비율을 측정하는 것, 화성의 범람 수로를 부식시키는 데 필요한 물의 양을 추산하는 것 등이 있다. 하지만 방법에 따라 과거에 있었던 휘발성 물질 양의 추산치는 상당히 차이가 난다.

다행히도 화성에는 호흡 가능한 공기와 상당한 크기의 바다를 만들기에 충분한 만큼의 휘발성 물질이 있었다는 데는 여러 추산치를 봐도 이론의 여지가 없다. 물론 이 휘발성 물질들 중 일부는 화성의 낮은 중력 때문에 우주 공간으로 완전히 나가버렸을 수도 있다. 그러나 만약 화성에 생물권을 만들기에 충분한 휘발성 물질이 있었다면, 아직 화성 표면 아래에 갇혀 있을 가능성도 있다. 물은 땅속에서 얼어서 얼음이 되었을 수 있고, 질소는 화성 토양 안에

질산염으로 저장되었을 수 있다. 이산화탄소는 화성의 극관 및 토양 속에 얼어 있을 수 있다.

기온을 올려라

화성에 이들 필수 성분들이 있다면, 화성 환경 테라포밍의 제1단계는 화성의 온도를 높이는 일이다. 화성의 표면을 가열하면 그 속에 있던 이산화탄소, 질소, 수증기가 대기 중으로 나올 것이다. 이런 엄청난 가열에 필요한 에너지는 태양에서 구해야 한다. 태양빛에 비하면 인공 에너지는 미약하기 그지없다. 예를 들어 태양이 화성에 30분 동안 전달하는 에너지는 미국과 러시아가 보유한 모든 핵무기의 폭발 에너지보다도 크다. 따라서 태양빛에서 얻은 에너지를 화성 가열에 사용하는 것은 화성 환경을 생명 친화적으로 바꾸는 유일하게 현실적인 방법이다.

과학자들은 태양빛으로 화성을 가열할 여러 방법을 수년 동안 제안하고 고려해왔다. 일부 연구자들은 화성 극관에 검댕을 살포해 더 많은 태양빛을 흡수시켜 얼어붙은 이산화탄소를 녹이는 방식을 제안했다. 다른 연구자들은 화성 주위 궤도에 대형 반사경을 띄워 극지에 태양빛을 반사해 비추자고 제안한다. 그러나 이런 방법을 구현하기 위한 기술은 아직 시연된 바 없다. 예를 들어 우주 반사경만 하더라도, 텍사스 면적만 한 제품을 만들어야 화성이 받는 태양빛의 양을 고작 2퍼센트 늘릴 수 있다.

아마도 초온실가스를 사용해 태양에너지를 붙잡아 두는 방법이 화성 온난화를 위한 가장 현실적인 접근일 것이다. 이 방법을 처음 제안한 사람은 영국의 대기과학자인 제임스 러브록이다. 그는 생명의 존재가 지구의 생명 거주성을 유지시킨다는 가이아 가설로 잘 알려져 있다. 러브록의 화성 온난화 아이디어는 메탄, 아산화질소, 암모니아, 과불화탄소(PFCs)를 화성 대기 속으로 살포하는 것이다. 이들 초온실가스는 태양에너지를 붙들어두는 효과가 지구와 화성에서 가장 흔한 온실가스인 이산화탄소의 수천 배에 달한다. 초온실가스는 소량만 있어도 행성의 온도를 높일 수 있다. 사실 많은 과학자가 이들 가스의 생산이 지구온난화의 원인 중 하나라고 보고 있다.

필자가 오웬 B. 툰, 제임스 F. 캐스팅과 함께 실시한 컴퓨터 계산에 따르면, 화성 대기에 초온실가스가 몇 피피엠(ppm)만 들어 있어도 섭씨 영하 60도이던 화성 평균 기온은 섭씨 영하 40도로 뛰어오른다. 극관과 토양 속의 이산화탄소가 대기 속으로 풀려나오기만 해도 이러한 방식의 온난화는 충분히 촉발된다. 이산화탄소는 온실가스 효과를 더욱 높여 더 많은 이산화탄소와 수증기를 대기 중으로 방출시킨다. 이러한 긍정적 피드백은 밀도 높고 따스하며 이산화탄소가 풍부한 화성을 만들기에 충분하다.

그렇다면 이런 초온실가스를 어디서 구하는가? 몇 피피엠의 과불화탄소만 있으면 가능하다고 해도 화성을 온난화하기 위해 필요한 과불화탄소의 양은 너무 많아 지구에서 가져갈 수가 없다. 따라서 온실가스는 화성 현지에서 생산해야 한다. 처음에는 화학적으로 생산해야겠지만 나중에는 미생물을 사용해 생물학적으로 생산할 것이다. 이러한 가스는 화성에서 쉽게 구할 수 있는 원소들로 쉽게 합성이 가능해야 하며, 화성 대기 속에서 비교적 오랫동안 잔존해야 한다. 사불화탄소(CF_4)나 육불화에탄(C_2F_6) 등의 과불화탄소와 육불화황(SF_6)의 다른 화합물은 열복사를 매우 잘 흡수하고 화성 대기 속에 오랫동안(수백 년) 잔존하므로 좋은 선택이다. 더구나 이들 화합물을 만드는 데 필요한 원소인 탄소, 불소, 황은 화성에 풍부하다.

충분한 양의 온실가스를 생성하기 위해서는 화성 표면에 수백 개의 작은 과불화탄소 공장을 건설해야 한다. 태양에너지로 작동하는 이들 폴크스바겐만 한 공장은 화성 토양에서 필요한 원소를 추출해 과불화탄소를 만들어 대기 중으로 살포할 것이다.

시간문제

밀도 높은 이산화탄소 대기를 생성하려면 얼마나 걸리는가? 일단 극관에 얼어붙은 물과 이산화탄소가 녹고 토양 속 질소가 기화하는 데 충분한 농도의 과불화탄소가 축적되어야 한다. 그러나 화성의 기온을 올리는 데 얼마나 많은 에너지가 들 것인가? 우리 계산에 따르면 화성의 얼음을 녹이는 데는 화성 표면 1제곱센티미터당 5메가줄의 에너지가 필요하다. 태양이 화성에 가하는 에너지의 10년 치에 해당한다.

이 에너지를 붙잡아둔다면 얼어붙은 이산화탄소가 기화해 화성의 대기 밀도를 높일 수 있을 것이다. 충분한 이산화탄소가 생성되어 화성 기압이 지구의 2배로 늘어난다면, 화성 표면의 평균 온도는 지구와 비슷한 수준인 섭씨 영상 15도까지 올라갈 것이다. 이 단계에 이르러도 화성의 물 대부분은 아직도 지하에 얼어붙은 상태로 남아 있을 가능성이 높다. 그곳의 온도는 훨씬 낮기 때문이다. 지하의 물 얼음을 녹이려면 1제곱센티미터당 25메가줄의 힘이 더 들어간다. 이는 태양이 화성에 50년 동안 가하는 에너지의 총량에 해당한다.

그러므로 화성에 도달한 태양빛의 모든 광자가 100퍼센트 에너지 효율을 발휘한다면 화성은 10년 내에 온난화가 시작되고 60년 내에는 완전히 녹는다는 얘기가 된다. 그러나 물론 현실에는 100퍼센트 에너지 효율은 없다. 만약 온실가스가 태양빛 에너지의 10퍼센트만 잡아둔다면 과불화탄소를 사용해 밀도 높은 이산화탄소 대기를 만드는 데는 약 100년이 걸리고, 물이 풍부한 화성을 만드는 데는 약 600년이 걸린다. 이 정도만 걸린다면 그래도 해볼 만하다. 만약 수백만 년이 걸린다면 화성을 생명이 살 수 있는 곳으로 만드는 건 포기하는 편이 낫다.

로버트 주브린의 계산에 따르면 더욱 빠른 결과를 얻기 위해 다른 수단을 써서 온실가스 효과를 증폭할 수 있다. 궤도상에 대형 반사경을 띄우거나 화성 표면에 어두운 색 물질을 살포하는 방식이다. 그러나 여러 이유로 볼 때 화성의 환경 개조는 천천히 하는 편이 타당하다. 온실가스를 사용해 화성의 기후를 수십~수백 년에 걸쳐 바꾸는 것이 경제적으로 낫다. 나사의 화성 프로그램은 매년 6개의 과불화탄소 공장을 화성으로 보낼 비용을 부담할 수 있다. 더구나 작업 기간을 늘리면 화성 생명체가 변화하는 환경에 맞춰 적응하고 진화하며 상호작용할 시간을 벌 수 있다. 지구 생명체가 무려 수십억 년 동안 그랬듯이 말이다. 마지막으로 환경 진화의 속도를 낮추면 그에 따르는 생물학적 및 물리학적 변화를 관찰하기 쉽다. 생물권의 형성 과정을 아는 것이야말로 화성을 생명 친화적으로 바꾸는 투자를 통해 얻을 수 있는 과학적 이익의 일부다.

온난하고 물이 많으며 이산화탄소가 풍부한 화성에는 식물과 박테리아가 번성할 수 있다. 그러나 동물과 인간이 생활할 수 있는 산소가 충분한 대기를 만드는 일은 더욱 어렵다. 열역학적 계산에 따르면 화성의 두터운 대기 속 이산화탄소를 산소로 바꾸는 데는 1제곱센티미터당 80메가줄의 에너지가 필요하다고 한다. 화성이 170년간 받는 태양빛의 에너지다. 그리고 화성 전체의 대기를 바꿀 수 있는 유일한 방법은 화성 전역에 걸친 생물학적 공정이다. 즉 이산화탄소를 빨아들여 산소를 배출하는 식물 광합성이다.

지구 식물이 태양에너지를 사용해 산소를 만들 때의 에너지 효율은 0.01퍼센트에 불과하다. 이 정도 효율로는 화성 이산화탄소를 산소로 바꾸는 데 100만 년 이상이 걸릴 것이다. 이게 긴 시간으로 느껴진다면, 지구에서 같은 작업을 하는 데는 20억 년 이상이 걸렸다는 점을 염두에 두라. 물론 식물들이 대기 속 이산화탄소를 소비하면서 온실가스 효과는 약화될 것이고, 화성은 다시금 추워질 것이다. 화성 표면의 온도를 따뜻하게 유지하면서 대기 성분 대부분을 질소와 산소 그리고 1퍼센트 이내의 이산화탄소로 유지하려면 초온실가스의 농도를 수 피피엠 수준으로 유지해야 한다. 이 정도의 온실가스는 생물에게 해롭지 않다.

미래의 화성 생명체

현재의 화성에 생명체가 없다면 미래의 화성 생명체는 지구에서 이주해간 생명체일 것이다. 남극의 건조한 계곡들은 지구에서 가장 차갑고 건조하며 화성과 유사한 곳이다. 이곳에는 최초의 화성 생명체가 될 이상적인 후보들이 있다. 플로리다 주립대학의 E. 임레 프리드먼은 기온이 0도 이상으로 잘 올라가지 않는 고산 지대에서 다공성 사암 표면 바로 몇 밀리미터 아래에 사는 이끼와 조류를 발견해냈다. 태양빛이 이들 사암을 비추어 눈이 녹으면 그 물기를 가지고 이들 미생물이 생존한다. 화성의 아직 추운 환경을 개조하는 초기에도 산소 없이 성장할 수 있는 이런 미생물은 이 작은 암석 온실 속에서 생존할 수 있을 것이다.

화성이 따뜻해지면서 여러 종류의 식물이 도입될 것이다. 위스콘신 대학의 제임스 M. 그레이엄은 화성의 점진적 녹화를 지구의 산을 내려오는 일에 비교한다. 고도가 낮아짐에 따라 기온은 높아지고 식생은 풍성해진다. 화성에서도 암석 지대에서는 지구의 툰드라에서 자라는 강인한 식물들이 살 것이다. 그리고 결국 화성에서도 알프스 목초지나 소나무 숲 등이 생길 것이다. 이러한 식물들은 산소를 생성할 것이고, 곤충처럼 높은 이산화탄소 농도와 낮은 산소 농도를 견딜 수 있는 작은 동물들이 화성에서도 살 수 있게 될 것이다.

화성에 생명을 깃들게 하는 일은 엄청난 과학적 이점이 있으며, 지구 생물권을 유지하는 법을 배우는 것과도 큰 연관이 있다. 그러나 이런 프로그램은 과연 바람직한가? 다른 행성의 환경을 이렇게 크게 바꾸는 데 따르는 윤리적 문제는 없을까?

이 일을 시작하려면 우선 현재의 화성에는 생명이 없다는 사실을 전제해야 한다. 그리고 이 전제는 지구에서 생명을 옮겨가기 전에 확실히 검증되어야 한다. 화성 표면 아래에 생명체가 있다면 이 화성 생명체가 화성 표면으로 나와서 화성 전역으로 확산될 수 있도록 화성의 환경을 바꾸는 일을 고려해야 한다. 그러나 현재의 화성에 생명이 없다면, 화성에 생명이 다시 번식하도록 만드는 일은 그 자체만으로 충분히 가치 있다. 생명체를 보유한 화성은 아름답지만 생명체가 없는 현재의 화성보다는 더욱 큰 가치를 지닌다고 볼 수 있다.

지구에서 환경 변화는 언제나 부정적 효과를 몰고 왔다. 화성에서도 그럴까? 인간은 화성의 변화를 관찰할 수는 있겠지만 화성의 생물군과 환경 변화를 완벽히 통제하거나 예측할 수는 없다. 지구 생물권은 너무 복잡해서 의도하지 않은 변화가 특정 생물체에게 좋지 못한 결과를 불러올 수 있다. 그러나 화성에는 현재 아무런 생명체가 없는 듯하다. 그렇다면 생물권의 등장과 팽창은 어떤 것이라도 발전적으로 볼 수 있다. 생명의 확산이 목적이라면 화성을 생명이 가득한 별로 만드는 작업은 자연 환경에 대해 인간이 할 수 있는 지극히 긍정적인 기여가 될 것이다.

3-8 로봇과 인간 중 누가 우주를 탐사해야 하는가?

프랜시스 슬레이키, 폴 D. 스푸디스

로봇이 우주를 탐사해야 한다 : 프랜시스 슬레이키

나사의 임무는 어렵다. 우주과학은 1년에 162억 5000만 달러를 사용할 가치가 있는 일임을 미국 납세자들에게 설득시켜야 한다. 이를 위해 나사는 마치 미국 대기업들의 마케팅과도 비슷한 강도 높은 홍보 활동을 벌이고 있다. 나사는 21세기 마케팅에서 귀중한 교훈을 배웠다. 자사의 프로그램을 홍보하려면 강렬한 인간 캐릭터들이 나오는 흥미로운 시각적 효과와 스토리를 써야 한다는 것이다. 이 때문에 나사는 꾸준히 유인 우주탐사 프로그램에 대한 보도 자료와 이미지를 배포하고 있다.

우주왕복선은 발사될 때마다 언론의 주목을 받는다. 나사는 우주비행사들을 준비된 영웅처럼 선전한다. 우주비행사들이 해낸 일이 전혀 혁신적이지 않을 때도 그렇다. 나사의 홍보 역량을 매우 잘 보여주는 사례는 1998년 존 글렌의 STS-95 우주왕복선 임무 참가다. 존 글렌은 지구 궤도를 비행한 최초의 미국인이다. 존 글렌은 무려 77세인데도 STS-95 임무에 참가해 다시 우주로 나갔다. 이는 아폴로 달 착륙 이래 가장 큰 주목을 받은 유인 탐사 임무였다. 나사는 글렌이 과학을 위해 다시 우주에 나갔다고 선전했다. 그는 우주에서 다양한 의학 실험의 피험자가 되었다. 그러나 글렌이 우주왕복선을 탑승한 주목적이 과학적 발견이 아닌 나사 홍보였음은 너무나도 분명했다.

3-8

나사는 현재도 우주에서 최고급 과학 프로젝트를 진행한다. 그러나 우주비행사가 아닌 무인 탐사선에 의해 진행되고 있다. 얼마 전에는 마스 패스파인더 로버가 화성 표면을 탐사했고, 갈릴레오 우주선이 목성과 그 위성들을 탐사했다. 허블우주망원경을 비롯한 여러 궤도상의 천문대들은 우주가 처음 생성되던 순간의 영상을 촬영하고 있다. 그러나 로봇은 영웅이 되지 못했다. 누구도 허블우주망원경을 위해 색종이 흩날리는 퍼레이드를 열어주지 않는다. 유인 우주비행 덕택에 나사는 우주 개발 프로그램을 진행할 자금을 마련할 수 있다. 그리고 그것이 나사가 연간 예산의 4분의 1을 써가며 매년 우주왕복선을 10여 차례나 쏘아 올리는 주된 이유다.

나사는 현재 국제 우주정거장을 가지고 있다. 지구 궤도상의 실험실인 이 우주정거장은 그야말로 돈 먹는 하마다. 나사의 주장에 따르면 이 우주정거장은 우주 연구를 실시하고 인간의 안전한 우주 생활과 업무 가능성을 알아보는 실험실이라고 한다. 이러한 지식은 향후 화성 유인 임무를 기획하거나 달에 기지를 건설할 때 사용될 수 있다. 그러나 국제 우주정거장에 대한 이러한 정당화는 상당 부분 허상에 가깝다. 감자만큼이나 평범한 사실을 말하겠다. 국제 우주정거장은 절대 첨단과학 연구를 위한 플랫폼이 아니다. 화성과 다른 행성을 탐사하는 무인 탐사선이 유인 임무보다 더욱 저렴하면서도 효과적인 대안이다. 그리고 달 식민지는 말도 안 된다.

과학이라는 허상

물리학자 4만 1,000명의 모임인 미국 물리학회는 지난 1990년, 국제 우주정거장에서 실시할 계획인 실험들을 검토했다. 그중 다수는 미세 중력 환경 속에서 진행하는 소재 및 유체역학 실험이었다. 단백질 결정 성장과 세포 배양 실험도 있었다. 그러나 미국 물리학회는 이런 실험들로는 국제 우주정거장 건설을 정당화할 만한 유용한 과학적 지식을 산출할 수 없다는 결론을 내렸다. 미국 화학회, 미국 결정학회를 포함한 다른 13개 과학 단체들도 마찬가지였다.

그 이후 실험 계획은 바뀌었고 국제 우주정거장도 그에 맞춰 재설계되었다. 그러나 학계는 여전히 국제 우주정거장에 대해 반대가 심했다. 현재(2008년)까지 국제 우주정거장이 자신들 연구 분야에 별 도움이 되지 않으며 돈과 시간만 낭비하고 있다는 결론을 내린 과학 단체는 20개가 넘는다. 이 단체들은 모두 로봇 및 우주망원경 임무를 통해 우주과학을 연구할 것을 권고하고 있다.

이들이 국제 우주정거장을 싫어하는 이유는 다양하다. 소재 공학 연구자들은 국제 우주정거장이 너무 불안정한 플랫폼이라고 지적한다. 우주비행사들과 장비의 움직임으로 생기는 진동은 민감한 실험을 망칠 수 있다. 그리고 이러한 진동으로 인해 천문학자들은 우주를 관측하기 어렵고 지질학자들과 기상학자들은 지구 표면을 제대로 관측하기 어렵다. 차라리 무인 인공위성을 쓰는 편이 더 낫다는 것이다. 국제 우주정거장에서 배출되는 기체 구름은 진공에 가까운 상태에서 실시되어야 하는 실험을 방해한다. 그리고 국제 우주정거장은 고도도 400킬로미터로 너무 낮다. 그 고도는 이미 철저한 연구가 이루어진 곳이다.

학계의 반발에도 불구하고 나사는 국제 우주정거장에서의 각종 실험을 밀어붙였다. 나사는 특히 미세 중력 상태에서의 단백질 결정 성장에 매우 관심이 많다. 나아가 이 연구가 더욱 성능이 뛰어난 의약품 개발에 도움이 될 거라고 주장한다. 그러나 미국 세포생물학회는 이러한 결정학 프로그램을 중단하라고 엄중히 요구했다. 미국 세포생물학회의 검토 위원들은 제안된 실험들이 단백질 구조에 대한 지식 발전에 별 도움이 되지 않는다는 결론을 내렸다.

경제적 이익이라는 허상

유인 우주비행은 엄청나게 돈이 많이 든다. 우주왕복선의 1회 비행 비용은 4억 5000만 달러(약 5100억 원)에 이른다. 우주왕복선은 화물칸에 23톤 짐을 싣고 발사되어 이 짐을 궤도에 올려놓을 수 있으며, 지구로 귀환할 때도 14.5톤의 짐을 싣고 올 수 있다. 나사가 우주왕복선에 색종이 23톤을 실어 발사한다고 가정하자. 설령 임무 중 이 색종이들이 같은 무게의 금으로 변하는 기적이 일어난다고 해도, 임무는 8000만 달러 적자가 난다.

이와 비슷한 경제적 논리는 국제 우주정거장에도 적용된다. 국제 우주정거장은 현재(2008년)까지 5번의 주요 설계 변경을 거쳤으며, 계획보다 11년이나 늦게 완공되었다. 국제 우주정거장은 처음에는 80억 달러(9조 200억 원)의 예산으로 완공될 계획이었으나, 나사는 그 3배가 넘는 돈을 투자했다.

나사는 국제 우주정거장에서 생산 활동을 통해 이 지출을 상쇄하기를 바랐다. 이론적으로 볼 때 미세 중력 환경에서는 지구에서보다 더욱 성능이 좋은 특정 의약품과 반도체를 만들 수 있다. 그러나 국제 우주정거장에 물자를 보내는 데는 엄청난 비용이 들고, 따라서 대부분 기업은 이 발상을 진지하게 생각해보지도 않았다.

현재까지 국제 우주정거장을 통해 경제적 이득을 본 나라는 이 프로젝트에 미국과 함께 참여한 나라인 러시아뿐이다. 나사는 4년 동안 러시아우주기구에 6억 6000만 달러를 투자해 국제 우주정거장의 주요 모듈 공사를 완료할 수 있도록 했다. 하지만 러시아는 경제 붕괴를 일으켜 이 돈을 받고도 공사 자금을 마련할 수 없었다. 미국 위스콘신 주의 국회의원이자 하원 과학위원회의 위원인 제임스 센센브레너는 이 돈이 러시아를 위한 구제금융으로 쓰였다고 비통하게 말했다.

그렇다면 장기적 경제 이익은 어떨까? 나사는 유인 화성 탐사를 위한 발판 마련을 국제 우주정거장의 궁극적 목적으로 설정하고 있다. 유인 화성 탐사는 최소 국제 우주정거장만큼의 돈이 들어갈 것이다. 비용을 매우 낮게 보는 전문가라도 화성에 우주비행사를 보내는 데는 최소 수백 억 달러가 들어갈 거라고 보는 현실이다. 최대 1조 달러가 들어갈 거라고 주장하는 사람도 있다. 화성 임무를 통해 생길 수 있는 경제적 이익은 기술적 부산물뿐이다. 그리고 역사를 돌이켜보면 이런 부산물만으로 큰돈이 들어가는 우주 프로젝트를 정당화하기는 어렵다는 것을 알 수 있다.

지난 1993년 1월, 나사는 기존 임무에서 나온 기술적 부산물을 조사한 내부 연구 보고서를 발표했다. 연구 보고서에 따르면 "나사는 벨크로(Velcro), 탱(Tang), 테플론(Teflon) 등의 유명 사례를 통해 우주 기술을 민간에 잘 이전하는 조직으로 알려졌다. 그러나 대중이 아는 바와는 달리, 나사는 이들 중 어떤 것도 발명하지 못했다." 이 연구 보고서는 지난 30년간 나사가 우주 기술을 민간에 성공리에 이전한 사례는 극소수에 불과하다는 결론을 내렸다.

운명이라는 허상

이제는 개인적인 얘기를 좀 해보겠다. 필자는 7세 때 방 벽에 아폴로 우주비행사 포스터를 붙여놓았다. 두려움 없이 달 표면을 여행하고 영광스럽게 개선한 그들은 필자의 영웅이었다. 그들의 활약 덕분에 우주는 조금이나마 더 작게 느껴지고, 세상을 보는 필자의 시야도 더 넓어졌다. 언젠가는 필자도 달은 물론 화성에도 가볼 수 있을 거라고 믿었다.

그래서 어떻게 되었나? 필자는 정말로 화성에 세 번을 다녀왔다. 두 번은 1970년대 후반 바이킹 탐사선으로, 나머지 한 번은 1997년 7월 마스 패스파인더 탐사선으로 말이다. 화성에 간 사람은 필자 하나만이 아니다. 수백만 명의 사람이 패스파인더의 투박한 소저너 로버가 화성 표면으로 박차고 나가는 것을 목격했다. 필자는 갈릴레오 우주선으로 목성의 위성에도 가보았고, 유로파에 물로 이루어진 바다가 있는 것도 알았다. 2004년에 필자는 카시니 탐사선으로 토성에 가서 토성 고리를 가까이서 보기도 했다.

최근 무인 탐사선의 능력은 크게 발전했다. 나사의 디스커버리 프로그램은 정밀 측정과 고품질 사진 촬영이 가능한 저렴하고 효율적인 탐사선 설계를 촉진했다. 일례로 마스 패스파인더 탐사선은 불과 2억 6500만 달러의 예산만 들이고도 귀중한 데이터와 사진을 안겨주었다. 그리고 나사의 뉴 밀레니엄 프로그램은 마이크로 위성과 관성 나침반 등의 첨단 기술을 실험하고 있다.

물론 로봇 우주선은 인간, 즉 지구의 통제실에 있는 과학자와 기술자로부터 조종을 받아야 한다. 우주비행사들과는 달리 이런 임무 통제관들은 언론의 조명을 받지 못한다. 그러나 루이스와 클라크 탐험대의 대원들이 지금도 살아 있다면, 로봇 우주선의 임무 통제소야말로 그들이 가고자 원할 곳이다. 그들은 국제 우주정거장의 볼트나 조이면서 시간을 보내려 하지 않을 것이다.

하물며 달 유인 기지를 짓는 것은 더욱 현실성이 떨어진다. 무인 우주선으로도 달을 매우 효과적으로 탐사할 수 있다. 달 프로스펙터(Prospector) 탐사선이 입증하고 있다. 인간은 달 표면을 걸어본 것으로 충분하다. 달 식민지를 세우는 일은 우리의 운명이 아니다.

앞으로는 어떤 일이?

현재 나사는 어떤 대가를 치르고서라도 유인 우주비행 프로그램을 유지하고자 하는 것 같다. 그러나 앞으로 10년 내에 나사는 인간 캐릭터 없이도 충분히 감동적인 이야기를 전할 수 있음을 알게 될 것이다. 마스 패스파인더는 무인 임무도 우주왕복선 비행만큼이나 대중을 흥분시킬 수 있음을 입증했다. 마스 패스파인더의 홈페이지에는 1년 만에 7억 2000만 명이 접속했다. 로봇도 영웅이 될 수 있는 것이다. 요즘 아이들은 우주비행사 포스터를 보는 대신, 화성 로버 장난감을 가지고 논다. 이들 차세대 우주 탐험가들은 자신들이 구태여 우주선에 직접 타지 않고도 다른 행성에 가볼 수 있음을 깨달으면서 커가고 있다. 앞으로 수십 년이 지나 이 아이들이 어른이 되면, 이들 중에는 태양계에 대한 다음 대탐사를 지휘할 사람도 나올 것이다. 그들은 숨죽인 통제실에 앉아 먼 우주에 있는 탐사선을 조종하며 다른 별로 가는 길을 최종 조정할 것이다.

인간이 우주를 탐사해야 한다 : 폴 D. 스푸디스

유인 우주비행은 여러 측면에서 비판받고 있다. 어떤 사람들은 너무 비용이 많이 든다고 지적한다. 그들의 주장에 따르면 나사는 유인 우주비행 말고도 해야 할 일이 얼마든지 있는데도 다른 더욱 중요한 일에 들어갈 예산을 빼서 유인 우주비행에 탕진한다는 것이다. 사람을 우주에 보내서 얻는 과학적 가치가 과연 얼마나 되냐고 묻는 사람들도 있다. 그들은 유인 우주비행은 돈이 아주 많이 드는 묘기에 불과하며, 로봇 우주선을 사용하는 쪽이 더 쉽고 만족스럽게 과학적 목표를 달성할 수 있다고 주장한다.

하지만 지난 47년 동안 미국과 소련의 우주비행사들이 경험한 것들을 살펴보면 유인 우주탐사의 장점은 확실히 입증된다. 우주에서 복잡한 과학 장비를 설치하고 유지하며, 현장 탐사를 실시하는 데는 인간의 능력이 필요하다. 이러한 임무에는 인간이 발휘할 수 있는 유연성과 경험, 판단력이 필요하기 때문이다. 로봇은 적어도 예측 가능한 미래에는 이런 능력을 가질 수 없다. 로봇에만 의존하는 탐사 프로그램으로는 심도 있는 연구가 필요한 행성들의 중요한 과학적 문제를 해결하기 어렵다.

우주에 보내진 과학 장비들 중 다수는 설치와 조정에 꽤 신경을 써야 한다. 우주비행사들은 지구 궤도는 물론 달 표면에도 성공적으로 과학 장비를 배치해왔다. 허블우주망원경이 그 대표적 사례다. 이 망원경은 태생적 결함을 지닌 채로 발사되었다. 때문에 우주왕복선으로 발사된 우주비행사들이 그 수리와 지속적인 정비를 실시했다. 지난 1969년부터 1972년까지 진행된 아폴로 달 탐사 계획에서 우주비행사들은 달 표면에서 여러 가지를 실험했다. 덕분에 과학자들은 달의 지진 활동과 열 흐름을 관측해 달 내부에 대해 매우 자세히 알 수 있었다. 이들의 실험은 무려 8년간이나 문제없이 진행되었으나, 1977년 기술적 문제가 아닌 예산 문제 때문에 종료되었다.

사람들은 장차 정밀 로봇 기술로 다른 행성이나 위성에 과학 장비를 설치할 수 있을지도 모른다고 생각해왔다. 예를 들어 로버를 사용해 지진계 망을 설치할 수도 있을 것이다. 그러나 이런 기술들은 실제 우주 임무에서 검증되지 않았다. 매우 민감한 장비들은 로봇의 거친 취급을 견뎌낼 수 없다. 때문에 로봇이 설치하는 이런 망들은 인간이 설치하는 것보다 민감도와 성능이 떨어질 가능성이 높다.

3-8

복잡한 장비가 고장 났을 때 우주에서 인간의 가치는 더욱 빛난다. 우주비행사들이 우주공간에서 장비를 고쳐내고 임무를 속행하여 귀중한 과학 데이터를 획득한 사례는 얼마든지 있다. 1973년 스카이랩이 발사되었을 때 열 차폐장치와 한쪽 태양전지가 떨어져 나가는 사고가 있었다. 나머지 한쪽 태양전지도 구속장치가 제대로 해제되지 않아 펴지지 않았다. 그러나 첫 스카이랩 승무원(피트 콘래드, 조 커윈, 폴 바이츠)은 새로운 열 차폐장치를 설치하고 태양전지를 전개하는 데 성공했다. 이들의 영웅적 활약으로 임무는 속행되었으며, 스카이랩 프로그램도 위기를 모면했다.

물론 우주에서 고칠 수 없는 중대한 이상도 있다. 지난 1970년 발생한 아폴로 13호의 산소탱크 폭발사고가 그것이다. 그러나 우주선의 장비가 고장 났을 때, 대부분 경우 우주비행사는 그 원인을 분석하고, 현장에서 판단을 내려 해결책을 제시할 수 있다. 물론 기계도 제한적인 자체 수리 능력이 있다. 이런 수리 능력은 보통 장비가 고장 났을 때 같은 일을 수행하는 예비 시스템으로 전환한다든지 하는 일이다. 그러나 인간만큼 유연하진 않다. 예상되는 문제를 해결할 수 있는 기계를 만들 수는 있다. 그러나 예상치 못한 문제를 해결할 수 있는 능력을 보유한 것은 현재로서는 인간뿐이다.

현장 과학자 역할을 하는 우주비행사

탐사는 두 단계를 거친다. 정찰과 현장 연구다. 정찰의 목적은 주어진 지역이나 행성의 전반적인 성분, 형성 과정, 역사를 알기 위함이다. 정찰 단계에서는 주로 일반적인 의문, 즉 "무엇이 있는가?"라는 의문이 나오기 마련이다. 궤도선을 통해 행성의 표면 지도를 만들고, 무인 착륙선을 보내 행성 토양의 화학 성분을 측정하는 것이 지질학적 정찰의 사례다.

현장 연구의 목표는 더욱 높다. 행성의 역사와 형성 과정을 자세히 아는 것이 목표이기 때문이다. 현장 관측, 개념 모델 작성, 가설의 수립과 검증이 필요하다. 하나의 장소에도 여러 차례 가보아야 한다. 현장 연구는 종결이 없이 계속되는 활동이다. 지구의 일부 현장에서는 무려 100년 이상 연구가 진행되어 과학자들에게 계속 새롭고 중요한 시각을 제공하기도 한다. 현장 연구는 데이터 수집처럼 간단한 일이 아니다. 인간 지능을 통해 올바른 길을 찾아나가야 한다. 엄청난 양의 데이터를 분석하고, 그중 어떤 것을 취하고 어떤 것을 버릴지 결정하려면 현장에 사람이 있어야 한다.

정찰에서 현장 연구로 전환하는 과정은 명확하지 않다. 어느 탐사에서나 가장 먼저 실시하는 단계는 정찰이다. 정찰 작업은 가장 일반적인 의문과 단순하고 집중된 임무에 기초하기 때문에 로봇에게 가장 적합하다. 무인 궤도선은 행성의 대기·지형·자장에 대한 일반 정보를 전달해준다. 로버는 행성 표면을 움직이면서 토양의 물리화학적 성질을 시험하고 표본을 채취해 지구로 가져올 수 있다.

현장 연구는 복잡하고, 해석이 필요하고 많은 시간이 걸린다. 과학의 수수께끼는 단시간 내에 풀리는 법이 별로 없다. 연구 과정 내내 가설의 설정·적용·수정을 계속해서 거쳐야 한다. 무엇보다도 현장 연구에서는 예기치 못한 것을 발견하는 경우가 거의 대부분이다. 예기치 못한 발견을 한 과학자들은 새로운 탐사 수단을 채택하거나 새로운 관측 방법을 사용한다. 그러나 먼 행성에 간 무인 탐사선이 예기치 못한 현상을 관측할 수 있도록 개조할 방법은 없다. 로봇이 대량의 데이터를 획득할 수 있다고 해도 우주에서 과학 활동을 하려면 여전히 인간 과학자가 필요하다.

물론 로봇 임무가 유인 임무에 비해 비용이 매우 저렴한 것은 사실이다. 그러나 필자는 비용이 저렴한 만큼 효과도 별로라고 말하고 싶다. 지난 1970년대 소련이 발사한 루나 16, 20, 24호는 저렴한 비용으로 달의 흙을 지구로 가져와 호평을 받았다. 그러나 이 임무들은 큰 그림을 보여주진 못했다. 유인 아폴로 임무 결과를 통한 패러다임이 제시된 후에야 이들 루나 임무의 성과가 의미하는 바를 분명히 알 수 있었다. 아폴로 임무에서 지질학 교육을 받은 우주비행사들은 해당 지역에서 가장 대표성 높은 표본을 찾아 획득할 수 있었다. 또한 이들은 흥미롭거나 특이한 암석들을 발견하면 바로 대응할 수 있었다. 이에 반해 루나 탐사선은 그야말로 아무 생각 없이 표본을 획득해 왔다. 때문에 루나 임무의 착륙지보다 아폴로 임무 착륙지의 지질학적 특성과 구조에 대한 지식이 더 많이 나와 있다.

좀 더 최근 사례인 마스 패스파인더 임무를 보자. 사람들은 이 임무가 대성공이라고 선전했다. 패스파인더는 분명 실리카가 풍부한 보기 드문 암석을 발견했다. 그러나 기술적 한계 때문에 그 암석이 화성암인지, 충격각력암인지, 퇴적암인지까지는 알아낼 수 없었다. 그 암석이 이 셋 가운데 무엇이냐에 따라, 화성 역사에 의미하는 바도 크게 달라진다. 이 암석의 지질학적 맥락을 모르기 때문에, 이 발견의 과학적 가치는 무색해져버렸다. 잘 훈련된 지질학자가 현장에 갔더라면 이 암석이 어떻게 만들어졌는지를 현장에서 불과 몇 분만에 식별 가능했을 것이고, 후속 화학 분석 결과의 의미를 알아내어 과학적 성과를 훨씬 크게 확대했을 것이다.

원격조종을 이용한 우주탐사

인간의 재주와 지능은 현장 연구에 반드시 필요하다. 그러나 꼭 현장에 있어야만 하는 것일까? 원격현장감이란 인간의 능력을 멀리 떨어진 기계를 통해 투사한다는 개념이다. 이를 통해 유인 우주비행에 따르는 위험이나 보급 문제가 없이도 다른 행성에 대한 현장 연구가 가능할 수 있다. 원격현장감을 통해 지구에서 조작하는 인간의 움직임을 전자 전송하여, 다른 행성의 표면에 있는 로봇의 움직임으로 전환할 수 있다. 조작하는 사람은 로봇의 감지기가 획득한 시각 및 촉각 정보를 통해 '로봇 안에서' 행성 표면의 느낌을 알 수 있다. 또한 이러한 로봇 대리인은 인간보다 더 큰 힘, 지구력, 감지 능력을 지닐 수 있다.

원격현장감이 이렇게 훌륭한 발상인데 왜 인간을 우주에 보내야 할까? 첫 번째 이유로 아직 기술이 충분히 성숙되지 않았다. 시각은 현장 연구에 사용되는 가장 중요한 감각이지만 인간의 시각과 견줄 만한 실시간 이미징 시스템은 아직 나오지 않았다. 인간의 시각은 동영상 화면에 비해 해상도가 20배나 좋다. 그러나 원격현장감의 가장 큰 장애물은 기술이 아니라 심리적인 부분이다. 과학자들이 탐사를 진행하는 절차에 대해서는 제대로 알려진 것이 없으며, 따라서 모의될 수도 없다.

마지막으로 시간 지연이라는 큰 문제가 있다. 이상적인 원격현장감은 조작하는 사람의 명령이 로봇에 전달되어 실행되고 그 결과를 보는 데까지 걸리는 지연 시간을 최소화해야 한다. 그러나 우주의 넓이는 너무나 넓어 즉각적인 반응이 불가능하다. 지구와 달 사이에 전파가 왕복하는 데도 무려 2.6초가 걸린다. 지구와 화성 사이에는 최대 40분이 걸릴 수도 있다. 따라서 진정한 원격현장감 구현은 불가능하다. 때문에 로봇 화성 탐사선은 번잡한 인터페이스에 의존할 수밖에 없다. 이런 인터페이스를 조작하는 사람은 탐사보다는 물리적인 조작에 더 신경을 쓸 수밖에 없다.

인간과 로봇의 협력이 필요

현재 나사는 국제 우주정거장 건설에 주력하고 있다. 그러나 국제 우주정거장은 절대 종착점이 아니다. 더 넓은 우주를 탐사하기 위한 전진기지에 불과하다. 물론 거기서도 과학 연구가 진행되겠지만 우주비행사들에게 우주에서 생활하고 일하는 방법을 가르치는 것이 그곳의 진정한 존재 이유다. 우주비행사들이 궤도상의 구조물을 만드는 법을 알아야 행성간 임무에 쓰이는 더욱 복잡한 우주선도 건조할 수 있다. 앞으로 수십 년 내에 달은 실험실 및 시험장으로서 그 진가를 입증할 것이다. 달 기지의 우주비행사들은 관측소를 운용하면서 현지 지질학 연구를 수행해 태양계의 역사를 알아나갈 것이다. 이들은 원격현장감을 통해 달의 혹독한 환경을 탐사할 것이며, 인간과 로봇을 적절히 혼성 배치해 과학적 목표를 달성하는 법을 배울 것이다.

탐사에는 감정적 동기와 합리적 동기가 모두 존재한다. 산 너머 새로운 땅을 탐험하고 싶어 하는 것은 인간의 자연스런 충동이다. 이러한 충동에는 합리적 근거도 있다. 인간은 탐험을 통해 상상력의 틀과 기술을 확장시킴으로써 장기적 생존 가능성을 늘려나갔다. 로봇과 무인 우주선의 신중한 사용은 행성 탐험의 위험을 줄이고 효율을 높일 것이다. 그러나 로봇은 결코 인간의 대체재가 될 수 없다. 일부 과학자들은 인공지능 소프트웨어가 무인 탐사선의 능력을 크게 발전시킬 거라고 믿고 있다. 그러나 현재까지는 무인 탐사선의 능력은 가장 기본적인 현장 연구조차도 수행하지 못하는 수준이다.

출처

1-1 1-1 Staff Editor, "Nearest Neighbors?", Originally published : *Scientific American* 97(2), 25-26. (July 1907)

1-2 E. C. Slipher, "Proof of Life", Originally published : *Scientific American* 111(16), 317-318. (October 17, 1914)

1-3 Henry Norris Russell, "Questions Arise : Is Mars Habitable?", Originally published : *Scientific American* 137(1), 20-21. (July 1927)

1-4 Henry Norris Russell, "Fading Belief in Life on Other Planets", Originally published : *Scientific American* 150(6), 20-21. (June 1934)

1-5 Gérard de Vaucouleurs, "The 1950s : The Plants Stay in the Picture", Originally published : *Scientific American* 188(5), 65-73. (May 1953)

1-6 Robert Leighton, "The 1960s : Mars Revealed", Originally published : *Scientific American* 222, 26-41. (May 1970)

1-7 Bruce C. Murray, "Mars From Mariner 9", Originally published : *Scientific American* 228, 48-53. (January 1973)

1-8 Raymond E. Arvidson, Alan B. Binder and Kenneth L. Jones, "The 1970s : Viking", Originally published : *Scientific American* 238(3), 76-89. (March 1978)

1-9 Arden L. Albee, "Mars Global Surveyor : The Unearthly Landscapes of Mars", Originally published : *Scientific American* 288(6), 48-53. (June 2003)

1-10 Philip R. Christensen, "A Whole World Out There : The Many Faces of

Mars", Originally published : *Scientific American* 293(1), 32-39. (July 2005)

1-11 Jim Bell, "The Red Planet's Watery Past", Originally published : *Scientific American* 295(6), 62-69. (December 2006)

2-1 John P. Grotzinger and Ashwin Vasavada, "Reading the Red Planet", Originally published : *Scientific American* 307(1), 40-43. (July 2012)

2-2 David Appell, "Ready to Rove : Curiosity Project Scientist Lays out Mars Tour Plans", Originally published : Scientific American online, August 7, 2012.

2-3 John Matson, "Once There Were Oceans : Orbiter Finds Stores of Buried Dry Ice", Originally published : Scientific American online, April 21, 2011.

2-4 George Musser, "Martian Claymation", Originally published : *Scientific American* 239(6), 28-31. (December 2005)

2-5 George Musser, "The Spirit Mission Soldiers On", Originally published : *Scientific American* 290(3), 52-57. (March 2004)

2-6 John Matson, "Mars Express : Was Mars Once Wet?", Originally published : *Scientific American* 306, 22, April 2012.

2-7 Peter H Smith, "Like a Phoenix from the Ashes : Hope for Life Again", Originally published : *Scientific American* 305(5), 45-64. (November

2011)

2-8 George Musser, "Skycranes in Space : A Martian Rope Trick", Originally published : *Scientific American* 296(2), 20-22. (February 2007)

2-9 David Appell, "The Man Behind the Missions", Originally published : *Scientific American* 201(4), 44-46. (October 2004)

3-1 Glen Zorpette, "Why Go to Mars?", Originally published : *Scientific American* 282(3), 40-43. (March 2000)

3-2 George Musser and Mark Alpert, "How to Go to Mars?", Originally published : *Scientific American* 282(3), 44-51. (March 2000)

3-3 Rober Zubrin, "The Mars Direct Plan", Originally published : *Scientific American* 282(3), 52-55. (March 2000)

3-4 Damon Landau and Nathan J. Strange, "This Way to Mars", Originally published : *Scientific American* 305(6), 58-65. (December 2011)

3-5 Harrison H. Schmitt, "From the Moon to Mars", Originally published : *Scientific American* 301(1), 36-43. (July 2009)

3-6 S. Fred Singer, "To Mars by way of its Moons", Originally published : *Scientific American* 282(3), 56-57. (March 2000)

3-7 Christopher P. Mckay, "Terraforming : Bringing Life to Mars", Originally published : Scientific American Presents : The Future of Space Exploration, Spring 1999.

3-8 Francis Slakey and Paul D. Spudis, "Robots vs. Humans : Who Should Explore Space?", Originally published in *Scientific American* 17, 26-33, February 2008.

저자 소개

글렌 조페트 Glen Zorpette, IEEE Spectrum 편집자

네이선 J. 스트레인지 Nathan J. Strange, NASA JPL 연구원

데이먼 란다우 Damon Landau, NASA JPL 연구원

데이비드 아펠 David Appell, 과학 전문 기자

레이먼드 E. 아비드슨 Raymond E. Arvidson, 워싱턴 대학교 교수

로버트 레이턴 Robert Leighton, 캘리포니아 공대 교수

로버트 주브린 Robert Zubrin, 과학 저술가

마크 앨퍼트 Mark Alpert, 과학 저술가

브루스 머리 Bruce Murray, 캘리포니아 공대 교수, NASA JPL 설립자

애슈윈 바사바다 Ashwin Vasavada, NASA JPL 연구원

앨런 B. 바인더 Alan B. Binder, LRI 연구원

아든 L. 앨비 Arden L. Albee, 캘리포니아 공대 교수

제라르 드 보쿨뢰르 Gérard de Vaucouleurs, 텍사스 대학교 교수

제시 엠스팩 Jesse Emspak, 과학 전문 기자

조지 머서 George Musser, 과학 전문 기자

존 P. 그로칭거 John P. Grotzinger, 캘리포니아 공대 교수

존 매슨 John Matson, 버지니아 공대 교수

짐 벨 Jim Bell, 애리조나 대학교 교수, NASA 연구원

케네스 L. 존스 Kenneth L. Jones

크리스토퍼 P. 매케이 Christopher P. McKay, NASA 연구원

프랜시스 슬레이키 Francis Slakey, 조지타운 대학교 교수

피터 H. 스미스 Peter H. Smith, 애리조나 대학교 교수

필립 R. 크리스텐슨 Philip R. Christensen, 애리조나 대학교 교수

해리슨 H. 슈미트 Harrison H. Schmitt, NASA 우주인, 상원의원

헨리 노리스 러셀 Henry Norris Russell, 프린스턴 대학교 교수

E. C. 슬라이퍼 E. C. Slipher, 천문학자

S. 프레드 싱어 S. Fred Singer, 버지니아 주립대 교수

옮긴이_이동훈

중앙대학교 철학과를 졸업하고 〈월간 항공〉 기자, (주)이포넷 한글화 사원을 지냈다. 현재 군사, 역사, 과학 관련 번역가 및 자유기고가로 활동하고 있다. 2007년부터 월간 〈파퓰러사이언스〉 한국어판을 번역해오고 있으며, 그 외의 옮긴 책으로 《오퍼레이션 페이퍼클립》, 《슈코르체니》, 《브라보 투 제로》, 《배틀필드》 등이 있다.

한림SA **19**

붉은 행성의 비밀을 찾아서

화성 탐사

2018년 4월 20일 1판 1쇄

엮은이 사이언티픽 아메리칸 편집부
옮긴이 이동훈
펴낸이 임상백
기획 류형식
편집 이유나
독자감동 이호철, 김보경, 김수진, 한솔미
경영지원 남재연

ISBN 978-89-7094-889-8 (03440)
ISBN 978-89-7094-894-2 (세트)

* 값은 뒤표지에 있습니다.
* 잘못 만든 책은 구입하신 곳에서 바꾸어 드립니다.

펴낸곳 한림출판사
주소 (03190) 서울시 종로구 종로12길 15
등록 1963년 1월 18일 제 300-1963-1호
전화 02-735-7551~4
전송 02-730-5149
전자우편 info@hollym.co.kr
홈페이지 www.hollym.co.kr
페이스북 www.facebook.com/hollymbook

표지 제목은 아모레퍼시픽의 아리따글꼴을 사용하여 디자인되었습니다.